普通高等教育环境科学与工程类
“十四五”系列教材

环境规划与管理

主编　王敏　程文　任杰辉　万甜

·北京·

内 容 提 要

《环境规划与管理》是在环境规划与环境管理研究最新进展及编者多年教学经验的基础上编写的，全书共11章。该书系统地阐述了环境规划与环境管理内涵、基本理论、技术手段与方法、体制/法律体系与制度、主要内容等，结合水环境综合治理工程经验详细介绍水环境规划和流域水环境规划与管理基本方法及案例，并针对区域环境管理、工业企业环境管理、自然资源环境管理、国际环境管理等内容进行简单论述。

本书可作为普通高等院校环境工程专业、环境科学专业以及相关专业的教材，也可供环境管理、城乡规划设计及工程技术人员参考使用。

图书在版编目（CIP）数据

环境规划与管理 / 王敏等主编. -- 北京 : 中国水利水电出版社, 2022.9
普通高等教育环境科学与工程类“十四五”系列教材
ISBN 978-7-5226-1061-0

Ⅰ. ①环… Ⅱ. ①王… Ⅲ. ①环境规划－高等学校－教材②环境管理－高等学校－教材 Ⅳ. ①X32

中国版本图书馆CIP数据核字(2022)第197074号

书　　名	普通高等教育环境科学与工程类“十四五”系列教材 **环境规划与管理** HUANJING GUIHUA YU GUANLI
作　　者	主编　王敏　程文　任杰辉　万甜
出版发行	中国水利水电出版社 （北京市海淀区玉渊潭南路1号D座　100038） 网址：www.waterpub.com.cn E-mail：sales@mwr.gov.cn 电话：（010）68545888（营销中心）
经　　售	北京科水图书销售有限公司 电话：（010）68545874、63202643 全国各地新华书店和相关出版物销售网点
排　　版	中国水利水电出版社微机排版中心
印　　刷	清淞永业（天津）印刷有限公司
规　　格	184mm×260mm　16开本　16.25印张　395千字
版　　次	2022年9月第1版　2022年9月第1次印刷
印　　数	0001—2000册
定　　价	**49.00**元

前言

可持续发展道路是人类社会发展的必由之路和最终选择。我国把生态文明建设放在了国家战略的重要位置。生态文明理念及建设实践在价值观念上，强调以平等态度和充分的人文关怀关注和尊重生态环境，使经济社会发展与资源环境相协调；在实现路径上，走出一条资源节约和生态环境保护的新道路，倡导和推行自觉自律的生产生活方式；在时间跨度上，是长期艰巨的建设过程，既要补上工业文明的课，又要走好生态文明的路。

为实现生态文明，就需要全社会不断努力，凝聚共识。“环境规划与管理”是一门集科学、技术、管理、政策及法律等为一体的综合性课程，并在不断的应用和实践中发展和完善。“环境规划与管理”相关课程是高等学校环境科学与工程专业的核心课程，主要在环境类专业高年级中开设，以使学生具有更宏观的环境调控理念，将环境问题和发展问题协同考虑，强化生态环境保护优先思想。

全书共 11 章。第 1 章主要介绍环境问题产生的背景和原因，以及环境规划管理的概念、特征和未来发展趋势；第 2 章主要介绍环境规划与管理相关的基本理论；第 3 章主要介绍在进行环境规划与管理时所依托的技术，包括环境预测、环境监测、环境决策、环境统计、环境审计等，此外还介绍了环境标准的有关内容；第 4 章主要介绍我国环境规划管理体制的演变、主要环境管理机构的职能和分工，并介绍我国环境保护法律体系以及我国目前的环境保护方针、制度和政策；第 5 章主要介绍环境规划的工作程序、目标体系、环境规划方案设计优化和实施管理；第 6 章分层次介绍水环境规划涉及的主要过程和环节；第 7 章主要介绍不同层级的流域水环境规划的主要内容、区别与联系，并列举了若干流域水环境规划的案例；第 8 章介绍区域环境管理的基本内容以及城市和农村这两个最主要的区域环境管理的内容；第 9 章在介绍工业企业环境管理基本内容的基础上，还主要介绍生命周期评价、清洁生产和环境管理标准体系这三个重要的企业环境管理手段；第 10 章主要介绍水、矿产、森林、生物这几类重要的资源的保护与管理措施；第11章主要介绍全球性环境问题产生的背景，以及如何采取有效措施对全球性环境问题进行管理。

本书第1章、第5～8章由西安理工大学王敏编写，第2～4章由任杰辉编写，第9章由万甜编写，第10章和第11章由程文编写。

本书在编写过程中参考了大量国内外文献和资料，在此向各位作者表示感谢。本书的出版还得到西安理工大学教材建设项目（JCY2129）、西安理工大学水利水电国家级实验教学示范中心项目（WRHE2008）以及陕西省教育厅科研计划项目（20JY045）资助。

本书内容广泛，鉴于编者学术水平和经验有限，书中难免出现错漏之处，恳请读者批评指正，并提出宝贵意见，以便我们进一步修改完善。

编者

2022年9月

目　录

前言

第 1 章　环境规划与管理的概述、特征及发展趋势

环境规划与管理在环境保护和治理中起着至关重要的作用，是环境方面各类从业者都必要学习和了解的重要内容，为实现生态环境保护和二氧化碳减排起着重要的保障作用。通过本章的学习，了解环境的概念、环境问题的产生及主要环境问题，掌握环境规划与管理的概念、特征、任务与内容、原则；厘清环境规划与环境管理的关系，熟悉环境规划与管理的发展历程及趋势。

1.1　环境与环境问题

人类自诞生之日起就在利用和改造自然环境，随着人类改造自然能力的提高，环境问题日益明显，如全球每年有 600 万 hm^2 的土地沦为沙漠，2000 万 hm^2 的森林消失，平均一小时就有一种物种灭绝。环境问题，是人类在社会与环境系统的对立统一过程中，对自然环境认识的破缺和科学技术异化的产物，是人类经济活动索取资源的速度超过了资源本身及其替代品的再生速度和向环境排放废弃物的数量超过了环境的自净能力导致的必然结果。

1.1.1　环境的概念

环境是相对于某个主体而言的，主体不同，环境的大小、内容等也就不同；狭义的环境，指环境问题中的“环境”一词，大部分的环境往往指相对于人类这个主体而言的一切自然环境要素的总和。环境既包括以大气、水、土壤、植物、动物、微生物等为内容的物质因素，也包括以观念、制度、行为准则等为内容的非物质因素；既包括自然因素，也包括社会因素；既包括非生命体形式，也包括生命体形式。

《中华人民共和国环境保护法》中所称的环境是指影响人类生存和发展的各种天然的和经过人工改造的自然因素的总体，包括大气、水、海洋、土地、矿藏、森林、草原、野生生物、自然遗迹、人文遗迹、自然保护区、风景名胜区、城市和乡村等。

生态环境是指影响人类生存与发展的水资源、土地资源、生物资源以及气候资源数量与质量的总称，是关系到社会和经济持续发展的复合生态系统。生态环境问题是指人类为其自身生存和发展，在利用和改造自然的过程中，对自然环境破坏和污染所产生的危害人类生存的各种负反馈效应。

1.1.2　环境问题的产生及根源

1.1.2.1　环境问题的产生

广义上理解，任何由自然或人类引起的生态平衡破坏，最后直接或间接影响人类的生存和发展的一切客观存在的问题都是环境问题（environmental problem）。环境学科所研

究的环境问题主要是指由人类活动引起的环境问题，即人类在利用和改造自然的过程中引起的环境质量变化，以及这种变化对人类生产、生活、健康乃至生命的影响，这是从狭义角度理解的环境问题。

人是环境中最积极、最活跃的因素，在人类社会的各个发展阶段，人类活动都会对生态环境产生影响，特别是近半个世纪以来，由于人口的迅猛增长和科学技术的飞速发展，人类既有空前强大的建设和创造能力，也有巨大的破坏和毁灭力量。一方面，人类活动增大了向自然索取资源的速度和规模，加剧了自然生态失衡，带来了一系列灾害；另一方面，人类本身也因自然规律的反馈作用而遭到"报复"，如古巴比伦文明的消逝、楼兰文明的消逝。因此，环境问题已成为举世关注的热点，无论是在发达国家，还是在发展中国家，生态环境问题都已成为制约经济和社会发展的重大问题。

人类是地球环境演化到一定阶段的产物，而环境是人类赖以生存和发展的基础。人类的生存和消费活动都离不开环境，其活动对环境造成的影响从人类诞生之日起就存在，也就是说环境问题自古就有，并且伴随人类的发展而发展。人类社会越进步，环境问题也就越突出，所以环境问题产生的根源是因为人类的发展进步。纵观人类社会的发展历程，可以将环境问题的产生和发展归纳为三个阶段。

第一阶段——人类的诞生到工业革命之前的漫长历史时期。在农业文明以前的整个远古时代，人类过着采集和狩猎的生活，主要依赖自然环境，生产力水平低下，对自然环境的干预，无论是在程度上还是在规模上都微乎其微，因此人类造成的环境问题不十分明显，并且很容易被环境的自我调节所抵消。从农业文明时代开始，生产力逐步提高，出现了耕作农业和养殖畜牧业，此时人类利用和改造自然的能力增强，逐渐引起较为严重的局部环境问题，如大量砍伐树木、过度破坏草原等。但纵观农业文明历史，环境问题还只是局部的、零散的，还没有上升为影响人类社会生存和发展的问题。

第二阶段——从工业革命时期到第一次发现"臭氧层空洞"。这个阶段是城市环境问题突出、环境"公害"事件频发的时期。以蒸汽机的发明为标志的工业革命的到来，极大地提高了生产力的同时，加速了人口聚集，从而进一步加剧了交通拥挤、城市供水不足、城市环境卫生状况恶劣、环境污染（environmental pollution）等环境的恶化。环境污染是由人类活动引起的，其定义为：由于人为的因素，使有毒、有害的物质被排入环境，使环境的化学组成或物理状态发生变化，扰乱和破坏了生态系统以及人类的正常生产和生活。环境污染表现为废气、废水和固体废物等有害物质对大气、水、土壤和生物的污染。在 20 世纪，人类社会迅猛发展，人类对环境的开发利用也达到前所未有的强度。这一时期，发生了一系列震惊世界的环境"公害"事件，如伦敦烟雾事件、美国洛杉矶光化学烟雾事件等。因此，科技就像一把"双刃剑"，在促进经济发展和社会进步的同时又带来诸多的环境问题，引起环境质量的恶化。在第二阶段，环境污染的特点是：工业污染转向城市污染和农业污染；点源污染转向面源污染；局部污染转向区域污染甚至全球性污染，环境污染的扩大化带来全球性第一次环境问题的高潮。

第三阶段——始于 1984 年英国科学家发现南极臭氧层空洞。这个阶段的环境问题已经上升为全球性环境问题，包括"酸雨"（acid rain）、"全球变暖"（greenhouse effect）和"臭氧层破坏"等问题。由于这个阶段的环境问题比起上一阶段更加严重，影响范围更广，更具有代表性，因而构成了全球性第二次环境问题的高潮，引起了世界各国政府和全人类的广泛关注。

综上所述，环境问题自古就有，并且随着人类社会的发展而发展，发展和环境问题是相伴而生的，只要有发展，就不能避免环境问题的产生。环境问题是伴随着人类和社会经济的发展而产生的，要解决环境问题，必须要从人类、环境、社会和经济等方面综合考虑，找到一种既能实现发展又能保护好生态环境的途径，协调发展和环境保护的关系，实现人类社会的可持续发展。

1.1.2.2 环境问题产生的根源

自从20世纪中叶环境问题恶化以来，人类为了寻求解决途径，一直在探索环境问题产生的原因。最初人们认为环境问题是由于工业污染造成的，在很长时间里，人们将环境问题看作是生产技术方面的问题，于是发达国家投入了大量的资金和技术进行污染治理，但并没有从根本上解决环境问题。

总体分析，环境问题产生的根源可以总结为以下几点。

（1）人口压力。庞大的人口基数和持续的人口增长，造成对物质资料的需求和消耗增多，超出环境供给资源和消化废物的能力——产生环境问题。

（2）资源的不合理利用。资源的利用超出环境资源的再生能力，破坏了环境的调节能力——导致环境问题。

（3）片面追求经济增长。只关注经济领域的活动，目标是产值和利润的增长，认识不到或不承认环境本身具有价值，以牺牲环境为代价来换取经济增长——外部性造成环境问题。

人类以自己为中心，按照自己的意志改造自然，忽略了环境资源的价值存在，无限制地从环境中掠取资源，排出废物，最终导致了严重的环境危机，这才是环境问题产生和不能从根本上得到解决的根源。

1.1.3 当前的环境问题

人类在创造空前物质文明和精神文明的同时，也给自己带来了生存危机。温室效应与全球变暖、臭氧层破坏、酸雨、生物多样性减少与生态危机、全球性水资源危机、水土流失与荒漠化、海洋污染及热带雨林减少等，都成为制约人类生存与发展的主要因素，也是当前人类社会共同关注的焦点问题。

当前的环境问题主要可以概括为以下五个方面。

1.1.3.1 大气污染

大气污染通常是指由人类活动向大气输送的气溶胶状态和气体状态的污染物，导致大气环境质量恶化的现象。产生大气污染的人为污染源主要包括燃料燃烧、工业生产过程的排放、交通运输过程的排放、农业活动排放等过程。十多年来，由于二氧化硫和氮氧化物的排放量日渐增多，酸雨问题越来越突出，中国已是仅次于欧洲、北美之后的第三大酸雨区。

自工业革命以来，人类向大气中排入的二氧化碳等温室气体逐年增加，大气的温室效应也随之增加，已引起全球变暖、极端天气、冰山崩塌等一系列严重问题，推动实现碳达峰、碳中和已成为全球共识。2021年11月，中国和美国在联合国气候变化格拉斯哥大会期间发布了《中美关于在 21 世纪 20 年代强化气候行动的格拉斯哥联合宣言》，承诺加强气候合作，捍卫《巴黎协定》的成果。作为世界上最大的发展中国家，中国将完成全球最高碳排放强度降幅，用全球历史上最短的时间实现从碳达峰到碳中和，即力争 2030 年前实现碳达峰，2060 年前实现碳中和。

1.1.3.2　水污染

水污染是指由有害化学物质造成的水的使用价值降低或丧失。水污染主要由人类活动产生的污染物造成，其污染源包括矿山污染源、工业污染源、农业污染源和生活污染源四大部分。据估计，全世界每年约有 4200 亿 m^3 的污水排入江河湖海，污染了 55000 亿 m^3 的淡水，这相当于全球径流总量的 14%。我国水污染形势严峻，海河、辽河、淮河、黄河、松花江、长江和珠江七大江河水系均受到不同程度的污染。虽然经过多年的水环境综合治理，我国湖泊污染状况有所改善，但总体水环境形势依然较为突出，尤其是一些湖库富营养化问题较为严重。2020 年，开展水质监测的 112 个重要湖泊（水库）中，Ⅰ～Ⅲ类湖泊（水库）占 76.8%，比 2019 年上升 7.7 个百分点；劣Ⅴ类占 5.4%，比 2019 年下降 1.9 个百分点。但是，污染物排放仍然超过环境容量，水污染治理任务艰巨。

水污染对人类健康造成很大危害。据统计，发展中国家约有 10 亿人喝不上清洁水，全世界每年约有 2500 万人死于不干净的饮用水，平均每天约 5000 名儿童死于不干净的饮用水，1.7 亿人饮用被有机物污染的水，3 亿城市居民面临严峻水污染问题。

1.1.3.3　噪声污染

随着工业生产、交通运输、城市建筑的发展，以及人口密度的增加，家庭设施的增多，环境噪声日益严重，已成为污染人类社会环境的一大公害。噪声是指发声体做无规则振动时发出的声音。声音由物体的振动产生，以波的形式在一定的介质（如固体、液体、气体）中进行传播。通常所说的噪声污染是指人为造成的噪声污染。从生理学观点来看，凡是干扰人们休息、学习和工作以及对你所要听的声音产生干扰的声音，即不需要的声音，统称为噪声。当噪声对人及周围环境造成不良影响时，就形成噪声污染。产业革命以来，各种机械设备的创造和使用，给人类带来了繁荣和进步，但同时也产生了越来越多而且越来越强的噪声。噪声不但会对听力造成损伤，还能诱发多种致癌致命的疾病，也对人们的生活工作有所干扰。

1.1.3.4　固体废物污染

固体废物是指在生产建设、日常生活和其他活动中产生的污染环境的固态、半固态废弃物质。《中华人民共和国固体废物污染环境防治法》（以下简称《固体废物污染环境防治法》）把固体废物分为三大类，即工业固体废物、城市生活垃圾和危险废物。由于液态废物（排入水体的废水除外）和置于容器中的气态废物（排入大气的废物除外）的污染防治同样适用于《固体废物污染环境防治法》，所以有时也把这些废物称为固体废物。随着经济发展和人口数量剧增，固体废物污染日益严重，对大气、水体和土壤都产生了不同程度的污染，甚至危害人体健康。

1.1.3.5　生物多样性

人口迅猛增加、生境的破碎化、各种环境污染问题、外来物种入侵等原因造成生物多样性锐减，引起了世界各国的广泛重视，各国积极采取一致行为以共同应对日益严重的全球性生物多样性危机。中国作为《生物多样性公约》较早的缔约国之一，一直积极参与有关公约的国际事务，将生物多样性保护上升为国家战略，并把生物多样性保护纳入各地区、各领域中长期规划。

综上所述，严重的环境污染造成了全球性的水资源短缺，加快了森林毁灭、全球气候变暖和臭氧层破坏的速度，世界范围的洪涝灾害频繁发生。所有这些使人类进一步认识到环境问题不再是一个发展问题，而是一个安全问题，严重的环境污染和生态破坏以及资源的短缺最终会影响人类自身的生存。

1.1.4 环境问题的实质

环境问题的实质是什么？长期以来一直是环境科学界探讨和研究的重点问题之一。许多学者从各自的研究角度阐述了自己的观点，有人认为环境问题的实质是技术问题，有人认为环境问题的实质是经济问题、资源利用问题以及社会问题等。所有这些观点都是从不同的角度出发来研究环境问题，代表了一定阶段人们关于环境问题的认识水平。

第一种观点是从环境问题产生的直接原因出发得出的结论。认为环境问题是人类科学技术落后的产物，继而把环境问题作为一类新出现的技术问题去研究解决。

第二种观点是从环境与人类经济活动的相互关系出发得出的结论，比第一种认识水平有了深化和提高。认为环境问题不仅仅产生于技术领域，在技术领域之外也存在大量的环境问题，环境问题属于经济领域的范畴，是人类各种经济活动的产物，因而把环境问题作为经济问题去研究和解决。

第三种观点是从资源学角度出发得出的结论。此种观点认为人类环境问题的产生，无论是发达国家还是发展中国家，都是由于对资源价值认识不足，缺少经济发展规划，盲目或不合理开发资源，低效利用资源而造成的，因而主张把环境问题看作资源开发、利用问题进行研究和解决。

第四种观点是从社会学角度出发得出的结论。认为环境问题不仅仅是一个技术和经济问题，更是一个社会问题，认为人的行为不仅是经济行为，还包括社会行为和自然行为，环境问题不仅存在于经济领域，而且存在于广泛的社会领域，因此，环境问题的实质是社会问题。

以上观点由于分析的角度不同，不能真正全面阐述环境问题的本质。究竟如何来认识今天人类所面对的环境问题？它的实质究竟是什么？这不仅是一个认识论问题，更是一个涉及如何确立人类环境战略的重大问题。

从环境问题产生的过程来看，环境问题是随着人类社会的发展而出现的，在不同的人类发展时期，环境问题的表现是不同的。

(1) 在原始文明和农业文明时期，由于人类社会的物质生产力水平很低，对自然的干预和影响也很小，从自然界获取的资源和废弃物的排放都没有超过自然环境的资源供给和废弃物消纳能力，这一时期没有出现明显的大范围的环境问题。

(2) 人类社会进入工业文明时代以后，以传统的家庭作坊为特征的小规模手工业迅速发展成为社会化大生产，人类创造的物质财富总量远远地超过了历史上所创造的财富的总和。同样，人类从自然界中索取的资源总量以及向环境中排放的废弃物总量也都远远超过了历史上的总和。然而，由于人们缺乏对环境问题的足够认识，把环境问题看作工业生产的必然产物，是生产附属问题。基于这样的一个思想认识，在长达近两个世纪的时间里，人类对环境问题的出现采取了熟视无睹、任其发展的态度，在较早步入工业化的国家里产生了许多局地环境公害。

（3）到了 20 世纪中叶，人类的环境污染问题由局地公害发展成了全球性公害。20 世纪 50 年代相继发生了震惊世界的“八大环境公害”事件；70 年代，又相继出现了“世界十大环境公害”事件。这些环境问题的出现，严重阻碍了各个国家和地区的社会、经济发展，迫使人们对环境问题进行重新审视，意识到环境问题不再是生产附属问题，而是一个发展问题。不可持续的发展模式（包括不可持续的消费模式）是各种环境问题产生的根本原因。

（4）进入 20 世纪 80 年代中期以后，世界环境形势更加严峻。严重的环境污染造成了全球性的水资源短缺，加快了森林毁灭、全球气候变暖和臭氧层破坏的速度。严重的生态破坏造成生物多样性的急剧减少，加快了水土流失和荒漠化的速度，世界范围的洪涝灾害频繁发生。所有这些使人类进一步认识到环境问题不再是一个发展问题，而是一个安全问题。严重的环境污染和生态破坏以及资源的短缺最终会影响到人类自身的生存。

由此可见，环境问题的实质，不仅仅是技术问题，更是发展问题、生存问题。对环境问题的认识就是对人类生存问题的认识，解决环境问题就是解决人类自身的生存问题，这是人类对环境问题的最高思考。

只有站在生存的高度来认识人们今天所面对的环境问题，转变人类对环境和资源价值的认识，转变经济和社会发展方式，提高资源和能源利用效率，制定更为有效的环境战略和对策，切实处理好环境与发展的关系，促进人与自然的和谐相处，才能从根本上解决环境问题。

1.2　环境规划与管理的特征、任务及原则

1973 年 8 月，国务院召开了第一次全国环境保护工作会议，审议通过了《关于保护和改善环境的若干规定》，确定了我国第一个关于环境保护的“全面规划、合理布局、综合利用、化害为利、依靠群众、大家动手、保护环境、造福人民”的“三十二字方针”。“全面规划”是“三十二字方针”之首，以此确立了环境规划在各项环境管理制度中的统领地位。自第一个全国环境保护规划以来，现已编制并实施了 9 个五年国家环境保护规划；规划名称经历了从计划到环保规划，再到生态环境保护规划的演变；印发层级从内部计划到部门印发，再升格为国务院批复和国务院印发，已经形成了一套具有中国特色的环境规划体系。因此，环境规划与管理在我国生态环境保护方面具有重要作用，掌握其定义、基本特征、内容及原则是开展环境规划与管理的基础。

1.2.1　环境规划与管理的定义

环境规划是政府或组织为使环境与经济和社会协调发展而对自身活动和环境所做的空间和时间上的合理安排，其目的是指导人们进行各项环境保护活动，按既定的目标和措施合理分配排污消减量，约束排污者的行为，改善生态环境，防止资源破坏，保障将环境保护活动纳入国民经济和社会发展计划，以最小的投资获取最佳的环境效益，促进环境、经

济和社会的可持续发展。环境规划担负着从整体上、战略上、统筹规划上来研究和解决环境问题的任务，对于可持续发展战略的顺利实施起着十分重要的作用。环境规划侧重于环境问题的事前预防，体现了环境保护预防为主的原则。

环境管理是依据国家的环境政策、法规和标准，从环境与发展综合决策入手，运用各种管理手段调控人们的各种行为，限制人类损害环境质量的活动，以维护区域正常的环境秩序和环境安全，实现区域社会可持续发展的行为总体。环境管理具有时间的现在属性，即对人类正在进行的各类经济活动产生的环境影响进行管理，以达到最大限度地降低环境损害。环境管理的根本目的是维持环境秩序和安全，重点是解决由于人类活动所造成的各类环境问题，核心是对人和人的行为的管理。环境管理的内容广泛，涉及国家管理的社会、经济和资源等所有领域，是国家管理系统的重要组成部分。

1.2.2 环境规划与管理的基本特征

环境规划是环境管理的首要职能，担负着从战略上、整体上和统筹规划上来研究和解决环境问题的任务。但环境问题的最终解决还是依靠环境规划管理，依靠环境规划的具体实施。实施规划，让规划在社会生活中变成现实是规划工作的重点。

环境规划与管理的基本特征包括权威性、强制性、综合性、区域性和动态性。

1. 权威性

环境规划与管理的权威性表现为环境保护行政主管部门代表国家和政府开展环境规划与管理工作，行使环境保护的权力，政府其他部门要在环保部门的统一监督管理下履行国家法律所赋予的环境保护责任与义务。

2. 强制性

环境管理的强制性表现为在国家法律和政策允许的范围内为实现环境保护目标所采取的强制性对策和措施。

3. 综合性

环境规划与管理具有较强的综合性，反映在它涉及的领域广泛、影响因素众多、对策措施综合和部门协调复杂。

4. 区域性

环境规划与管理具有区域性特点，是由环境问题的区域性、经济发展的区域性、科技发展和产业结构等的特点所决定的。

5. 动态性

环境规划与管理具有较强的动态性。环境问题、社会经济、科技发展等都在随时间变化发生着难以预料的变动。因此，环境规划与管理工作的相关内容包括理论、方法、原则、工作程序、支撑手段和工具等方面，应不断更新、调整、修订。

1.2.3 环境规划与管理的任务与内容

人与自然和谐发展，有计划地保护和改善生态系统的结构和功能，能够促进区域与城市生态系统的良性循环，保持人与自然、人与环境关系的持续共生与协调发展，追求社会文明、经济和生态环境的和谐，保障环境保护活动纳入国民经济和社会发展的计划。因此，在了解环境规划与管理基本特征的基础上，掌握环境规划与管理的任务及内容十分必要。

1.2.3.1 环境规划与管理的任务

环境规划与管理旨在通过规划和管理手段调整人类的经济、社会、生活等行为和活动，达到预防环境问题的目标。环境规划着重从整体上、战略上和统筹上对人类的各项活动进行规划和计划，确保将要进行的人类活动对环境造成的影响降到最低；环境管理是通过管理手段调整人类的经济、社会、生活等行为，达到预防环境问题和改善环境污染的目的。

1.2.3.2 环境规划与管理的内容

环境规划与管理可以按照规划与管理的要素进行划分，也可以按照行政区域和管理层次、产业环境管理、自然资源环境管理等进行划分。

1. 按照规划与管理要素划分

按照规划与管理的要素，可将环境规划与管理划分为大气污染控制规划与管理、水体污染控制规划与管理、固体废物污染控制规划与管理和噪声污染控制规划与管理四个方面。

（1）大气污染控制规划与管理。大气污染控制规划主要内容是对规划区内的大气污染进行控制，提出基本任务、规划目标和主要防治措施；大气污染控制管理主要内容是按照规划区内的大气质量现状、承载能力和规划控制目标，对区域内的工业企业单位的气体排放进行管理。

（2）水体污染控制规划与管理。水体污染控制规划主要内容是对规划控制区内的各类水环境，主要包括河流、湖泊、地下水和海洋等，提出污染控制的基本任务、规划目标和主要的防治措施；水体污染控制管理是按照主要河流、湖泊、地下水和海洋等的水质量现状、承载能力和规划控制目标，对规划区内的工业企业单位的工业废水以及市政污水进行排放管理，并对已经污染的主要河流、湖泊、地下水开展污染治理。

（3）固体废物污染控制规划与管理。固体废物污染控制规划主要内容是对规划控制区内企业、事业单位的各种工业危废和普通固体废弃物以及居民生活区的生活固体废物的处置与综合利用进行规划；固体废物污染控制管理主要内容是按照规划区内固体废物污染控制规划的目标，对规划区内的工业企业单位的工业固体废弃物以及居民生活固体废弃物进行排放管理。

（4）噪声污染控制规划与管理。噪声污染控制规划主要内容是对规划控制区内道路、工业企业等主要噪声污染单位提出噪声防治规划；噪声污染控制管理是指按照噪声污染控制规划目标对规划区内的主要道路、工业企业单位的噪声进行管理。

2. 按照其他类别划分

（1）按照行政区域和管理层次划分。按照行政区域和管理层次可分为国家环境规划与管理、省（市）级环境规划与管理、部门环境规划与管理、县区环境规划与管理、农村环境规划与管理、自然保护区环境规划与管理、城市综合整治环境规划与管理、重点污染源污染防治规划与管理。

（2）按照产业环境管理划分。按照产业环境管理可以划分为工业环境管理、农业环境管理、服务业环境管理、知识信息产业环境管理等。

（3）按照自然资源环境管理划分。按照自然资源环境管理又可以划分为森林、草原等生物资源开发与保护规划，土地资源开发与保护规划，海洋资源开发与保护规划，矿产资源开发与保护规划，旅游资源开发与保护规划等。

1.2.4 环境规划与管理的基本原则

在开展环境规划与管理过程中，应遵循坚持可持续发展原则，遵循经济规律与生态规律原则，预防为主、防治结合原则，系统性与整体性原则和针对性原则。

1. 坚持可持续发展原则

实施可持续发展是人类社会发展的最终目标，它是建立在资源的可持续利用和良好的生态环境基础上的，必须遵循生态学原理，体现系统性、完整性的原则，坚持生态环境保护与经济社会发展相协调的原则，因此环境规划的制定和实施过程要充分遵循可持续发展原则。

2. 遵循经济规律与生态规律原则

环境规划要正确处理环境与经济的关系，实现环境与经济协调发展，经济系统受经济规模、产业结构、能源结构、技术水平等因素影响，有着复杂的规律，而环境系统又受到污染物排放转移、环境自净能力、生态平衡等各种因素的制约。因此，环境规划与管理的制定，既要遵循经济规律，又要符合生态规律，否则会制约经济发展，造成环境恶化、危害人类健康等严重不可逆的后果。

3. 预防为主、防治结合原则

防患于未然是环境规划的根本目的之一。在环境污染与生态破坏发生之前，予以杜绝和防范，减少其带来的危害和损失是环境保护的宗旨，同时结合我国环境污染现状，适当加大环境保护力度，为实现碳达峰和碳中和目标保驾护航。

4. 系统性与整体性原则

环境具有整体性、无边界的特点，因此环境规划与管理需要针对环境的特点进行系统性和整体性的规划与管理，运用系统论方法进行环境规划与管理，实现环境的可持续发展。

5. 针对性原则

环境和环境问题也具有一定的局部性和区域性。不同地区因其经济发展、人口密度、自然地理条件、技术水平等方面具有较大的差异，因此，环境规划与管理需科学制定环境功能区划，基于合理有效的环境现状评价，结合区域经济社会状况和环境特征，采用科技手段准确地预测其综合影响，因地制宜地采取相应的规划方案和管理措施。

1.3 环境规划与管理发展趋势

我国生态文明建设进入关键期、攻坚期、窗口期，现阶段，社会矛盾已经由人民日益增长的物质文化需要同落后的社会生产之间的矛盾，转化为人民日益增长的美好生活需求和不平衡不充分的发展之间的矛盾。习总书记提出的体现生态文明新思维、新战略、新突破的“绿水青山就是金山银山”理念指明了环境规划的新方向，坚持生态环境质量改善、统筹山水林田湖草沙综合治理的生态环境空间管控成为生态环境保护的新要求。厘清环境规划与环境管理的关系，了解环境规划与管理的发展历程及趋势，是深入学习“环境规划与管理”课程的前提。

1.3.1　环境规划与环境管理、其他规划的关系

1.3.1.1　环境规划与环境管理的关系

环境规划与环境管理的关系是相辅相成的，有效的环境管理可以为环境规划提供支撑与保障，同时合理的环境规划可以为环境管理提供指导和目标，环境规划与环境管理，两手都要抓，两手都要硬，这样才能确保在发展经济的同时，实现对环境的友好可持续发展。

1. 环境规划的主要作用

（1）为协调经济社会发展与环境保护提供良好保障。基于环境资源的有限性和不可恢复性等特点，要实现人类社会的可持续发展，必须将经济社会发展与环境问题综合考虑，力求达到经济社会发展与环境的协调发展，而环境规划就是很好的保障手段。

（2）体现了环境保护“预防为主”思想。基于环境资源的特点，环境保护工作的开展要首先遵循“预防为主”的治理方针，而环境规划就是充分结合“预防为主”基本原则，确保能在一个较长的时期和较大的范围内提出和执行有利的环境政策和方案。

2. 环境管理的主要作用

环境管理的主要作用是通过立法程序界定了包括政府、企业和公众在内的各干系人（也称利益相关者）在环境管理中的义务与权利，确保环境管理各项法律规定的各干系人的责任能够落实、权利能够得到维护，并通过建立相应的管理机制来保障环境管理各项制度的实施，为环境规划的落实提供保障。

总体来说，环境规划的实施需要有一系列的保障机制，而环境管理通过体制机制的建设，为环境规划的实施提供保障。

1.3.1.2　环境规划与其他规划的关系

与国民经济和社会发展规划、城市总体规划、土地利用规划等国家或区域发展的基础规划相比，环境规划属于部门规划，没有专门的法律，虽然环境规划没有以上三个规划的权威性，但是因为环境资源的稀缺性、不可逆性以及环境规划的复杂程度以及重要性，环境规划具有其他部门规划不可比拟的重要性。同时，环境规划与国民经济和社会发展规划、城市规划等相互参照、相互支持和相互促进。

1. 环境规划与国民经济和社会发展规划的关系

环境规划与国民经济和社会发展规划是国家或区域在较长一段历史时期内对经济和社会发展的全局安排，它规定了经济和社会发展的总目标、总任务、总政策以及所要发展的重点、所要经过的阶段、所要采取的战略部署和重大政策与措施等。环境规划是国民经济与社会发展规划体系的重要组成部分，是相互协调的，同时环境规划也成为国民经济和社会发展五年规划其他方面内容的重要参考。因此，环境规划应与国民经济和社会发展规划同步编制，并纳入其中。环境规划目标应与国民经济和社会发展规划目标相互协调，并且是其中的重要目标之一。环境规划所确定的主要任务都应纳入国民经济和社会发展规划，参与资金综合平衡，保证同步规划和同步实施。环境规划是经济社会发展规划的基础，它为预防和解决经济社会发展带来的环境问题提供解决方案；经济社会发展规划必须充分考虑环境资源支撑条件、环境容量和环境保护的目标要求，充分利用环境资源促进经济社会

发展。

2. 环境规划与城市总体规划的关系

城市总体规划是对一定时期内城市性质、发展目标、规模、土地利用、发展方向、空间布局和功能分区以各项建设的综合部署和实施措施安排，生态与环境问题是城市规划必须研究和解决的重要内容之一。环境规划与城市总体规划的关系应当是相互协调的。

我国现阶段的城市环境规划目的主要体现在帮助广大的人民群众建立起一个和谐的城市生态环境，通过各类措施的落实来确保城市在不断发展经济的进程当中，也能够实现对生态环境的全面保护，通过科学规划充分利用自然资源，并且在不断落实环境规划机制的过程中，逐渐形成科学合理的城市建设规划方案，在建设阶段也能够充分地促进绿色生态、城乡一体等理念的落实，令城市与自然生态这两者之间的发展起到协调与包容的作用，对提升城市整体的绿色化发展水平起到重要的现实意义。

3. 环境规划与土地利用总体规划的关系

土地利用总体规划作为配置和合理利用土地资源的重要手段，与环境规划关系密切。环境规划与土地利用总体规划的关系应当是相互协调的。环境规划可以作为土地利用总体规划的重要参考，土地利用总体规划中与环境相关的方面，参考环境规划的要求进行。土地总体规划需要对规划区范围内的生态环境状况作深入分析，包括对生态环境的结构和服务功能的分析，需要分析土地总体利用布局和项目建设对生态环境的影响，将这种影响同环境规划所要求达到的环境质量目标相对照，作为土地利用总体规划所必须参考的重要依据。

4. 环境规划与主体功能区规划的关系

主体功能区规划就是要根据不同区域的资源环境承载能力、现有开发强度和发展潜力，统筹谋划人口分布、经济布局、国土利用和城镇化格局，确定不同区域的主体功能，并据此明确开发方向，完善开发政策，控制开发强度，规范开发秩序，逐步形成人口、经济、资源环境相协调的国土空间开发格局。环境规划与主体功能区规划的关系应当是相互协调的。主体功能区规划需要注重生态环境保护的需要。运用环境规划的理念，主体功能区规划需要确定限制开放区域，在该区域内限制进行大规模高强度工业化城镇化，对空间结构、产业结构、人口总量、公共服务水平等方面提出限制性要求。

总之，环境保护目标是编制环境规划的归宿，体现环境保护规划目标的指标体系设置，应当与上位规划相符合，同时紧密结合当地生态环境特征和社会经济发展状况，以实现区域可持续发展和保障人群健康为出发点，以改善环境质量为核心，分别按照水、气、土、声、生态、固废、核与辐射等要素设置，要具有科学性、综合性、前瞻性。规划应当提出经济可行、便于操作和监督管理的对策措施，强调规划对策措施落地。通过明确环境保护目标和对策措施，以期将环境要求、对环境因素的考虑纳入、“渗透”到其他规划之中，在其他规划（如城市规划及有关经济发展规划）编制、实施之前未雨绸缪，实现与其他规划的协调和有机衔接。

1.3.2 环境规划与管理的发展历程

我国的环境规划与管理工作是伴随着整个环境保护事业的产生而发展的，环境规划与管理工作经历了从无到有、从简单一刀切到因地制宜、从局部进行到全面开展的发展历程，已发展了近 50 年，大致分为以下四个阶段。

1. 萌芽阶段（1973—1983 年）

在 1973 年召开的第一次全国环境保护工作会议上，提出了环境保护工作的“三十二字方针”，提出对环境保护和经济建设要实行“全面规划、合理布局”，从此，我国的环境规划与管理工作开始逐渐发展起来。在这一时期，环境保护事业刚刚起步，在理论和实践上都缺乏足够的经验，因此，全国的环境规划与管理工作处于被动、局部不完善的状态，少数地区开展了环境状况调查和环境质量评价，整体性和系统性的环境规划与管理工作尚未开展。

2. 探索阶段（1984—1989 年）

20 世纪末期，我国开始并逐渐地制定出环境规划，提出了“三个同步、三个统一”的方针政策，最先实施环境规划的省份是山东和山西。在这一阶段，环境保护开始纳入国民经济和社会发展计划，并提出了计划要求达到的具体指标，并且部分地区和部门把环境规划与管理的理论和方法作为科研课题进行研究，取得了一些有价值的研究成果。此外，在此阶段，环境影响评价和环境容量研究在全国普遍开展，为环境规划与管理提供了重要的基础。

3. 发展阶段（1990—1996 年）

在这一阶段，结合国民经济和社会发展第七个五年计划，环境规划与管理工作在理论和实践上都有很大发展，“七五”环境保护计划规模较大，普及范围较广，对环境保护规划和管理工作起到了很好的指导和推动作用。基于“七五”环境保护计划与管理的成果，“八五”环境保护计划以总量控制为技术路线，从国情分析出发，作为国民经济与社会发展计划的保证手段，无论在科学性还是可操作性上都有了较大的发展。

4. 深化阶段（1997 年至今）

1992 年在巴西里约热内卢召开环境与发展大会，我国率先提出《中国环境与发展十大对策》和《中国 21 世纪议程》，要求各级人民政府和有关部门在制定和实施发展战略时编制环境保护规划，提出了走可持续发展之路的必要性，标志着我国的环境规划与管理工作进入一个新时期。在这一阶段，我国环境规划逐步形成了较为完善的科学体系，在理论基础、规划程序、编制内容、规划模式等方面进行了深刻的研究与探讨，形成了以环境质量评价、环境信息统计等基础工作作为环境规划的基础条件，以功能区划分和总量控制的方法为技术路线，以环境规划与管理作为国民经济和社会发展计划实施根本保证的制度体系，环境规划与环境管理协调统一，构建了较为成熟的环境规划理论与实践系统。

“九五”“十五”时期及之前的规划强调区域性、行业性，大多分为城市环境保护、农村环境保护、工业污染防治等；“十一五”时期着力解决突出环境问题，在认识、政策、体制、能力等方面取得重要进展；“十二五”时期探索建立起具有基础性、战略性、空间性、系统性等特征的城市环境总体规划，极大地提高了环境管理系统化、科学化、法治化、精细化、信息化水平；“十三五”时期显著强化绿色发展与生态环境保护的联动，坚持从发展的源头解决生态环境问题；“十四五”时期是开启全面建设社会主义现代化国家新征程、向第二个百年奋斗目标进军的第一个五年，为深入打好污染防治攻坚战，必须进一步加强和落实各个领域的环境规划与管理工作。

1.3.3 面向未来的环境规划与管理

经过近50年的发展，规划的编制体系正逐步规范化，形成了较为完整的指标体系，初步形成了包括评价方法、预测方法、区划方法、决策方法、优化方法及总量控制方法等许多内容在内的方法体系，并且环境规划与管理的内容也日臻完善，主要内容包括制定环境规划目标、建立环境规划指标体系、环境调查与评价、环境预测、环境功能区划、环境规划方案设计与方案优化和方案实施与管理七个方面，其中，方案优化是环境规划的核心内容。

环境规划与管理正逐步纳入国民经济与社会发展规划中。我国环境保护工作开展多年，但环境仍有恶化趋势，其中，环境与经济分割是重要原因之一。可持续发展理论的提出强化了经济与环境协调的必要性，从而将环境规划纳入国民经济与社会发展规划中，这是环境规划发展的必然要求。

随着我国经济体制改造、政府职能转换以及环境建设与环境管理的加强，环境规划与管理的重要意义愈加显著，环境规划与管理将会得到更多的发展。今后，环境规划与管理的发展特点及趋势包括以下几点。

1. 与促进区域经济发展趋势之间的有机结合

在新时期发展背景下，我国社会经济的发展与区域生态环境的发展处于一种相辅相成的良好状态。在目前的发展阶段，若相关部门未能大力打击或合理规划对部分区域自然生态环境造成破坏的活动，就会给当地的环境规划及区域生态发展带来不同程度的影响，导致各项环境规划工作受到外力因素的阻碍，最终影响整体的规划效果。而我国目前绝大多数地区的生态发展趋势，还是要将更多的精力投放在脱贫致富的发展目标中，并和区域的经济发展特性进行有机融合，这对促进不同区域产业链和生态链的有机结合起到重要的现实意义。

2. 环境规划理论研究逐渐加强

我国目前的环境规划编制模式基本上都是沿用以前的模式，对一些新出现的环境问题考虑不够，规划中所用的方法也都比较落后，对规划中所包含的大量不确定因素未能进行系统分析，而许多较先进的规划与管理方法却未能得以推广。总之，我国的环境规划与管理理论研究明显滞后于规划的实践，是目前环境规划体系中的薄弱环节。未来需要加强新发展格局下生态环境保护规划思想和理论体系研究，尤其是规划实施方面的理论研究，从理论方法、原则、工作程序及支撑手段等方面建立一套动态的环境规划管理体系，以适应环境规划不断更新调整修订的要求，充分发挥学科对国家生态环境保护工作的支撑作用。

3. 进一步加强环境规划的管理和实施

管理机制是指组织和管理的实现形式和运行机制，是管理组织在实现管理目标过程中的活动或运作方式，管理机制主要包括信息机制、资金机制、实施机制和监督机制。未来将进一步完善信息和共享交流机制，保证各干系人及时准确地了解规划相关信息和实施情况，建立实施监管机制；建立健全公众参与机制，使规划的实施更加民主科学；完善评估考核和行政问责机制；完善环保规划投融资效益评估体系。

4. 继续加强环境规划法律和政策建设

完善法律机制，使规划的编制和实施有法可依。我国具体的环境规划法尚未出台，国家一级的环境规划法规体系刚成雏形，地方性的环境规划法制建设也还未全面开展，因此在环境规划的编制实施过程中缺乏一定的依据和约束。未来的社会是法制社会，一切都要以法律为准绳。应将环境规划真正纳入法制化轨道，并使其运作规范化、程序化。环境规划的法制建设不仅要对环境规划从编制到实施的各个环节中规划管理部门及相关行政机构的职权内容和范围进行设定，还要制定各个环节中所必须遵守的程序规定。为此，应尽快出台环境规划法，同时制定各种地方性法规条例，把规划申请、授权许可、公众参与、规划上诉等各个过程以法律的形式固定化，形成全面的环境规划法规体系，做到依法编制、依法行政。

5. 环境规划决策支持系统进一步完善

环境规划决策支持系统具有快速、灵活、人机对话和图形显示等功能，特别是对解决半结构化和非结构化问题更为适宜，是环境规划的一种现代化工具。美丽中国、健康中国以及碳达峰、碳中和等新时期战略目标，提出了不同领域、不同学科交叉融合拓展的新需求，亟待现有的环境规划管理技术与新的人工智能、数据技术、社会治理等领域相融合，来回应这些重要需求。通过不断完善环境规划决策支持系统，使其最终起到协调社会经济与环境和谐发展的作用。

思考题

1. 环境问题包括哪些方面？这些环境问题产生的根源及实质是什么？
2. 谈谈你对当前环境问题的认识及看法。
3. 简述环境规划与管理的特征、任务与内容及基本原则。
4. 简述环境规划与环境管理的区别与联系。
5. 简述环境规划与其他规划的区别与联系。
6. 简述我国环境规划与管理的发展历程及发展趋势。

第 2 章　环境管理相关理论基础

环境是一个复杂的系统，环境管理涉及“人地系统”的相互关系。环境管理的理论基础与生态学、环境学相关，也与管理学、环境经济学一脉相承。本章主要了解环境管理的理论基础，包括生态学理论、系统学理论、管理学理论、环境经济学理论、可持续发展理论、环境承载力理论等理论，思考环境管理过程涉及的基础理论。

2.1　生态学理论

生态学一词最早是由德国生物学家海克尔（Haeckel）于 1866 年提出的，随后各学者给出了生态学的定义。1935 年坦斯利（Tansley）在生态学的基础上提出了生态系统的概念，强调从系统的整体来研究生物的分布与环境之间的相互关系，有关生态学的方法论则来源于 1942 年林德曼（Lindeman）有关湖泊生态系统应用动力学的研究。19 世纪末，系统生态学起源于湖泊和海洋的研究，自此系统生态学的研究进入新的发展时代。本小节主要介绍生态学的概念、生态系统组成及特征、生态学基本理论、生态学与环境管理等内容。

2.1.1　生态学概念及系统生态学

2.1.1.1　生态学概念

1866 年德国生物学家海克尔提出生态学一词，将生态学定义为研究有机体与其环境之间相互关系的科学；后来有的学者将生态学定义为研究生物或生物群体与其环境的关系，或生活着的生物与其环境之间相互联系的科学。生态学的定义很多，比较普遍认同的定义是：生态学是研究生物与生物、生物与其环境之间相互关系及作用机理的科学。该定义中的生物包括动物、植物、微生物及人类等；环境是指某一特定生物体或生物群体以外的空间以及直接或间接影响生物或生物群体生存的一切事物（如土壤、水分、温度、光照、大气等）的总和。

2.1.1.2　系统生态学

在 19 世纪末系统生态学起源的基础上，随着信息论、控制论、运筹学等学科的发展以及计算机技术的应用，在 20 世纪 50 年代以奥德姆（Odum）兄弟为代表进行的关于生态系统物流和能流的研究，开创了系统生态学研究的新纪元，并引发了生态学研究领域的革命。进入 70 年代后，随着全球性的人口、资源、环境问题的出现，系统生态学的研究获得进一步的发展，众多的自然科学家和社会科学家投身于系统生态学的综合研究中，使系统生态学在研究广度和深度上不断拓展，理论和方法不断完善，并跳出传统自然科学的范畴，成为连接科学与社会的桥梁，人们认识与改造自然的一种系统方法论。与传统生态学不同，系统生态学有其特有的研究范畴和方法。

1. 生态系统及其组成

一个生物物种在一定的范围内所有个体的总和称为生物种群；在一定自然区域的环境条件下，许多不同种的生物相互依存，构成了有着密切关系的群体，称为生物群落；而生态系统是指在自然界一定空间内，生物群落与周围环境的统一整体，也即生命系统与环境系统在特定时空的组合。生态系统具有一定的组成、结构和功能，是自然界的基本结构单元，在这个单元中生物与环境之间相互作用、相互制约、不断演变，并在一定时期内处于相对稳定的动态平衡。

所有的自然生态系统（不论陆生的还是水生的），其组成都可以概括为两大部分或四种基本成分。两大部分是指非生物部分和生物部分，四种基本成分包括非生物部分和生产者、消费者与分解者两大功能类群，具体组成如图 2.1 所示。

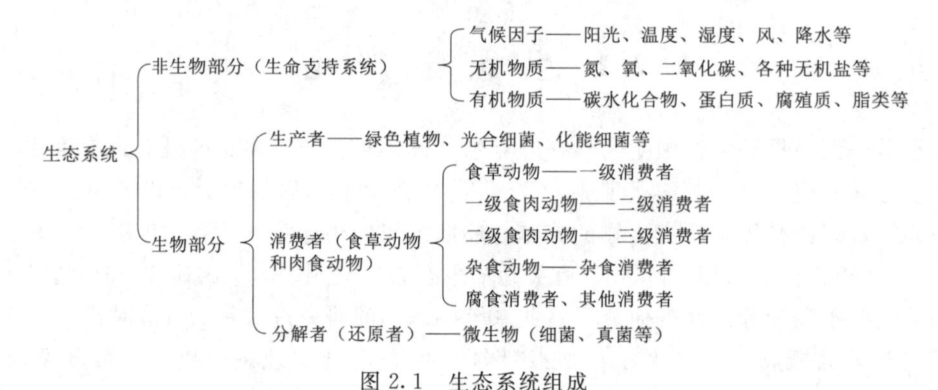

图 2.1　生态系统组成

（1）非生物部分。非生物部分是指生物生活的场所，是物质和能量的源泉，也是物质和能量交换的场所。非生物部分具体包括：①气候因子，如阳光、温度、湿度、风和降水等；②无机物质，如氮、氧、二氧化碳和各种无机盐等；③有机物质，如碳水化合物、蛋白质、腐殖质和脂类等。非生物成分在生态系统中一方面为各种生物提供必要的生存环境，另一方面为各种生物提供必要的营养元素，可统称为生命支持系统。

（2）生物部分。生物部分由生产者、消费者和分解者构成。

1）生产者。生产者主要是绿色植物，包括一切能进行光合作用的高等植物、藻类和地衣，这些绿色植物体内含有光合作用色素，可利用太阳能将二氧化碳和水合成为有机物，同时释放出氧气。除绿色植物以外，还有利用太阳能和化学能把无机物转化为有机物的光能自养微生物和化能自养微生物。

生产者在生态系统中不仅可以生产有机物，而且也能在将无机物合成有机物的同时，把太阳能转化为化学能，储存在生成的有机物当中。生产者生产的有机物及储存的化学能，一方面供给生产者自身生长发育的需要，另一方面也用来维持其他生物全部生命活动的需要，是其他生物类群包括人类在内的食物和能源的供应者。

2）消费者。消费者由动物组成，它们以其他生物为食，自己不能生产食物，只能直接或间接地依赖于生产者所制造的有机物获得能量。根据不同的取食地位，消费者可分为：一级消费者（也称初级消费者）是指直接依赖生产者为生的食草动物，如牛、马、兔、草鱼以及许多陆生昆虫等；二级消费者（又称次级消费者）是以食草动物为食的食肉动物，如鸟类、青蛙、蜘蛛、蛇、狐狸等；三级消费者通常是生物群落中体型较大、性情凶猛的种类，以食肉性动物为食。另外，消费者中最常见的是杂食消费者，其介于草食性动物和肉食性动物之间，属于既以植物为食，又以动物为食的杂食动物，如猪、鲤鱼、熊等。

消费者在生态系统中的作用之一是实现物质和能量的传递，如草原生态系统中的青草、野兔和狼，其中，野兔就起着把青草制造的有机物和储存的能量传递给狼的作用。消费者的另一个作用是实现物质的再生产，如食草动物可以把草本植物的植物性蛋白再生产为动物性蛋白。因此，消费者又可称为次级生产者。

3）分解者。分解者也称还原者，主要包括细菌、真菌、放线菌等微生物以及土壤原生动物和一些小型无脊椎动物。这些分解者的作用，就是把生产者和消费者的残体分解为简单的物质，最终以无机物的形式归还到环境中，供给生产者再利用。所以，分解者对生态系统中的物质循环具有非常重要的作用。

2. 生态系统的类型

生态系统的类型是多种多样的，可大可小，为了方便研究，人们从不同角度将生态系统分成若干类型。按照生态系统的生物成分划分，可将其分为植物生态系统（如森林、草原等生态系统）、动物生态系统（如鱼塘、畜牧等生态系统）、微生物生态系统（如落叶层、活性污泥等生态系统）和人类生态系统（如城市、乡村等生态系统）四大类；按照环境中的水体状况划分，可将其分为陆生生态系统和水生生态系统两大类，其中陆生生态系统可再进一步划分为荒漠生态系统、草原生态系统、稀树干草原、森林生态系统等，水生生态系统也可再进一步划分为淡水生态系统（包括江、河、湖、库）和海洋生态系统（包括滨海、大洋）；按照人为干预的程度划分，可将其分为自然生态系统（如原始森林、未经放牧的草原、自然湖泊等）、半自然生态系统（如人工抚育过的森林、经过放牧的草原、养殖的湖泊等）和人工生态系统（如城市、工厂、乡村等）。

3. 系统生态论

20世纪80年代初，我国著名生态学家马世骏等在总结以整体、协调、循环、自生为核心的生态控制论原理基础上，指出人类社会是一类以人的行为为主导、自然环境为依托、资源流动为命脉、社会体制为经络的人工生态系统，提出了社会—经济—自然复合生态系统理论，其组成如图2.2所示。

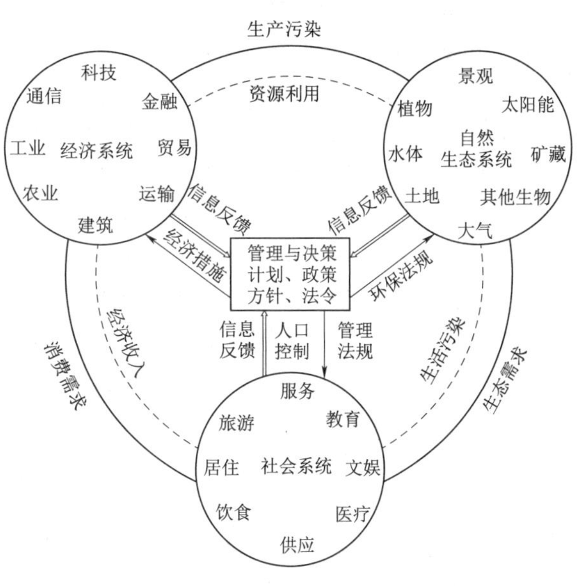

图2.2 社会—经济—自然复合生态系统的组成示意图

社会生态系统以人为中心，以满

足人的生活、居住、就业、交通、文娱、教育、医疗经济亚系统为核心，由工业、农业、交通运输、建筑、贸易、金融、信息等子系统组成，以物质从分散向集中运转、能量从低质向高质集聚、信息从低序向高序的积累为特征。

自然生态系统以生物结构和物理结构为主，包括动植物、人工设施、人文景观和自然要素等，以生物与环境的协同共生及环境对社会经济活动的支持、容纳、缓冲和净化为特征。

社会—经济—自然复合生态系统的结构如图 2.3 所示，它由外部环境（物质供应的源、产品废物的汇和调节缓冲库）、直接环境（地理环境、生物环境和人工环境）和文化社会环境（技术、组织、文化等）相互耦合而成。

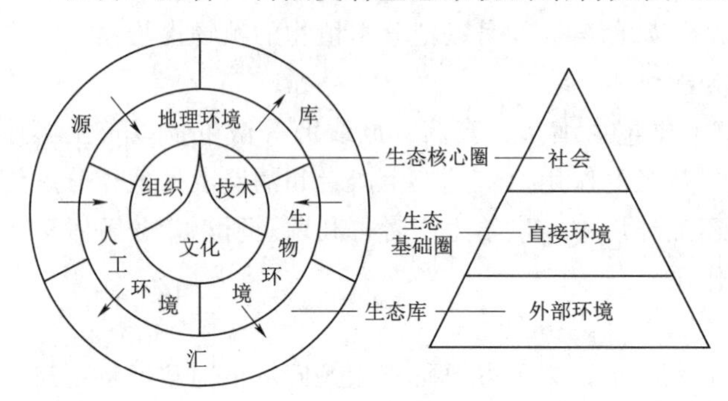

图 2.3　社会—经济—自然复合生态系统的结构示意图

2.1.2　生态学基本原理

当今生态学与地学、经济学等其他学科相互渗透，在理论和方法上不断完善和创新，研究范围不断扩大，应用日益广泛，出现了一系列新的交叉学科。在生态学的发展过程中，不同的学者对生态学的基本原理做了大量的研究，提出了多种多样的见解，归纳起来，生态学主要有以下几个基本原理。

1. 整体有序原理

生态系统是由许多子系统或组分构成的，各组分相互联系，在一定条件下相互作用和协作而形成有序的并具有一定功能的自组织结构。系统发展的目标是整体功能的完善，而不单是组分的增长，一切组分的增长都必须服从系统整体功能的需要，任何对系统整体功能无益的结构性增长都是系统所不允许的。

2. 相互依存与相互制约原理

相互依存与相互制约反映了生物间的协调关系，是构成生物群落的基础。首先是普遍的依存与制约，有相同生理、生态特性的生物，占据着与之相适宜的小生境，构成生物群落或生态系统，系统中不仅同种生物相互依存、相互制约，不同群落或系统之间也同样存在依存与制约关系；其次是通过食物而相互联系与制约的协调关系，具体形式就是食物链和食物网（食物链和食物网就是生态系统中各种生物以食物为联系建立起来的链锁），即每一个生物在食物链和食物网中都占据一定的位置，并且有特定的作用，不同物种之间通过食物链相互连接成为一体，形成共生与制约关系。将这种关系应用到社会产业体系中去，形成由各企业相互合作构成的产业生态群落，围绕区域内的资源条件开展产业活动，使物质和能源得到充分利用。

3. 物质循环与再生原理

地球的资源是有限的，生物圈生态系统能长期生存并发展，就在于物质的多重利用和循环再生。在生态系统中，植物、动物、微生物与非生物成分借助能量的不停流动，一方面不断地从自然界摄取物质并合成新的物质，另一方面又能将有机物分解为简单的无机物质（即所谓再生），作为养分重新被植物所吸收，进行着不停的物质循环。

人类社会的生产活动也是物质的不断转化和循环过程。生产过程所需要的原料来自自然环境，经过生产转化为产品及废料，产品经使用后又被变成废弃物而弃之于环境。生产和生活中产生的废弃物返回自然界，累积在自然环境中，当积累超过生态系统的自净能力的就会破坏人与自然之间物质转化的生态关系，导致环境污染、生态失调。根据物质循环和生存规律，人们对废弃物进行物质循环和再生利用，使其转化为同一生产部门或另一生产部门的原料投入新的生产过程，再回到产品生产和生活消费的循环中去，不但可最大限度地提高资源的利用率，而且可将废弃物的排放量降到最低限度，减轻对自然环境的压力。

4. 生态位原理

生态位（ecological niche）最早由格林奈尔（Grinnell）于1917年提出，定义为“恰好被一个种或一个亚种占据的最后分布单位”；1927年，埃尔顿（Elton）将生态位定义为“生物在其群落中的功能状态”，从而使生态位与栖息地（habitat）概念相区别；1957年，哈钦森（Hutchinson）提出了生态位的多维超体积模式，他认为生物在环境中受到多个而不是两个或三个资源因子的供应和限制，每个因子对该物种都有一定的适合度阈值，在所有阈值限定的范围内，任何一点所表征的环境资源组合状态上，该物种均可以生存繁殖，所有这些状态组合点共同构成了该物种在该环境中的多维超体积生态位，因而他又提出了基础生态位和现实生态位的概念；1971年，奥德姆给生态位下的定义为一个生物在群落和生态系统中的位置和状况，这种位置和状况决定于该生物的形态适应、生理反应和特有行为。区域或城市的生态位可以看作区域或城市中的生态因子和生存关系的集合，它反映了区域或城市现状对于人类各种经济活动和生活活动的适宜程度，反映了其性质、功能、地位、作用及人口、资源、环境的优劣度，决定了其对不同类型的经济以及不同职业、年龄人群的吸引力。

5. 物质输入输出平衡原理

物质输入输出平衡原理又称协调稳定原则，涉及生物、环境、生态系统三个方面。生物一方面从环境中摄取物质，另一方面又向环境中返还物质，以补偿环境的损失。对一个相对稳定的生态系统，无论是生物、环境，还是生态系统，物质的输入与输出是相对平衡的。如果输入不足，生物的生长发育受到影响，系统正常的结构和功能就不能得到有效维持和发挥。同样，输入过多，生态系统内部吸收消化不了，无法完全输出，就会导致物质在系统某些环节的积累，造成污染，最终破坏原来的生态系统。

在人类产业系统中，一个产业体系在特定时间内通过系统内部和外部的物质、能量、信息的传递和交换，使系统内部企业之间、企业与外部环境之间达到相互适应、协调、统一的平衡状态，保证社会生产乃至整个经济活动能够顺利进行。人类要根据物质平衡的规律，采取清洁生产和循环经济等有效措施，最大限度地提高原料利用率，以减少资源浪费和环境污染，实现社会生产的动态平衡和生态平衡。

6. 最小因子原理

1940年，德国农学家和化学家利比希（Liebig）指出，在多种影响农作物生长的因素中，作物的产量常常不是由需要量大的养分所限制，而是被某些微量的物质所限制，这就犹如由多块木板制成的水桶，当其中一块木板特别低时，它决定了水桶的容量，提高这块木板的高度就可使水桶的容量增加，而当所有木板都处于同一高度时，增高其中某些木板的高度，并不能使水桶的容量增加。在生态系统中，影响系统组成、结构、功能和过程的因素很多，但往往是处于临界量的因子对系统的功能发挥具有最大的影响，改善和提高该因子的量值，就会大大增强系统的功能。

7. 环境资源有限性原理

一切被生物和人类的生存、繁衍和发展所利用的物质、能量、信息、空间等都可视为生物和人类的生态资源。生态平衡过程的实质就是对生态资源的摄取、分配、利用、加工、储存、再生和保护过程，自然界中任何生态资源都是有限的，都具有促进和抑制系统发展的双重作用。对任何一个生态系统来说，生态资源都是经过多种自然力长期作用形成的，当对其利用、开采强度与更新相适应时，系统保持相对的平衡，一旦利用强度超出极限，系统就会被损伤、破坏，甚至瓦解。

人类生产和生活也要符合环境资源的有效极限规律，是一个物质资源的形态转化过程，一端是消耗自然资源生产出产品，以满足人类的物质需要；另一端是生产工艺过程产生的废弃物和产品被消费后的废弃物排放于环境，对自然环境造成污染危害。无论是资源的承载力还是环境的承受能力，都是有极限的。过度消耗资源和破坏环境，不仅会使生产无法持续进行，而且将破坏人类生存的基本条件。环境是经济发展的空间，资源是经济发展的基础，环境质量和资源永续利用决定着经济发展的命运。清洁生产和循环经济作为长期以来人类在经济社会发展过程中的经验教训的总结，是合理利用资源和保护生态环境以保障社会经济可持续发展的有效途径。

2.1.3　生态学与环境管理

生态理论研究主要包括生态规律、生态目标、生态政策问题等方面研究。环境问题的产生，主要是人们违反了生态规律的结果，环境管理的主要任务之一也就是协调人类同生态环境之间的相互作用、相互制约、相互依存关系，维持生态系统的总体平衡。

为此，需以生态平衡理论来指导生产实践和环境管理活动，根据生态规律的要求，建立与生态结构相适应的生产力结构，使人类在与环境进行物质和能量交换的过程中尽量不损害生态系统的结构和功能，维护生态系统的良性循环，使环境资源能够持续、永久地被人类加以利用。通过环境管理有效地防止和减少人类在开发和利用环境资源活动中对生态环境的破坏，从而在从事和开发环境的活动中，建立起良性的人工生态系统。

环境管理需要根据生态平衡规律的要求，充分考虑资源和环境的承载能力。环境承载力是指在一定时期内，在维持相对稳定的前提下，环境资源所能容纳的人口规模和经济规模的大小。地球的面积和空间是有限的，它的资源是有限的，显然，它的承载力也是有限的。因此，人类的活动必须保持在地球承载力的极限之内。

2.2　系统学理论

系统（system）一词来源于古希腊语，是由部分构成整体的意思。一般系统论则试图给出一个能揭示各种系统共同特征的一般的系统定义，通常把系统定义为：由若干要素以一定结构形式联结构成的具有某种功能的有机整体。在这个定义中包括了系统、要素、结构、功能四个概念，表明了要素与要素、要素与系统、系统与环境三方面的关系。本节主要从系统学的概述、系统学基本原理及其与环境管理的关系进行介绍，旨在掌握环境管理中涉及的系统学理论。

2.2.1 系统学起源及其概念

2.2.1.1 系统学起源

系统思想源远流长，但作为一门学科的系统论，人们公认是美籍奥地利理论生物学家贝塔朗菲（Ludwig von Bertalanffy）创立的，他在1932年发表的《抗体系统论》首次提出了系统论的思想；1937年，他又提出了一般系统论原理，奠定了这门学科的理论基础，但他的论文《关于一般系统论》（*von Bertalanffy'General System Theory*）直至1945年才公开发表，1948年该理论在美国讲授“一般系统论”后才得到学术界的重视；1968年，贝塔朗菲发表了专著《一般系统论：基础、发展和应用》（*General System Theory Foundations*，*Development*，*Applications*），正式确立了这门学科的学术地位，该书也被公认为是这门学科的代表作。

2.2.1.2 系统论的概念

系统论是研究系统的一般模式、结构和规律的科学。它通过研究各种系统的共性特征，寻求建立一种适用于一切系统的最根本的原理、规则和数学模型，是具有逻辑和数学性质的一门科学。系统是由具有特定功能的、相互间具有有机联系的许多要素（element）所构成的一个整体。要构成一个系统，必须具备如下三个条件：①要有两个或两个以上的要素；②要素之间要相互联系；③要素之间的联系必须是相干性联系，即能产生整体功能。

1. 功能

系统的功能是指系统所能发挥的作用或效能，即系统从环境接收物质、能量和信息，经过系统的变换，向环境输出新的物质、能量和信息。例如，一台优质电视机接通电源、打开开关即能在屏幕上获得清晰的图像，在扬声器获得伴音，这是载有电波信息的电信号，经电视机的转换输出图像和声音信息，这就是电视机的功能。

2. 要素

要素是指构成系统的组成部分。客观世界一切事物都是系统与要素的对立统一体，互相关联、互相制约、互相作用。系统与要素有如下的辩证关系：相互依存与互为条件，相互联系与相互作用，相对性。

运用系统思想和方法解决实际问题时，区分要素是一项重要工作。第一是要区分要素的层次结构，也就是要确定哪些定为一级要素，哪些定为二级要素；第二是要决定要素的主次，也就是要找出那些对系统性质、功能、发展变化有决定影响的部分，将其作为主要要素加以研究。

3. 联系

联系是指一个要素的存在与变化同另一个要素的存在与变化之间的关系。在控制论中习惯称为耦合，指的是各要素之间的因果关系链。联系可以分为相干性联系和非相干性联系（如随机联系）两种，前者可以产生整体功能，后者则不能产生整体功能。通常联系是指能产生整体功能的相干性联系。

联系的内容有物质流、能量流、信息流，如某个生产系统中，原材料的传送、加工是物质流，电、热等能源的输送是能量流，为了协调运转的各项实施计划、指令、控制信号等是信息流。

4. 环境

系统以外的部分称为系统的环境，它是存在于系统之外与系统发生作用的事物的总称，为系统提供物质、能量、信息或接收系统输出的物质、能量、信息。系统和系统环境的分界称为系统边界，研究具体系统时，必须明确系统边界。一般来说，与系统有物质、能量、信息交换的事物才被当作该系统的实际环境，如人类社会系统的环境指的是人类周围的自然界，而不包括遥远的星球。

系统对其环境的作用称为输出，环境对系统的作用称为输入。系统的功能体现一个系统与其环境之间的物质、能量、信息的输入与输出的变换关系，系统的结构和环境决定系统的功能，系统的输入-输出关系体现系统的功能。

2.2.2　系统学的基本原理

系统学的基本原理包括系统整体性原理、系统层次性原理、系统开放性原理、系统目的性原理、系统相关性原理和系统动态性原理。

1. 系统整体性原理

系统整体性原理指的是，系统是由若干要素组成的具有一定新功能的有机整体，各个作为系统子单元的要素一旦组成系统整体，就具有独立要素所不具有的性质和功能，形成了新的系统的质的规定性，从而表现出整体的性质和功能不等于各个要素的性质和功能的简单叠加。

系统中各要素之间是由相互作用联系起来的。系统之中的相互作用，是大量线性相互作用，这就使得系统具有了整体性。对于线性相互作用，线性相互作用的各方实际上是可以逐步分开来讨论的，部分可以在不影响整体性质的情况下从整体之中分离出来，整体的相互作用可以看作各个部分的相互作用的简单叠加，也就是线性叠加；而对于非线性相互作用，整体的相互作用不再等于部分相互作用的简单叠加，各个部分处于有机的、复杂的联系之中，每一个部分都是相互影响、相互制约的。

系统的整体性包含两层含义：一是要素与整体不可分割，即系统不能分解为独立要素之和，系统整体对于要素来说具有非分解性，要素对于系统整体来说具有非加和性，若要分割，则系统的整体性质和功能就会遭到损害，要素也会失去其作为系统要素原有的性质和功能；二是系统的整体性质和功能不等于其要素性质和功能的简单相加，在要素相同的情况下，系统整体功能的大小取决于组成系统的要素相互联结的优劣和结构有序化的程度。

2. 系统层次性原理

系统层次性原理指的是，由于组成系统的诸要素的种种差异，包括结合方式上的差异，系统组织在地位与作用、结构与功能上表现出等级秩序性，形成了具有质的差异的系统等级，层次概念反映就是这种有质的差异的、不同的系统等级或系统中的高级差异性。

系统的层次性犹如套箱。一方面，这一系统只是上一级系统的子系统——要素，而这一级系统又只是更大系统的要素；另一方面，这一系统的要素又是由低一层的要素组成的，这一系统的要素就是这些低一层次要素组成的系统。系统实际上只是相对于子系统即要素而言的，而它自身则是上级系统的子系统，即要素。客观世界是无限的，因此系统层次也是不可穷尽的。

系统的不同层次，往往发挥着各自的系统功能。一般而言，低层系统的要素之间具有较大的结合强度，而高层次系统的要素之间的结合强度则要小一些，随着层次的升高，结合强度也越来越小。要素之间结合强度较大的系统，具有更大的确定性；反之，要素之间结合强度较小的系统，则具有较大的灵活性。

3. 系统开放性原理

系统开放性原理指的是，系统具有不断地与外界环境进行物质、能量、信息交换的性质和功能，系统向环境开放是系统得以向上发展的前提，也是系统得以稳定存在的条件。

在事物的发展变化中，内因是变化的根据，外因是变化的条件，外因通过内因而起作用。为使外因通过内因而起作用，这就需要系统与环境之间、内因与外因之间发生相互联系和相互作用。否则，内因就只能滞留于内因之中，而外因则总是处于内因之外。内因对于外因来说，只是潜在可能性；同样地，外因对于内因来说，也只是潜在的可能性。一个封闭的系统，系统与环境之间是没有任何联系的，内因与外因也不可能发生任何联系，也就是没有相互作用的。现实世界中，现实的系统都是开放系统，系统总是处于与环境的相互联系和相互作用之中，通过系统与环境的交换，潜在的可能性就有可能转化为现实性，转化为现实的东西。

4. 系统目的性原理

系统目的性原理指的是，组织系统在与环境的相互作用中，在一定的范围内，其发展变化不受或少受条件变化或途径经历的影响，坚持表现出趋向某种预先确定的状态的特性。

系统科学的兴起，赋予目的性以全新的科学解释，使之重新成为一个重要的科学概念。控制论的创立者们从系统的行为角度分析了系统的复杂行为，把行为这样的概念变成了一个科学概念；维纳等提出的一个重要结论就是："一切有目的的行为都可以看作需要负反馈的行为。"因此，按照控制论的观点，目的性行为也就成了受到负反馈控制的行为的同义语，这样，"目的"概念就变成了一个科学概念，从原来的生物界延伸到用来描述一般非生物系统类似人所具有的目的性行为。

系统的目的性在系统的发展变化之中表现出来，必定与系统的开放性相联系。由于系统是开放的，通过系统与环境的物质、能量和信息的交换，系统受到环境的影响，从而该系统得以影响环境，并在一定意义上识别环境，即针对环境的实际情况作出反应、作出调整、作出选择，使自己潜在的发展能力得以表现出来，因此，系统对于环境的输入必须作出反应，而且又要把自己对于环境的反应输出给环境，从而影响环境。在一定的发展阶段及范围之内，无论环境条件怎样改变，系统总是要朝着某种确定的方向发展，异因同果，具有一致的终结性。

5. 系统相关性原理

系统、要素、环境都是相互联系、相互作用、相互依存、相互制约的，这一特征称为"相关性"或"关联性"。系统的每个要素的存在，依赖于其他要素的存在，往往某个要素发生了变化，其他要素也随之变化，并引起系统变化。系统之所以运动并且具有整体功能，就在于系统与要素、要素与要素、系统与环境的相互联系、相互作用的结果，系统的相关性决定了系统的整体性。

客观事物的联系有系统联系、结构联系、功能联系、起源联系、因果联系等。系统联系指系统与系统之间在纵向和横向所组成的关系；结构联系指系统内部各要素依一定秩序的排列组合关系；功能联系指系统与外部环境之间的联系，即外部对系统的输入和系统对外部的输出；起源联系揭示的是系统以怎样的方式产生和发展的：因果联系即事物之间的因果关系。

6. 系统动态性原理

考察系统的运动、发展、变化过程就是系统动态性观点。对任何系统，都可以将其过程与其时间属性密切联系起来进行考察，系统每时每刻都在运动、发展和变化，因而动态系统是绝对的，真正的静态系统是不存在的，至多是一种动态系统的简化处理。

动态性观点意味着人们不能用静止的观点观察问题，要以发展变化的观点来研究问题，了解其历史和现状，探索其发展趋势及其变化规律，力求在动态中协调平衡系统，改进系统的活动过程，以充分发挥系统的效益。

2.2.3　系统学与环境管理

从系统学上看，不但要把环境问题看作社会发展的整体问题来研究，而且要把环境问题的解决过程看作一个系统整体。此外，要从系统结构优化的角度来开展环境管理，即在一定的人力、物力、财力和技术等要素前提下，从产业结构调整和合理工业布局入手，加强宏观政策调控，加快环境管理机构和体制改革，实现环境管理的合理组织、协调和控制，以发挥出更大更好的整体效益，实现区域的可持续发展战略目标。

环境问题的产生与人类社会的发展、经济及活动息息相关；环境问题的解决也与人类社会的进步、经济活动密不可分。因此，开展环境管理就必须把环境问题与经济问题和社会发展问题联系起来，从相互之间既对立又竞争、既矛盾又统一的关系入手，通过改变生态、经济与社会要素之间的连接方式、链条数和强度，即通过改变人类的生产方式和消费方式来调整三者之间的相关性，减少对立和竞争，增强协同与合作，实现生态-经济-社会系统的协调与可持续发展。

2.3　管理学理论

人类社会的发展过程始终与管理实践活动密不可分。随着管理实践活动经验的长期积累，人们逐渐形成了一些对于管理实践的认识和见解，即管理思想，通过进一步的总结与提炼，人们逐渐地把握了其中的规律和本质，最终归纳出了属于管理活动的独立的一般性原理知识体系，即管理理论。这些管理理论对管理实践活动起着指导和促进作用，使管理活动变得更有效率。本节主要从管理学基本性质、管理学理论及其发展历程、管理学与环境管理的关系方面进行介绍，掌握环境管理过程的管理学理论。

2.3.1　环境管理学概述

环境管理学具有二重性、综合性、区域性、广泛性和自适应性五个基本性质。

1. 二重性

管理作为一种社会活动，其理论、方法和思想都是由管理的本质决定的，其本质具有二重性。就资本主义的管理而言，管理的生产过程本身具有二重性，包括制造产品的社会劳动过程和资本的价值增值过程，因此资本主义的管理就其形式来说是专制的。从马克思对资本主义管理的论述中可以看出，管理具有双重的性质，它既有同生产力、社会化大生产相联系的自然属性，又有同生产关系、社会制度相联系的社会属性。下面针对管理的自然属性和社会属性进行详细介绍。

(1) 管理的自然属性。管理是由劳动的社会化和生产力发展水平所决定的，是分工协作的共同劳动得以顺利进行的必要条件。共同劳动规模越大，劳动的社会化程度越高，管理也就越重要，且管理在社会劳动中还具有特殊的作用，即只有通过管理才能把实现劳动过程所必需的各种要素结合成有机体，使各种生产要素发挥各自的作用。这些管理功能与社会制度、生产关系没有直接联系，是由管理的自然属性决定的。

(2) 管理的社会属性。管理的社会属性是与生产关系、社会制度的性质紧密相关的。由于管理是一种社会活动，管理必须且只能在一定的社会历史条件下和一定的社会关系中进行，因而也必须采取一定的社会组织形式来执行管理的职能。

管理的二重性是相互联系、相互制约的。管理的自然属性不可能孤立存在，总是在一定的社会制度和生产关系条件下发挥作用，而管理的社会属性也不可能脱离管理的自然属性而存在，否则管理的社会属性就会成为没有内容的形式。此外，管理的自然属性要求具有一定的“社会属性”的组织形式和生产关系与其适应。同样，管理的社会属性也必然对管理的科学技术等方面产生影响或制约作用。

2. 综合性

现代环境管理系统是大型复杂的巨大系统，其管理对象、管理内容、管理方法和手段具有高度的综合性。

环境管理的对象包括社会环境（人口控制、消费模式、公共服务、卫生健康、工业环境、能源利用等）、经济环境（经济政策、农业环境、工业环境、能源利用等）、自然环境（自然资源、生物多样性、荒漠化防治、固体废物无害化等）。此外，环境管理内容还要涉及战略、政策、规划、法规等上层建筑领域的内容，必然会形成包含自然科学、社会科学和管理科学等多门科学技术高度综合的学科体系。

环境管理的对象和内容的复杂性和综合性，决定了环境管理必须采取经济、法律、规划、技术、行政、教育等综合手段和方法，才可能实施有效管理，达到管理目标。

3. 区域性

环境问题与自然条件、人类活动方式、经济发展水平和环境容量的差异有关，存在明显的区域性特点。因此，按不同环境功能区划实施区域性环境管理是科学管理的重要特征。

我国幅员辽阔，地貌、地质、气候、生态情况复杂，东南临海，西北高原，南方多雨，北方干旱，各省、直辖市、自治区、经济区、特区、中心城市之间自然环境、人口密度、资源分布、经济结构、产业布局各不相同，这就决定了环境管理必须根据区域环境特征，因地制宜地采取不同对策，实行分区管理。

4. 广泛性

环境管理的实质是影响人的行为。人类生存在一定的环境空间，而人类活动又影响和损害着人类赖以生存的地球环境。因此，环境管理具有广泛性和群众性的特点。

保护和改善环境质量，必须依靠公众及社会团体的支持和参与，公众、团体和组织的参与方式和参与程度决定着环境管理目标实现的进程。《环境保护法》中已经对公众参与环境管理作出明确规定："依靠群众，大家动手，保护环境，造福人民。"团体及公众参与环境管理，既需要参与有关决策过程，特别是参与可能影响到他们生活和工作的社区决策，也需要参与对决策执行的监督，要积极促进青少年、妇女、工人和科技人员参与环境管理，这是实现环境管理目标的根本保证。

5. 自适应性

环境管理的自适应性是控制论中自适应系统概念在环境资源保护领域的具体应用。环境适应外界变化的能力，本身就是一种宝贵的资源，例如不可耗竭资源的再生能力，区域环境容量水平，大气、水体自净能力，自然界生物防治作物虫害的能力等。因此，了解和掌握环境自适应性特点，对于保护资源环境和实施经济合理的环境对策都具有重要的实际价值。

2.3.2　管理学理论及其发展历程

管理从 19 世纪末才开始形成一门学科，但是管理的观念和实践已经存在了数千年。纵观管理思想发展的全部历史，大致可以划分为四个阶段：早期的管理思想、古典的管理思想、中期的管理思想和现代的管理思想。

2.3.2.1　早期的管理思想

自从有了人类历史就有了管理，因为人是社会动物，人们所从事的生产活动和社会活动都是集体进行的，要组织和协调集体活动就需要管理。

原始人在狩猎时，往往由一群人来捕杀一头猎物，这是由于他们认识到单个人没有这种能力，只有许多人同时从事这一活动，才能既保全自己，又能捕获猎物。在这种情况下，需要大家配合行动，一些人举着火把，一些人投掷石块，还有一些人拿着木棒，组织这种相互配合的活动实际上就是管理，尽管当时他们还没有创造出"管理"这一词。

公元前 5000 年左右，埃及人就有了对于计划、组织和管理的认识，通过古埃及人工程设计、生产管理和组织能力，创造了举世闻名的世界七大奇迹之一——金字塔。据考察，金字塔中最大的胡夫金字塔原高 146.95m，共耗用 230 多万块石头，每块石头重 2.5t，动用了 10 万人力，前后费时 30 多年才得以建成，其中包含了大量的组织管理工作，如组织人力进行计划和设计、对人力进行合理分工。这些工作不但需要技术方面的知识，更重要的是要有管理经验。与此同时，古埃及还兴建了规模巨大的灌溉系统和运河工程。

公元 284 年，古罗马建立了层次分明的中央集权帝国。在权力等级、职能分工和严格的纪律方面都表现出他们在管理上具有相当高的水平。古罗马人的组织才能还表现在公用建筑、道路建设、供水系统等结构复杂的工程中，这些工程都闪烁着古罗马人管理思想的光辉。

中国也是一个文明古国，在人类的管理思想发展史上占有重要地位，例如春秋战国时期杰出的军事家孙武所著的《孙子兵法》中所体现出来的管理思想，对当今人类的社会活动具有重要的参考价值。日本和美国的一些大公司甚至把《孙子兵法》列为经理培训的必读书籍。在经济管理思想方面，中国也有许多宝贵的历史遗产和论著。此外，我国古代许多伟大建筑工程的管理实践也提供了丰富的管理思想和方法。例如驰名中外的都江堰工程就是中国古代管理思想的光辉典范，它留给后人的启示是非常深刻的。

总之，产业革命前，管理思想处于一种萌芽状态，仅仅以观念的形式存在于人类的管理实践中。尽管有一些思想家阐明了管理问题，也不过是哲学思辨的副产品。这个时期人类的管理思想有两次高潮，一次是古希腊罗马时代，另一次是15世纪以后的地中海沿岸的资本主义萌芽时期，这两次高潮对管理思想的发展做出了较大的贡献。

2.3.2.2 古典的管理思想

人类社会进入18世纪60年代以后，产业革命的兴起大大提高了社会生产力。与此相适应的管理思想的革命、计划、组织、控制等职能相继产生。产业革命首先发生在英国，随后法国、德国、美国、日本等国也先后进行。产业革命是生产技术上的根本性变革，同时也是管理思想和管理体制上的重大突破。

随着企业规模的不断扩大，劳动产品的复杂程度与工作专业化程度日益提高，企业经理人员也逐渐摆脱了其他工作，专门从事管理。在此期间，大量的关于管理思想和方法的研究都是围绕着企业工人劳动分工、提高劳动生产率的问题而展开的，涌现了一大批管理思想的先驱，其中苏格兰的古典政治经济学家与哲学家亚当·斯密（Adam Smith）和英国数学家及作家查尔斯·巴贝奇（Charles Babbage）等对管理思想的发展做出了巨大贡献。

19世纪末之前，人类的管理思想还处于一种零散的、非系统化状态，企业生产的管理还是传统的管理办法。到了19世纪末，管理思想已逐渐趋于系统化和科学化，最具代表性的是美国的泰勒（Frederick Winslow Taylor）和法国的法约尔（Henri Fayol）的管理思想。

相对于泰勒的管理思想，法约尔的管理思想更具系统性和理论性，他对管理的五大基本性质的分析为管理科学提供了一套科学的理论构架，是一般管理学产生的基础。

2.3.2.3 中期的管理思想

在此期间，美国人霍桑（Hawthorne）和澳大利亚人梅奥（Mayo）是对中期管理思想发展做出重大贡献的两个代表性人物，其中著名的霍桑试验是人群关系学派诞生的前提，为以后的行为科学学派的产生奠定了基础。该试验研究发现，影响生产力最重要的因素是工作中发展起来的人群关系，而不是待遇及工作环境。梅奥在他的代表作《工业文明的人类问题》（*The Human Problems of an Industrial Civilization*）一书中，总结了亲身参与并指导的霍桑试验及其他几个试验的初步成果，并阐述了他的人群关系理论的主要思想，从而为提高生产效率开辟了新途径。他认为，提高生产效率的主要途径是提高工人的满意度，即力争使职工在安全方面、归属感方面、友谊方面的需求得到满足，而对此的需求是因人而异的。梅奥的人群关系理论为管理思想的发展开辟了新领域，也为管理方法的变革指明了方向，导致了管理上的一系列改革，其中许多措施至今仍是管理者们所遵循的信条。

美国学者巴纳德（Chester Barnard）是另一位对中期管理思想有卓越贡献的人，在他的代表作《经理的职能》一书中详细地论述了自己的组织理论。法约尔等主要从原则与职能的角度来研究管理，而巴纳德却从心理学和社会学的角度来研究管理，并且将其中的概念加以发展，使前人关于管理思想和方法的研究向前推进了一大步。巴纳德的理论具有广泛的影响，他用社会系统观点来分析管理，这是他的独到之处，后人把他的主要观点归纳起来称为社会系统学派。

2.3.2.4　现代的管理思想

这一时期管理领域非常活跃，出现了一系列管理学派，每一学派都有自己的代表人物。

第二次世界大战以后，世界政治形势趋于稳定，许多国家都致力于发展本国经济，社会生产力和科学技术得到了飞速的发展。与此同时，管理思想也逐步趋于成熟，形成了诸多的管理理论学派，包括管理程序学派、行为科学学派、决策理论学派、系统管理学派、权变理论学派、管理科学学派和经验主义学派。

1. 管理程序学派

管理程序学派是在法约尔的管理思想基础上发展起来的，代表人物是美国的哈罗德·孔茨（Harold Koontz）和西里尔·奥唐奈（Cyril O′Donnell），其代表作是他们合著的《管理学》。这个学派最初对组织的功能研究较多，提供了一个分析研究管理的思想构架，将一些新的管理概念和管理技术容纳在计划、组织和控制等职能之中。

2. 行为科学学派

行为科学学派是在梅奥的人群关系理论基础上发展起来的，该学派的代表人物有美国的马斯洛（Abraham Maslow）和赫兹伯格（Frederick Herzberg）等，他们认为管理中最重要的因素是对人的管理。因此，要研究人、尊重人、关心人、满足人的需要以调动人的积极性，并创造一种能使下级充分发挥能力的工作环境，在此基础上指导他们的工作。

3. 决策理论学派

决策理论学派是从社会系统学派发展起来的，它的代表人物是美国的赫伯特·西蒙（Herbert Simon），其代表作是《管理决策新科学》。由于西蒙在决策理论方面的突出贡献，曾荣获 1978 年的诺贝尔经济学奖。该学派认为管理的关键在于决策，管理必须采用一套科学的决策方法，研究合理的决策程序。

4. 系统管理学派

系统管理学派侧重于用系统的观念来考察组织结构及管理的基本职能，它来源于一般系统理论和控制论，代表人物为卡斯特（Fremont Kast）等，卡斯特的代表作是《系统理论和管理》。该学派认为组织是一个由诸多相互联系、相互影响和相互作用的要素组成的系统，组织的功能是由组织的结构决定的。为了更好地把握组织的运行过程和提高管理水平，就要研究这些子系统之间以及各子系统和系统之间的相互关系。

5. 权变理论学派

权变理论是一种较新的管理思想，权变的含义通俗地讲也就是权宜应变。顾名思义，权变理论学派显然是一种在指导思想上以强调权宜应变为特色的现代管理学派。它的代表人物是英国的伍德沃德（Joan Woodward），其代表作是《工业组织：理论和实践》。该理论认为，组织和组织成员的行为是复杂和不断变化的，这是一种固有的性质，所以说，没有任何一种理论和方法适用于所有情况。因此，管理方式和方法也应随着情况的不同而改变。

6. 管理科学学派

管理科学学派又称数理学派，它形成于第二次世界大战之后，是泰勒科学管理理论的继续和发展，其代表人物为美国的伯法（Elwood Spencer Buffa）等，他的代表作是《现代生产管理》。该学派强调群体决策，运用数学方法和计算机技术重点研究操作方法和作业方面的定量管理问题。

7. 经验主义学派

经验主义学派的代表人物主要有戴尔（Ernest Dale）和德鲁克（Peter Drucker），其代表作分别为《管理：理论和实践》和《有效的管理者》。这一学派主要从管理者的实际管理经验方面来研究管理，他们认为成功的组织管理者的经验是最值得借鉴的。因此，他们重点分析许多组织管理人员的经验，然后加以概括，找出他们成功经验中具有共性的东西，然后使其系统化、理论化，并据此向管理人员提供建议。

2.3.3 管理学与环境管理

环境管理是管理科学与环境科学相互交叉的综合性学科。因此，管理科学中的一般管理理论、管理原则、管理思想与方法同样适用于环境管理。同时，作为环境科学的一个重要分支，环境管理是环境科学理论、思想与方法的综合体现，是环境科学体系中其他学科理论与知识的综合运用。

环境管理应从基本国情出发，坚持改革开放，改革经济体制，建立可持续发展的经济体系、社会体系、政策体系，法律体系，建立促进可持续发展的综合决策机制和协调经营机制，加强同国际社会的经济、科学和技术交流与合作，吸取适合中国国情的先进技术和经验。

2.4 环境经济学理论

环境经济学是研究经济发展和环境保护之间关系的科学，是经济学和环境科学交叉的学科。环境经济学要探索建立一种既能充分利用、保护、提高自然生产力和环境自净能力，又能综合利用自然资源的多层次的社会经济生态系统，从而保证经济发展既有利于提高近期经济效益，又有利于发挥长远生态效果。从环境管理的经济理论基础看，环境经济学中的环境价值论和外部性理论是环境管理的经济学基本理论。本节主要从环境经济学概述、基本理论及其与环境管理的关系进行介绍，掌握环境管理中涉及的环境经济学理论方法。

2.4.1 环境经济学概述

社会经济的再生产过程包括生产、流通、分配、消费和废物处理等环节，它不是在自我封闭的体系中进行的，而是同自然环境有着紧密的联系。工业文明阶段的经济快速增长，几乎都是通过牺牲环境质量和消耗自然资源而换取的。人类经济活动和环境之间的物质变换，说明社会经济的再生过程只有既遵循客观经济规律又遵循自然生态规律才能顺利进行。

环境经济学就是研究合理调节人与自然之间的物质变换，使社会经济活动符合自然生态平衡和物质循环规律，不仅能取得近期的直接效果，又能取得远期的间接效果。从这一角度讲，建立可持续发展的经济体系、社会体系和保持与之相适应的可持续利用的资源和环境基础，是环境经济学研究的主要任务。

环境经济学的研究内容主要包含以下四个方面：①环境经济学的基本理论；②社会生产力的合理组织；③环境保护的经济效果；④运用经济手段进行环境管理。

2.4.2 环境经济学的基本理论

环境经济学的基本理论主要包括环境库兹涅茨曲线和环境成本理论两个理论方法。

2.4.2.1 环境库兹涅茨曲线（environmental Kuznets curve，EKC）

20 世纪 60 年代中期，在经济发展过程中收入差异一开始随着经济增长而加大，随后这种差异开始缩小。在二维平面坐标系中，以环境恶化程度为纵坐标，以人均国内生产总值（gross domestic product，GDP）为横坐标，可以绘制一条倒 U 形曲线，称为 EKC，如图 2.4 所示。

EKC 是通过人均 GDP 与环境污染指标之间的演变模拟，说明经济发展对环境污染程度的影响，也就是说，在经济发展过程中，环境状况先是恶化而后得到逐步改善。倒 U 形的 EKC 曲线表明，在经济发展的初期环境的污染程度将加剧，但是一旦超越了某个经济水平，达到了某个转折点，这种趋势将逆转，即更高的经济发展伴随着的是环境的逐步改善。一个国家的发展过程，不可避免地会出现一定的环境恶化，在人均 GDP 达到一定水平以后，经济发展会有利于环境质量的改善。

在现实环境经济学中，存在三种关系，如图 2.5 所示。曲线 *ABCDEF* 是典型的倒 U 形 *EKC*，随着经济的发展，环境质量退化，当环境退化到一定程度后（一般在生态不可逆阈值水平附近，即 *C* 点），人们开始采取环境保护措施，使环境逐步得到改善，同时经济也得到不断的发展；曲线 *ABCG* 是不可持续发展曲线，随着经济的不断发展环境质量开始不断退化，当超过生态不可逆阈值水平时，仍不采取保护措施，则环境急剧恶化，经济发展也恢复到零点；曲线 *ABEF* 是可持续发展曲线，随着经济不断发展环境质量处于环境容量以下，在合适条件采用环境管理，可使经济发展与环境协调可持续发展，是最佳的环境经济发展之路。

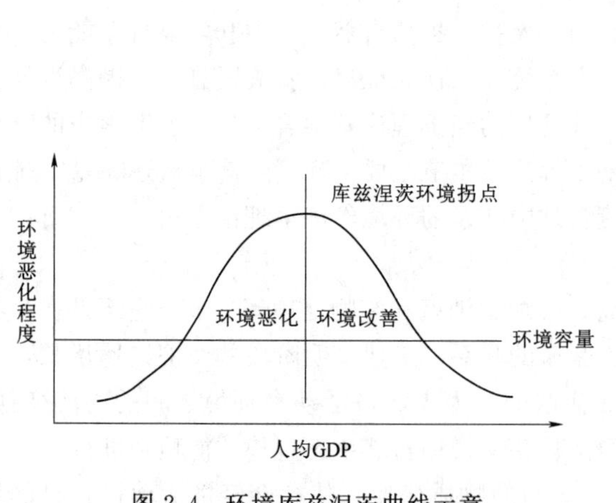

图 2.4　环境库兹涅茨曲线示意

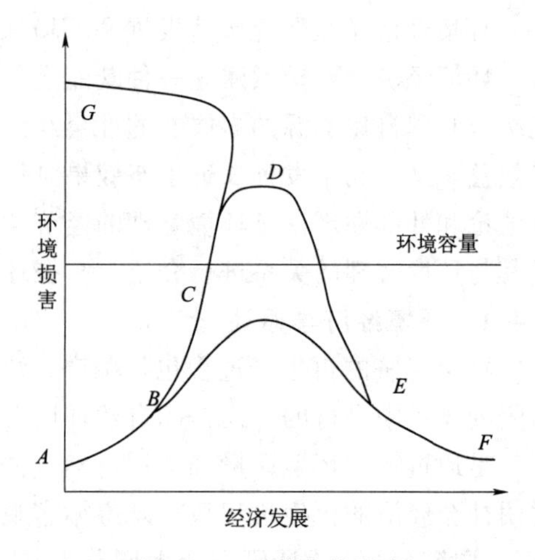

图 2.5　三种曲线示意

2.4.2.2 环境成本理论

环境成本是指在某一项商品生产活动中，从资源开采、生产、运输、使用、回收到处理，解决环境污染和生态破坏所需的全部费用。在权责发生制原则下，环境成本的确认应符合以下条件。

环境成本必须是因环境原因而引起的，主要包括两种情况：一是为达到环境保护法规要求所强制实施的环境标准所发生的费用。当前我国为了解决这一问题制定了一系列的环境标准，包括环境质量标准、污染物排放标准、环保基础标准、环保方法标准和环保样品标准，企业要达到这些标准要求，必然要产生一些环保设备投资及营运费用，从而在一定程度上控制了污染问题，起到了对环境的保护作用，但这些是远远不够的。二是国家在实施经济手段保护环境时企业所发生的成本费用，有些国家实施环境税、征收环境保护基金、对超标准排污企业征收排污费，我国在这方面还亟待加强。

由于计量是会计的属性，因此作为环境成本也必须是可计量或可估计的，如采矿企业所产生的矿渣及矿坑污染，每年需支付的相应的回填、覆土、绿化费用就很容易确认和计量，而有些需采用定性或定量的方法，如水污染、空气污染的治理费用，则需要通过合理的估计。环境成本的确认是环境会计的基础，有助于环境会计的核算。

2.4.3 环境经济学与环境管理

在以往粗放式的经济管理发展模式下普遍认为，经济发展与环境保护之间具有矛盾对立的关系，在采取各种手段与方式促进经济发展的过程当中就势必会产生环境污染的问题，即需要以牺牲生态环境为代价来实现经济的发展。但实质上，经济发展与环境保护之间具有辩证统一的关系，两者是相互作用、相互促进、无法分离的整体（图 2.6 和表 2.1）。

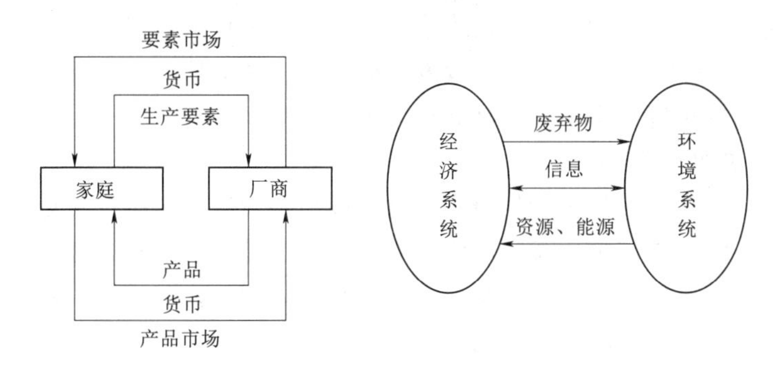

图 2.6　经济与环境关系

表 2.1　经济增长与环境污染的可能组合

环境指标 \ 经济指标		经济增长速度	
		高	低
环境污染程度	高	A（高经济增长，高污染）	C（低经济增长，高污染）
	低	B（高经济增长，低污染）	D（低经济增长，低污染）

首先，环境保护与经济发展两者之间相互约束，即经济的发展会受到环境资源的约束，而环境的维护与完善也会受到经济发展与增长的约束。在当前的经济发展中，已经出现了很多因单纯追求经济发展而造成自然资源被掠夺的案例，最终也产生了非常严重的后果。

其次，环境保护与经济发展两者之间相互依存并促进。经济的发展是环境保护工作得以不断进步与完善的基础所在，其对环境保护的促进作用表现在：通过经济发展，能够为环境保护提供源源不断的科技支持与资金支持，使环境得到更加高效的改善，同时还能够有效提高资源使用率，减少环境污染事件的发生率或是减轻环境污染的后果。

而与此同时，环境保护也是经济发展的基础所在，能够为经济发展提供充足的能源与动力支持，同时对降低后期环境治理所造成的环境破坏费用也有重要效果，对经济发展成本的控制意义重大。

综合分析可以发现，在新时期，环境保护与经济发展两者无法分离，相辅相成。只有正确认识并处理两者之间的关系，才能够使环境保护与经济发展之间达到和谐共存的状态。

2.5　可持续发展理论

可持续发展（sustainable development）的概念最先于 1972 年在斯德哥尔摩举行的联合国人类环境研讨会上正式讨论，自此以后，各国致力界定“可持续发展”的含义，现在已拟出的定义有几百个之多，涵盖范围包括国际、区域、地方及特定界别的层面，1980 年国际自然保护同盟的《世界自然资源保护大纲》指出：“必须研究自然的、社会的、生态的、经济的以及利用自然资源过程中的基本关系，以确保全球的可持续发展。”1981 年，美国布朗（Lester R. Brown）在《建设一个持续发展的社会》一书中提出以控制人口增长、保护资源基础和开发再生能源来实现可持续发展。可持续发展是一种注重长远发展的经济增长模式，是既满足当代人的需求，又不损害后代人满足其需求的发展，是科学发展观的基本要求之一。本节介绍可持续发展的概念、基本原则、主要理论及其与环境管理的关系，旨在掌握环境管理中的可持续发展理念。

2.5.1　可持续发展概述

可持续发展是一个内容很丰富的概念，就其社会观而言，主张公平分配，既满足当代人又要满足后代人的基本需求；就其经济观而言，主张建立在保护地球自然系统基础上的持续经济发展；就其自然观而言，主张人类与自然和谐相处。可持续发展所体现的基本原则包括公平性原则、持续性原则和共同性原则。

1. 公平性原则

所谓公平是指机会选择的平等性。可持续发展的公平性原则包括本代人的公平（即代内之间的横向公平）和代际公平性（即世代之间的纵向公平性）两个方面。可持续发展要满足当代所有人的基本需求，给他们机会以满足他们过美好生活的愿望。可持续发展不仅要实现当代人之间的公平，而且也要实现当代人与未来各代人之间的公平，因为人类赖以生存与发展的自然资源是有限的。从伦理上讲，未来各代人应与当代人有同样的权利来提出他们对资源与环境的需求。可持续发展要求当代人在考虑自己的需求与消费的同时，也要对未来各代人的需求与消费负起历史的责任，因为与后代人相比，当代人在资源开发和利用方面处于一种无竞争的主宰地位。各代人之间的公平要求任何一代都不能处于支配的地位，即各代人都应有同样选择的机会空间。

2. 持续性原则

这里的持续性是指生态系统受到某种干扰时仍能保持其生产力的能力。资源环境是人类生存与发展的基础和条件，资源的持续利用和生态系统的可持续性是保持人类社会可持续发展的首要条件，这就要求人们根据可持续性的条件调整自己的生活方式，在生态可能的范围内确定自己的消耗标准，要合理开发、合理利用自然资源，使再生性资源能保持其再生产能力，非再生性资源不过度消耗并能得到替代资源的补充，环境自净能力能得以维持。可持续发展的持续性原则从某一个侧面反映了可持续发展的公平性原则。

3. 共同性原则

可持续发展关系着全球的发展。要实现可持续发展的总目标，必须争取全球共同的配合行动，这是由地球整体性和相互依存性所决定的。因此，致力于达成既尊重各方的利益，又保护全球环境与发展体系的国际协定至关重要。正如《我们共同的未来》中所写"今天我们最紧迫的任务也许是要说服各国，认识回到多边主义的必要性""进一步发展共同的认识和共同的责任感，是这个分裂的世界十分需要的"。这就是说，实现可持续发展就是人类要共同促进自身之间、自身与自然之间的协调，这是人类共同的道义和责任。

2.5.2 可持续发展基本理论

可持续发展理论（sustainable development theory）是指既满足当代人的需要，又不对后代人满足其需要的能力构成危害的发展，以公平性、持续性、共同性为三大基本原则，最终目的是达到共同、协调、公平、高效、多维的发展。可持续发展定义包含两个基本要素或两个关键组成部分："需要"和对需要的"限制"。满足需要，首先是要满足贫困人口的基本需要；对需要的限制主要是指对未来环境需要的能力构成危害的限制，这种能力一旦被突破，必将危及支持地球生命的自然系统中的大气、水体、土壤和生物。决定可持续发展定义两个基本要素的关键性因素包括：①收入再分配以保证不会为了短期存在需要而被迫耗尽自然资源；②降低主要是穷人对遭受自然灾害和农产品价格暴跌等损害应对的脆弱性；③普遍提供可持续生存的基本条件，如卫生、教育、水和新鲜空气，保护和满足社会最脆弱人群的基本需要，为全体人民，特别是为贫困人口提供发展的平等机会和选择自由。针对可持续发展理论从以下几个方面进行介绍。

1. 可持续发展指标

可持续发展指标反映出特定社会利用其环境的再生产方式，因此，这些指标有别于传统的环境指标，它们不是简单地反映环境状况或环境压力，而是从长远处着眼，指明在不影响其自身基本结构和基本过程的情况下地球可以承载何种程度的压力或环境冲击力，即环境容量，把这种环境容量称为"生态生存性"。在某种意义上，可持续发展指标是规范性指标，它们把现实的、客观的发展与某种合乎需要的状况或目标联系起来。

2. 环境影响方程

任何经济活动都会对环境造成一些危害，除非每单位压力的危害是零。在实际的经济活动中，几乎没有这种情况。埃利希（Paul Ehrlich）和霍尔郡在1972年提出了如下公式：

环境影响(impact, I)＝人口(population, P)×人均富裕程度(affluence, A)
×由谋求富裕水平的技术所造成的环境影响(technology, T)　(2.1)

即
$$I = PAT \tag{2.2}$$

许多经济学家和环境学家采用该公式计算了以不同方案实施发展战略所造成的环境影

响。结果表明，进行社会改革使经济从数量上的增长转变到质量上的发展，随着生活质量的改善，能源和资源使用效率的提高，倡导高质量的生活模式，可以得到最佳的可持续发展方案。米都斯（Dennis Meadows）在《超越极限》中假定 2100 年世界人口达 77 亿人（即人口 P 是 1990 年水平的 1.54 倍），新一代的技术将大大减少每单位经济活动对资源的使用量和污染物的产生量，其计算结果为 A 是 1990 年水平的 0.4 倍，T 是 1990 年水平的 0.1 倍，则 2100 年世界人口对环境的影响 $I=1.54\times0.4\times0.1=0.06$，即 1990 年水平的 0.06 倍，显然这是乐观的、较好的可持续发展方案。该公式还表明，单纯进行污染控制的传统经济发展模式不能带给人们一个可持续的未来。因此，技术进步和社会变革是实施可持续发展的保障。

3. 损害方程

损害（damage）指的是降低了当代人和后代人的寿命及生活质量，它可能来源于环境状况的短期变化和环境资本的长期衰减。损害方程为

$$\text{损害}=\text{人口}\times\text{人均经济活动}\times\text{每次经济活动所使用的资源}\times\text{每种资源的利用对环境的压力}\times\text{每种压力的危害} \tag{2.3}$$

4. 最大可持续利用

既然任何经济活动都会对环境产生损害，那么如何确定一个社会的可接受水平呢？有的经济学家提出，只应防止那些边际成本超过边际效益的经济活动。戴利（Daly）和埃利希（Ehrlich）在 1992 年提出了“最大可持续利用”的概念，指的是总边际成本恰好等于总边际效益的利用。

5. 生物物理可持续指数

希勒（Shearer）基于地球上所有生命都必须依靠光合作用产生的“净初级产量（net primary production，NPP）”，在 1992 年提出了生物物理可持续性指数（biophysical sustainablity index，BSI）：

$$\text{BSI}=\text{净初级产量因子(NPP factor)}\times\text{生物多样性因子(biological diversity factor)} \tag{2.4}$$

即

$$BSI=NPPF\times BDF \tag{2.5}$$

6. 预期效益理论

在一定时间和一定地域内，自然资源的数量总是有限的，所能提供的经济效益、社会效益和环境效益也是有限的。就此，经济学家西里埃曲・万特拉普（Ciriacy Wantrap）和毕晓普（Bishop）以比较各种做法所带来的可能损失为基础，以损失最小为原则，以获取最大的综合效益为目标，提出“预期效益理论”，试图以此作为在经济与生态环境之间的矛盾中如何取舍的准则。以开发利用生物资源与保护生物多样性的矛盾为例，如果物种灭绝造成的损失最大可能值大于保护物种灭绝所付出的最大可能代价，那么就选择损失较小的保护，否则就选择灭绝。预期效益理论企图减少损失，获得最大的综合效益，其出发点是无可非议的。但是，塔伯特・佩奇（Talbot Page）和道格拉斯・麦克莱恩（Douglas Maclean）指出，预期效益理论无论作为实际行动的描述还是作为标准的理论方法都有缺陷，最大的缺陷在于如何确定物种灭绝的可能损失。另一种方法是所谓的“最小安全数量标准”，即在物种数量不低于某一个人为标准的前提下尽量进行经济利用，但是这一标准

如何划分也是随意性很大的。

2.5.3 可持续发展与环境管理

可持续发展是一个既涉及经济建设又涉及环境保护，既涉及自然科学又涉及社会科学的综合概念，包含了资源可持续利用、环境保护、清洁生产、可持续消费、公众参与、科学技术进步、法制建设、国际合作等诸多领域。环境管理中的可持续发展理念如图 2.7 所示。

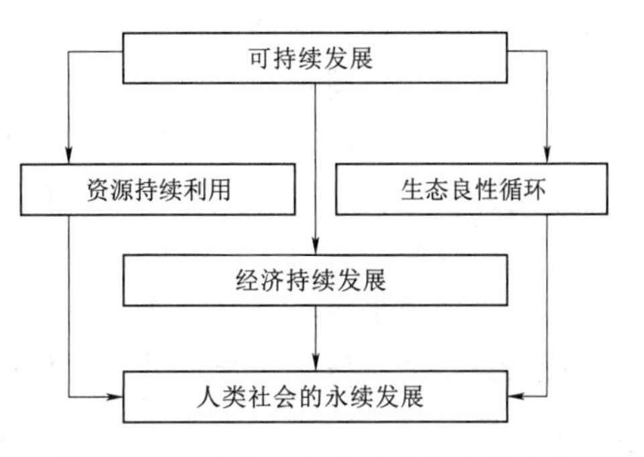

图 2.7 环境管理中的可持续发展理念

资源是可持续发展的物质基础。因此，可持续发展的关键就是要合理开发和利用资源，使再生性资源能保持其再生能力，非再生性资源不致过度消耗并得到替代资源的补充，使环境的自净能力得以维持，能以最低的环境成本确保自然资源的可持续利用。历史和现状均已表明，要实现资源可持续利用的关键是必须加强对人类自身经济行为的约束，必须在生产部门提高生产效率，在消费部门改变消费模式，以达到最高限度地利用资源和最低限度地产生废物。有的学者认为，资源资产问题、资源产权问题、资源价值问题、资源核算问题与资源产业问题，是资源经济研究与决策中的五个基本问题，也是实施可持续发展战略的五个主要制约因素。

生态环境持续良好是可持续发展追求的主要目标之一。人们已经认识到，在传统的国民生产总值（gross national product，GNP）的核算中，并未将由于经济增长对自然资源和环境状况造成的损害情况考虑在内。环境影响通常没有相应的市场表现形式，但这并不意味着它们没有经济价值。按照可持续发展的观点，应该将所发生的任何环境损失都进行价值评估并从 GNP 中扣除。

有的学者提出了环境影响方程和环境损害方程，用以计算经济活动对环境的影响和损害，环境影响通过式（2.1）计算。许多经济学家和环境学家采用该公式计算了以不同方案实施发展战略造成的环境影响。结果表明，进行社会改革提高能源和资源使用效率，倡导高质量的生活模式，可以得到最佳的可持续发展方案。该研究还表明，单纯进行污染控制的传统模式不能给人们带来一个可持续的未来。环境损害会降低当代人和后代人的生命周期和生活质量，它有可能源于环境状况的短期变化和环境资本的长期衰减。

2.6 环境承载力理论

如果人类社会经济活动对环境的影响超过了环境所能支持的极限，即外界的“刺激”超过了环境系统维护其动态平衡与抗干扰的能力，人类社会行为对环境的作用力就超过了环境承载力（environmental carrying capacity，ECC）。因此，人们用环境承载力作为衡量人类社会经济与环境协调程度的标尺。本节主要介绍了环境承载力的概念及基本原理，并对环境管理与环境承载力理论间的关系进行论述，旨在掌握环境承载力的基本理念。

2.6.1　环境承载力概述

2.6.1.1　环境承载力定义

在生态学领域，1921 年帕克（Park）和伯吉斯（Burges）首次提出了承载力的概念，随着其发展和延伸，该理论逐渐被引入环境科学，环境承载力理论开始出现。在我国，曾维华较早提出了环境承载力概念，他指出环境承载力是在一定时期与一定范围以及一定自然环境条件下，维持环境系统结构所能承受人类活动的阈值。该定义指出环境承载力的承载对象是人类活动，因为人类活动具有不同的特征，活动的影响、区域、规模等因素，都决定了环境承载力具有矢量特征。后来，很多学者对环境承载力的概念进行完善，环境承载力的概念也越来越丰富。随着时代的发展，出现了新问题和新情况，环境承载力的概念也不断更新，但其核心还是通过定量和定性的方法分析人类活动和环境容量，使环境与人类和谐发展。

环境承载力内涵是抵御、消除污染的影响，维持环境系统的基本功能，其外延由两部分组成：区域的环境容量与人类活动控制污染的能力。环境容量是环境系统本身抵抗污染的能力，是环境承载力客观存在的自然属性；人类活动控制污染的能力是环境承载力的社会属性，往往与该区域的经济、科技、社会发展水平、产业结构，甚至环保制度等有诸多因素关系密切，是人为可控的。

2.6.1.2　环境承载力特点

人类所处的环境是个复杂的系统，充满了物质、能量和信息的输入、输出及流动，并且是动态的和开放的，该系统支持的人类活动存在一个阈值。环境承载力需要将这个复杂的环境系统抽象化，并在人类不同强度、广度的活动中得到不同的结论值。从已有的研究看，环境承载力具有客观性、变动性、实用性等特点。

1. 客观性

环境承载力客观性的特点是环境承载力理论以及应用的理论基础，如果没有客观性，环境承载力将不复存在。环境承载力是环境系统自身特性的反映，是客观存在的，不以人的意志为转移。环境承载力的客观性也要求对人类活动进行科学控制，否则将会破坏环境系统，严重污染和破坏生态环境。

2. 变动性

一个区域的环境承载力不是一成不变的，因为环境系统不是一个封闭的系统，而是一个动态变化的系统。一方面，环境系统自身在不断地发生运动变化；另一方面，人类活动与环境之间会发生交互、相互影响。环境的变化也会带来环境承载力的改变。

3. 实用性

对于人类活动来说，环境承载力能够指导实践，是宏观调控的依据。对区域的环境承载力作出科学评估，能有效指导人类的活动，守住生态环境保护的红线和底线，处理好发展和环境保护之间的关系。

2.6.2　环境承载力理论与方法

环境承载力理论的应用基础和主要方面是对区域环境承载力进行评估。随着人们对环境承载力研究的深入，出现了很多评估环境承载力的方法，主要有指数评价法、承载率评价法、系统动力学方法和多目标模型最优化方法等，在实际的区域环境承载力评估中，可以结合各种方法的特点和区域环境的特点灵活选择。

1. 指数评价法

在区域环境承载力评估中，指数评价法应用比较广泛，具体包括主成分分析法、模糊评价法和矢量模拟法等。通过建立一套科学反映环境承载力的评价指标体系，对各项指标进行评分，再经过统计处理，得到区域环境承载力指数。该方法应用相对简单，容易被接受，但是指标的选择和指标的评分易受人为因素的影响，进而对评价结果造成一定干扰。

2. 承载率评价法

承载率评价法的应用也比较多，这种方法引入了承载率的概念，可以通过计算承载率实现评估的目的。承载率是指区域环境承载量（环境承载力指标体系中各项指标的现实取值）与该区域环境承载量阈值（各项指标上限值）的比值。

3. 系统动力学方法

系统动力学方法采用动力模型对环境系统多种变量之间的因果关系和反馈关系进行模拟，实现对变量的预测，然后获得环境承载力和相应的最佳发展方案。系统动力学方法是目前环境评估研究的重点和发展方向。

4. 多目标模型最优化方法

多目标模型最优化方法是研究复杂系统的一个重要方法，该方法将一个复杂的大系统分解为多个子系统，这几个子系统既可以相互配合，又可以单独运行。子系统可以反映环境中的局部状态，大系统则进行整体协调，然后得到整体系统优化的结果，即可以实现对区域环境承载力的评估。

环境承载力理论需要对一个复杂的环境系统进行定量和定性分析，在实际过程中会遇到很多困难，需要保证分析结果的科学性，同时也需要面对分析结果是否能被接受和认同的问题，因为这会阻碍环境承载力理论在实践中的应用。完善环境承载力理论，使其能够更好地服务区域规划、区域环境管理等具体实践活动，是需要认真思考的问题，也是环境承载力理论未来的主要发展方向。

2.6.3 环境承载力和环境管理

环境承载力可作为确定环境与经济是否协调发展的一个重要判据。环境承载力是描述环境状态的重要参量之一，即某一时刻环境状态不仅与其自身的运动状态有关，还与人类对其作用有关。人类活动水平对环境和社会的发展产生很大的影响，开发强度不够，社会生产力低，人民群众的生活水平也不会很高。相反，过度的开发在短时间内有助于提高人民的生活水平，但其对资源的过量使用或对环境造成更大的破坏，反过来又会影响人们赖以生存的环境，制约生产力的发展。因而环境承载力可作为确定环境与经济是否协调发展的一个重要判据。合理利用开发自然资源的要求为控制开发的强度不能超过环境的承载力，即开发强度/环境承载力$\leqslant 1$。

从环境承载力概念本身可以看出，人类社会经济活动并不是可以无限制地发展的，它会受到客观环境条件的制约。但是，从环境承载力的特点来看，环境承载力是可以通过人类明智的、有目的的行动，在一定程度上改变。因此，通过分析比较，可以帮助确定人类活动的方向、规模，从而使社会经济活动与环境得到协调发展。

环境承载力理论以整体环境（而不仅仅是大气、水体、土壤）为研究对象，视环境整体为社会经济发展的物质基础，研究环境的整体特征，寻求区域社会、经济、环境协调发展的途径。因此，可以说，环境承载力理论将为区域环境规划研究提供科学基础。

思考题

1. 简述生态学原理及其与环境管理的关系。

2. 简述系统学与环境管理的关系。

3. 简述管理的自然属性与社会属性的区别与联系。

4. 简述环境经济学与环境管理的关系。

5. 简述可持续发展的定义，并谈谈可持续发展对地球有何好处。

6. 某村有个企业为了获取巨大利润，不断地扩大生产，结果造成该村的水土流失很严重，并且 80％的村民因水污染得了一种怪病，请问为什么会出现这种情况？

7. 简述环境承载力的概念及特点。

第3章　环境管理的技术手段、实证方法与标准

环境管理是一个具有对象指向、目的性的管理过程，为了实现管理的目标，需要运用一定的手段对管理对象施以控制和管理。所谓环境管理手段，是指为实现环境管理目标，管理主体针对客体所采取的必需的、有效的措施，包括法律手段、经济手段、行政手段、技术手段和宣传教育手段。本章主要从环境管理过程涉及的主要技术手段、实证方法及环境管理信息系统（environmental management information system，EMIS）进行介绍，在此基础上提出环境管理过程涉及的标准，为环境管理的开展提供技术依据。

3.1　环境管理的技术手段

技术手段是指借助既能提高生产率，又能把环境污染和生态破坏控制到最小程度的管理技术、生产技术、消费技术及先进的污染治理技术等，达到保护环境的目的。环境管理需要有各种技术手段的支持，包括环境预测、环境监测、环境评价、环境统计等，这些技术手段为环境管理提供数据信息和决策分析数据，是环境管理中必不可少的有机组成成分。

3.1.1　环境预测

3.1.1.1　环境预测的含义

环境预测是指根据人类过去和现在已掌握的信息资料、经验和规律，运用现代科学技术手段与方法对未来的环境状况和环境发展趋势及主要污染物和污染源的动态变化进行描述和分析（如氧垂曲线，预测污染物的排放对水体溶解氧、BOD的影响等）。环境预测不仅仅是独立的针对环境的预测，它与经济社会发展密切相关，也就是与人类社会发展密切相关（图3.1）。

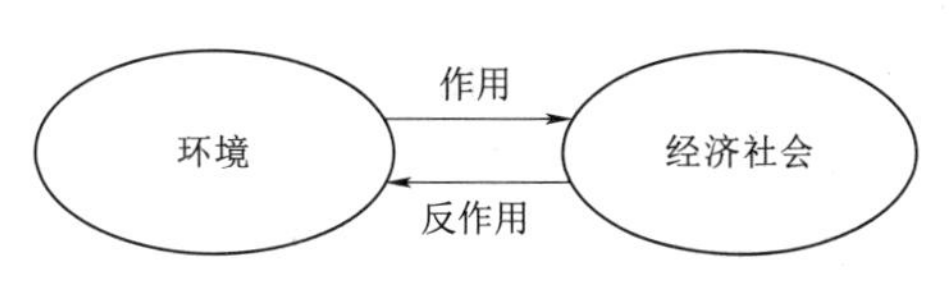

图3.1　环境与经济社会的关系

环境预测需遵循以下基本原则：

（1）经济社会发展是环境预测的基本依据。

（2）科学技术是第一生产力，对经济社会发展的推动作用和对环境保护的贡献是影响预测的重要因素。

（3）突出重点，即抓住对未来环境发展动态最重要的影响因素，这不仅可以大大减少工作量，而且可增加预测的准确性。

（4）具体问题具体分析，环境预测涉及面十分广泛，一般可分为宏观和中观两个层次，要注意不同层次的特点和要求。

3.1.1.2　环境预测的目的

环境预测的主要目的就是预先推测出经济社会发展达到某个水平年的环境状况，以便在时间和空间上作出具体的安排和部署。所以环境预测与经济发展的关系十分密切，且把社会经济发展规划（发展目标）作为环境预测的主要依据。环境预测的基础工作和依据是规划区的环境质量评价，通过环境评价探索出经济社会发展与环境保护间的关系和变化规律，从而为建立环境规划的预测或决策模型奠定基础。规划区经济开发和社会发展规划中各水平的发展目标是环境预测的主要依据，这是因为一个地区的经济社会发展与环境质量状况存在一定的相关性，利用这种相关性才能作出未来环境状况的科学预测。村镇、城市建设发展规划、城镇总体发展战略和发展目标、交通运输等有关资料都是环境预测的依据资料，例如城市集中供热，发展型煤、煤气化，绿化和建立污水处理厂等，都是直接关系未来环境的状况，这些数据资料都是环境预测所不可缺少的。

3.1.1.3　环境预测方法的分类

按预测目的可分为警告型预测（趋势预测）、目标导向型预测（理想型预测）和规划协调型预测（对策型预测）。警告型预测是指在人口和经济按历史发展趋势增长，环境保护投资、防治污染和管理水平、技术手段和装备力量均维持目前水平的前提下，未来环境的可能状况，其目的是提供环境质量的下限值。目标导向型预测是指人们主观愿望想达到的水平，其目的是提供环境质量的上限值。规划协调型预测是指通过一定手段，预测出环境与经济协调发展所可能达到的环境状况，这是预测的主要类型，是规划决策的主要依据。

按预测方法的特性又可将环境预测方法分为定性预测法和定量预测法；按预测方法的原理又可将环境预测方法分为直观预测法、约束外推法和模拟模型法。

3.1.1.4　常用的环境预测方法

1. 定性预测法

以逻辑思维推理为基础，依据预测者的经验、学识、专业特长、综合分析能力和获得的信息，对未来的环境状况作出定性描述，进行直观判断和交叉影响分析。常用方法有德尔菲法（专家调查法）、主观概率法、集合意见法、层次分析法、先导指标预测法等。

2. 定量预测法

定量预测法主要是利用历史资料，以运筹学、系统论、控制论和统计学为基础，通过建立各模型，用数学或物理模拟来进行测量的方法。常用方法有趋势外推法、回归分析法、投入产出法、模糊推理法、马尔可夫法等。

3. 物理模拟预测法

应用物理、化学、生物等方法直接模拟环境影响问题的方法通称为物理模拟方法，属实验物理学研究范畴。采用实物模型来进行预测是该方法的最大特点。

由于时间、经济等条件限制，不能应用客观的预测方法，此时只能采取主观预测方法。需要指出的是，现代的专家评估方法与古老的直观评估法，不是简单的历史重复，而是有质的飞跃，它们之间有截然不同的特点。

4. 直观预测法

依靠人的直观判断能力对预测事件的未来状况进行直观判断的方法，也称直观判断法。常用方法有头脑风暴法、德尔菲法、主观概率法、关联树法等。

5. 约束外推法

对一个系统内大量随机现象求得一定的约束条件（即规律），据此判断系统未来状况的方法。常用方法有单纯外推法、趋势外推法、迭代外推法、移动外推法、指数平滑法等。

6. 模拟模型法

根据“同态性原理”建立起预测事件的同态模型，并将这些模型进一步数学化，然后再确定预测事件的边界条件，进而确定未来状态与现时状态之间的数量关系。常用方法有回归分析与相关分析、最小二乘法、联立方程法、弹性系数法等。

选择预测方法要满足以下六个基本要素：预测方法的应用范围、预测资料的性质、模型的类型、预测方法的精度、适用性、预测方法的费用。关键在于要正确建立描述、概括研究对象特征和变化规律的模型。定性预测模型是逻辑推理式的模型；定量预测模型通常是以数学关系式表示的数学模型。

3.1.1.5 环境预测的基本程序

一般来说，环境预测的基本程序包括以下四个阶段。

1. 准备阶段

首先确定预测目的和任务。按照环境决策管理的需要，确定预测的对象、预测的目的与具体任务是进行预测的前提，要求目标明确、任务具体。其次是确定预测时间，根据预测目的和任务的要求，规定预测的时间期限。然后是制订预测计划，预测计划是预测目的的具体化，这一阶段要规划预测的具体工作，如安排预测人员、预测期限、预测经费、情报获取的途径等。

2. 收集并分析信息阶段

这一阶段是要根据预测的目的和任务，有针对性地收集资料并对资料进行分析检验。进行预测的前提是有完整、准确的内外信息。一般而言，外部信息是预测系统运动变化、发展的条件和因素；内部信息是预测系统运动、变化、发展的根据。预测的准确度在很大程度上取决于系统内外信息的完整性和准确性。

在明确预测的任务之后，必须围绕环境预测目标，收集有关的数据和资料，要求数据资料的来源必须明确和可靠，结论必须正确而可信，并且要求尽可能将有关原始资料收集完整。然后，要对资料进行加工整理、分析和选择，剔除非正常因素的干扰，对各相关因素进行测定和调整，以保证所收集的资料和情报能够反映预测对象的特性和变动倾向。

3. 预测分析阶段

（1）选择预测方法。根据具体情况，例如预测对象的特点、资料的占有情况、预测目的要求的精确程度以及进行预测的人力、时间和费用限制等情况，选择合适而可行的预测方法。

（2）建立预测模型。在正确认识经济社会发展对环境质量影响的客观基础上，建立预测模型，使之能够准确反映预测对象的基本特征与经济、环境之间的本质联系，以及该预测对象内部因素与外部因素的相互制约关系。建立的预测模型正确与否，是预测结果准确与否的关键。

（3）利用预测模型进行预测计算。将收集到的环境信息以及有关的数据资料代入环境预测模型中计算，得出初步的环境预测结果。此后，对预测结果进行分析、检验，以确定其可信程度。如果误差太大则需要分析产生误差的原因，并决定是否要对模型进行修改和重新计算，或者是直接对预测结果进行必要的调整。

4. 输出预测结果

当预测结果满足精确度要求后，输出预测结果，并按要求将预测结果提交给决策部门，作为制定环境管理方案的依据。以大气环境预测为例，大气环境影响预测方法、步骤和内容描述见表 3.1。

表 3.1　　大气环境影响预测方法、步骤和内容

大气环境影响预测步骤	大气环境影响预测步骤的主要内容	备　注
确定预测因子	（1）选取有环境空气质量标准的评价因子。 （2）选择有代表性的项目排放的特征污染物。 （3）区别正常和非正常排放的污染因子。 （4）评价区域污染物浓度已经超标的物质，拟建项目有，应列入预测因子	根据评价因子而定
确定预测范围	预测范围包括整个评价范围，覆盖所有关心的敏感点，同时考虑污染源排放高度、评价范围主导风向、地形和周围环境敏感区的位置进行调整	使用 AERMOD 和 CALPUFF 模型时，预测范围要略大于评价范围
确定计算点	（1）计算点包括三类：环境空气敏感区、预测范围内的网格点、区域最大地面浓度点。 （2）选择所有环境空气敏感区中的环境空气保护目标作为计算点。 （3）预测范围内的网格点应覆盖整个评价区域。 （4）区域内高浓度分布区网格计算点间距不大于 50m。 （5）临近污染源的高层住宅楼，应考虑不同代表高度上的预测受体	预测范围内的网格点设置方法：网格等间距或近密远疏法。距离源中心小于 1000m，网格间距为 50～100m；距离源中心大于 1000m，网格间距为 100～500m
确定污染源计算清单	给出点源（包括正常排放和非正常排放）、面源、线源、体源源强计算清单。 颗粒物污染源调查包括颗粒物粒径分级、颗粒物的分级粒径、各级颗粒物的质量密度、各级颗粒物的质量比。按不同粒径分布计算相应的沉降速度	颗粒物粒径小于 15μm，按气态污染物考虑；大于 100μm，由于沉降快，不考虑该污染物
确定气象条件	（1）计算小时平均浓度需采用长期气象条件进行逐时和逐次计算，同时注意典型小时气象条件要求。 （2）计算日平均浓度需采用长期气象条件进行逐日平均计算，同时注意典型日气象条件要求。 注：一级评价需要近 5 年内的至少连续 3 年的逐日、逐次气象数据，二级评价需要近 3 年内的至少连续 1 年的逐日、逐次气象数据	长期气象条件是指达到一定时限和观测频次要求的气象条件。 观测频次：每日地面气象观测频次应至少 4 次或以上，高空气象数据对应每日至少 1 次探空数据
确定地形数据	地形数据的来源应予以说明，地形数据的精度应结合评价范围及预测网格点的设置进行合理选择。具体为：待评价区域的面积，即评价范围为 5～10km 时，地形数据网格距不大于 100m；评价范围为 10～30km 时，网格距不大于 250m；评价范围为 30～50km 时，网格距不大于 500m；评价范围大于 50km 时，网格距 500～1000m	

续表

大气环境影响预测步骤	大气环境影响预测步骤的主要内容	备　注
确定预测内容和设定预测情景	预测方案的设计，关键因素是合理选择污染源的组合方案。 二级评价项目预测内容（一级五项、二级四项）。 预测情景关键预测内容确定，一般考虑五个方面内容：污染源类别、排放方案、预测因子、气象条件、计算点。污染源类别分为新增污染源（正常排放和非正常排放两种）、削减污染源、被取代污染源、其他在建拟建项目相关污染源。排放方案：分现有排放方案和环评推荐排放方案。排放方案内容根据项目选址、污染物排放方式和污染控制措施进行选择	
选择预测模式	推荐模式如下： (1) 估算模式：适用于评价等级和评价范围的确定，对于小于1h的短期非正常排放，可采用该模式预测。 (2) 进一步预测模式：包括AERMOD模式、ADMS模式、CALPUFF模式和大气环境防护距高计算模式。AERMOD模式是一种稳态烟羽扩散模式，适用于点、面、体源，考虑了烟羽下洗，有AERMET和AERMAP预处理模式；ADMS模式适用于点、面、线、体源，包括街道窄谷模式，考虑了烟羽下洗、化学转化、沉降参数等；CALPUFF模式是一个烟团扩散模式，具有“无所不能”的预测功能；大气环境防护距高计算模式是基于估算模式开发的计算模式，适用于确定无组织排放源的大气环境防护距离	大气环境防护距离一般不超过2000m，超过2000m则建议削减源强后重新计算大气环境防护距离。大气环境防护距离计算参数：面源有效高度，面源长度、面源宽度、污染物排放速率，小时评价标准
确定模式中的相关参数	(1) 对预测模式中的相关参数予以说明。 (2) 注意化学转化：二氧化硫：1h平均浓度不考虑；日平均和年平均浓度要考虑，二氧化硫半衰期为4h。氮氧化物：计算小时和日平均浓度。二氧化氮：氮氧化物为0.9，计算年平均浓度为0.75。 (3) 重力沉降：颗粒物浓度计算要考虑重力沉降（计算TSP长期平均浓度时，注意合理选择重力沉降和干、湿沉降参数）	参数类型有：地表参数（如地表粗糙度、最小M-0长度、地表反照率、波温率、土地使用类型、植被代码），干、湿沉降参数，化学反应参数（如半衰期、氮氧化物转化系数、臭氧浓度）
大气环境影响预测分析和评价	(1) 对环境空气敏感区环境影响分析：预测值＋同点位处现状背景值的最大值的叠加影响；最大地面浓度点影响分析：预测值＋所有现状背景值的平均值的叠加影响。 (2) 对项目建成后最终环境影响分析：新增污染源预测值＋在建、拟建项目污染源预测值＋现状监测值－削减污染源计算值－被取代污染源计算值。 (3) 分别分析典型小时、典型日和长期气象条件下，项目对环境空气敏感区和评价范围的最大环境影响，分析是否超标、超标程度、超标位置、超标概率和最大持续发生时间，绘制所对应的浓度等值线分布图。 (4) 分析不同排放方案对环境的影响：从项目选址、污染源的排放强度和排放方式、污染控制措施等评价方案优劣，提出解决方案。 (5) 对解决方案进一步预测评价，并给出最终推荐方案	

3.1.2　环境监测

3.1.2.1　环境监测的含义

环境监测是环境保护工作的重要组成部分。环境监测是指通过物理测定、化学测定、仪器测定、生物监测等手段，有计划、有目的地对环境质量某些代表值实施测定的过程。通过环境监测能够及时掌握污染物产生的原因及污染的动向，提出防治污染的方法，制定环境保护的规划。

环境监测的目的、内容、手段和范围是随着科学技术发展和人民生活水平提高不断地发展变化的。从内容来看，环境监测包括：对污染物分析测试的化学监测（包括物理化学方法）；对物理因子的物理监测，包括热、声、光、电磁辐射、振动及放射性等强度、能量和状态测试等；对生物由于环境质量变化所发出的各种反应和信息，如群落、种群的迁移变化、受害症状等测试的生物监测。

环境监测的工作流程一般为：现场调查→监测计划设计→优化布点→样品采集→运送保存→分析测试→数据处理→综合评价过程。从信息技术角度看，环境监测是环境信息的“捕获—传递—解析—综合”的过程，只有在对监测信息进行解析、综合的基础上，才能全面、客观、准确地揭示监测数据的内涵，对环境质量及其变化作出正确评价。

3.1.2.2　环境监测的目的和任务

1. 环境监测的目的

环境监测的目的是准确、及时、全面地反映环境质量现状及发展趋势，为环境管理、污染源控制、环境规划等提供科学依据。具体可归纳为：基于环境质量标准，对环境质量进行评价；根据污染分布情况，追踪寻找污染源，为实现监督管理、控制污染提供依据；收集本底数据，积累长期监测资料，为研究环境容量，实施总量控制、目标管理、预测预报环境质量提供数据；为保护人类健康，保护环境，合理使用自然资源，制定环境法规、标准和规划等提供依据。

2. 环境监测的任务

根据《全国环境监测管理条例》的规定，环境监测的主要任务是：对环境中各项要素进行经常性监测，掌握和评价环境质量状况及发展趋势；对各有关单位排放污染物的情况进行监视性监测；为政府有关部门执行各项环境法规、标准，全面开发环境管理工作提供准确、可靠的监测数据和资料。环境监测是环境保护的基础，是环境管理执法体系的重要组成部分，被喻为“环保战线的耳目和哨兵”“定量管理的尺子”。没有环境监测，环境管理只能是盲目的，科学化、定量化的环境管理便是一句空话。

环境监测管理是确保环境监测高质量、高效率地为环境管理服务的根本措施。正因为环境监测对环境管理具有非常重要的作用，所以必须对环境监测进行科学管理，以保证环境监测为环境管理提供优质高效的服务。

3.1.2.3　环境监测的分类

1. 按监测目的分类

环境监测按照监测目的的不同，可以分为以下三类：

（1）监视性监测，也称例行监测或常规监测，包括监督性监测（污染物浓度、排放总量、污染趋势）和环境质量监测（空气、水质、土壤、噪声等监测），是监测工作的主体，监测站第一位的工作。目的是掌握环境质量状况和污染物来源，评价控制措施的效果，判断环境标准实施的情况和改善环境取得的进展。

（2）特定目的监测（特例监测、应急监测）主要包括以下四种：①污染事故监测是指污染事故对环境影响的应急监测，这类监测常采用流动监测（车、船等）、简易监测、低空航测、遥感等手段；②纠纷仲裁监测主要针对污染事故纠纷、环境执法过程中所产生的矛盾进行监测，这类监测应由国家指定的、具有质量认证资质的部门进行，以提供具有法律责任的数据，供执法部门、司法部门仲裁；③考核验证监测主要指政府目标考核验证监测，包括环境影响评价现状监测、排污许可证制度考核监测、"三同时"项目验收监测、污染治理项目竣工时的验收监测、污染物总量控制监测、城市环境综合整治考核监测；④咨询服务监测是为社会各部门、各单位等提供的咨询服务性监测，如绿色人居环境监测、室内空气监测、环境评价及资源开发保护所需的监测。

（3）研究性监测，又称科研监测，是针对特定目的科学研究而进行的高层次监测。进行这类监测必须制订周密的研究计划，并联合多个部门、多个学科协作完成。

2. 按监测介质或对象分类

（1）水质监测分为水环境质量监测和废水监测，水环境质量监测包括地表水和地下水监测。监测项目包括理化污染指标和有关生物指标，还包括流速、流量等水文参数。

（2）空气监测分为空气环境质量监测和污染源监测，空气监测时常需测定风向、风速、气温、气压、湿度等气象参数。

（3）土壤监测重点监测对象是影响土壤生态平衡的重金属元素、有害非金属元素和残留的有机农药等。

（4）固体废物监测对象包括工业废物、卫生保健机构废物、农业废物、放射性固体废物和城市生活垃圾等，主要监测项目是固体废弃物的危险特性和生活垃圾特性，也包括有毒有害物质的组成含量测定和毒理学实验。

（5）生物监测与生物污染监测。生物监测是利用生物对环境污染进行监测；生物污染监测则是利用各种检测手段对生物体内的有毒有害物质进行监测，监测对象主要为重金属元素、有害非金属元素、农药残留和其他有毒化合物。

（6）生态监测用于揭示对自然及人为变化所作出的反应，是对各生态系统结构和功能时空格局的度量，着重于生物群落和种群的变化。

（7）物理污染监测指对造成环境污染的物理因子如噪声、振动、电磁辐射、放射性等进行监测。

3. 按专业部门分类

环境监测按专业部门可分为气象监测、卫生监测、资源监测等。

4. 按监测区域分类

（1）厂区监测是指企业、事业单位对本单位内部污染源及总排放口的监测，各单位自设的监测站主要从事这部分工作。

（2）区域监测指全国或某地区环保部门对水体、大气、海域、流域、风景区、游览区环境的监测。

3.1.2.4　环境监测的程序与方法

1. 环境监测的程序

根据监测目的进行现场调查，收集相关信息和资料（水文、气候、地质、地貌、气象、地形、污染源排放情况、城市人口分布等）→根据监测技术路线，设计并制定监测方案（包括监测项目、监测网点、监测时间与频率、监测方法等）→实施方案（布点采样、样品预处理、样品分析测试等）→制定质量保证体系→数据处理→环境质量评价→编制并提交报告。

2. 环境监测的落实方法

（1）实施《国家环境保护“十二五”规划》和《国家环境监测“十二五”规划》。根据《国家环境保护“十二五”规划》和《国家环境监测“十二五”规划》，各地要做好环境质量指标的任务分解及评价说明，把《国家环境监测“十二五”规划》的主要目标、任务、工程纳入地方相关规划中，确保国家环境监测“十二五”规划目标的实现。

（2）强化监测站标准化建设和达标验收。根据《关于开展全国环境监测站标准化建设达标验收工作的通知》（环办〔2011〕140 号），进一步加强各级环境监测站标准化能力建设，启动全国环境监测站标准化建设达标验收工作。各省要积极组织好辖区内市级站和县级站的标准化建设达标验收工作，争取尽早达到整体验收标准。

（3）完善环境监测网络，扩大监测范围。在现有国控监测点位的基础上，进一步优化调整，完善全国地级以上城市空气质量、重点流域、地下水等重点监测点位和自动监测网络，发布“十二五”国控地表水、环境空气监测网设置方案，扩大城市空气、地表水监测覆盖范围，加强监测预警和网络管理。

（4）推广卫星环境遥感监测与应用。推进环境监测天地一体化进程，充分发挥环境遥感技术在国家生态环境状况调查、自然保护区人类活动监督核查、内陆水体水华与近海赤潮监测、秸秆焚烧、区域环境空气污染监测、沙尘暴监测等方面的作用，提高环境遥感技术业务化运行水平，服务环境监测管理；推动地方环境遥感监测技术应用。

（5）加强对国家重点生态功能区县域生态环境质量的监测、评价与考核。在 22 个省（直辖市）和新疆生产建设兵团 452 个县全面开展国家重点生态功能区县域生态环境质量考核工作，各相关省（自治区、直辖市）会同省级财政部门组织好国家重点生态功能区县域生态环境质量考核，组织好被考核县的水、气的监测和数据填报工作，做好省级审核及抽查工作，加强县域生态环境质量考核，引导基层政府改善生态环境质量。

（6）认真开展重金属监测工作。按照《关于进一步加强重金属污染防控的意见》要求，强化重金属污染监控预警。加快推进废水、废气重金属在线监测技术、设备的研发与应用。建立健全重金属污染监控预警体系，提升信息化监管水平。各地生态环境部门在涉铊涉锑行业企业分布密集区域下游，依托水质自动监测站加装铊、锑等特征重金属污染物自动监测系统。排放镉等重金属的企业，应依法对周边大气镉等重金属沉降及耕地土壤重金属进行定期监测，评估大气重金属沉降造成耕地土壤中镉等重金属累积的风险，并采取防控措施。鼓励重点行业企业在重点部位和关键节点应用重金属污染物自动监测、视频监控和用电（能）监控等智能监控手段。

3.1.2.5　环境监测的质量保证

1. 环境监测质量保证的含义

环境监测质量保证是保证监测数据正确可靠的全部活动和措施，是对环境监测的全面质量管理过程。实验室质量控制包括实验室内质量控制和实验室间质量控制两部分。

环境监测质量保证的主要内容包括：设计良好的监测计划，根据监测目的需要和可能、经济成本和效益，确定对监测数据的质量要求；规定相应的分析测量系统和质量控制程序；为保证取得合乎精密性、准确性、可比性、代表性与完整性要求的监测结果，还应组织人员培训，编制分析方法和各种规章制度。

2. 环境监测中质量保证措施

（1）提高监测人员对质量保证工作的认识。质保工作是一项质量管理工作，要通过质保工作提高监测分析质量，保证监测数据的真实有效。让监测人员真正理解、认识质保工作的重要性和必要性，认识到质保工作有助于提高监测人员的素质和检测水平，保证检测结果准确可靠这一重要作用，才能使质保工作在实际工作中真正地有效运行。

（2）提高环境监测工作人员素质。加强人员管理是质量保证的基础工作。加强人员管理对确保质量保证工作的质量非常重要，同时充分激励和调动人员的积极性和创造性也是提高质量保证工作的质量的关键。这里所指的人员包括监测人员和管理人员，要使这些人员的知识和技能不断得以更新，发挥他们的主观能动性，自觉地把质量保证工作贯穿到监测工作中去，这就要求加强人员的管理，提高人员素质。

（3）正确采样是环境监测质量保证的关键。在环境监测工作中，由于环境样品有着极强的空间性和时间性，要正确了解和评估环境质量状况，必须采集具有真实性和代表性的样品，当样品不具备真实性和代表性时，即使实验室分析工作再严密也无法弥补和改变样品失真所致的严重影响，即使测试质量完全符合要求，而对于了解和评估环境质量状况也是毫无意义的，所以采样是极其重要的一环。

因此，应从以下几个方面来做好监测采样的质量保证工作：①建立采样人员岗位责任制：对现场采样人员要加强业务技术培训，一律要求持证上岗。对采样人员定岗定责，实行项目负责人制，按照企业类型或者分片区进行定岗，由科室内具有中、高级职称的人员负责某一行业或某一片区的废水监督监测组织管理工作。②制定完整的采样实施方案：精心制定完整的采样实施方案是质量保证的一项重要措施，将有助于消除采样时的随意和盲目，方案应包括采样目的、标记排污口位置，以及所有与采样有关的设备和信息。③建立完整的采样原始记录：每次采样除进行样品交接外，还应填写一份完整的采样记录，其主要内容包括采样点的描述，环境气象条件记录、采集方法、样品状态、样品保存剂的名称、用量、现场主要特征、特殊情况以及可能估计到影响监测结果的因素，尽可能地将不影响数据公正性的信息传递给实验分析人员，便于分析人员确定预处理方法、取样量以及选择适当的分析方法。④建立采样工作质量监督制度：要明确规定科室质量监督员，项目负责人要对整个采样过程进行监管，要抽检采样工具和容器，也要检查采样实施方案、采样记录，实验室质量监督员要及时反馈质量控制数据，质量管理员要不定期进行各项抽查，并就检查和反馈情况编写质量控制和质量保证工作报告。

3.1.3　环境决策

3.1.3.1　环境决策含义

环境决策（environmental decision - making）是在一定时期内根据经济和社会持续发展的需要，确定该时期的环境目标，并从各种可供选择的方案中，通过分析和论证，选定一个切实可行的优化方案的过程。

环境决策过程一般可分为环境目标制定、信息调查和收集、方案设计、方案评估、优化方案确定及反馈调整六个阶段。

3.1.3.2　环境决策方法分类

1. 风险型决策基本概念

风险型决策是在决策过程中可能出现多种自然状态，每一个行动方案在不同自然状态下有不同的结局，决策者虽然不能作出确定回答，但能大致估计出其发生的概率。

风险型决策可分为先验分析、后验分析和预后分析三种，其中先验分析是利用先验信息进行终端决策；后验分析是利用后验信息进行终端决策；预后分析是后验分析的预分析。风险型决策又可分为单级风险型决策和多级风险型决策，其中单级风险型决策是指在整个决策过程中只需要做出一次决策方案的选择，就可以完成决策任务；多级风险型决策是指在整个决策过程中，需要作出多次决策方案的选择，才能完成决策任务。

风险型决策有如下特征：决策过程中存在两个以上的自然状态 $\theta_i(i=1,2,\cdots,m)$，但究竟会出现哪一种自然状态，决策者是不能控制的，但可以事先估计各种自然状态出现的概率 $P(\theta_i)(i=1,2,\cdots,m)$；存在决策希望达到明确的目标，例如收益最大或损失最小；存在多个可供决策者选择的方案；各个方案在不同自然状态下的结局（收益值或损失值）可以计算出来。

2. 风险型决策方法

许多地理问题常常需要在自然、经济、技术、市场等各种因素共存的环境下作出决策，而在这些因素中有许多是决策者所不能控制和完全理解的，对于这样一类地理决策问题的研究，风险型决策方法是必不可少的方法。

对于风险型决策问题，其常用的决策方法主要有最大可能法、期望值法、灵敏度分析法、效用分析法等。在实际问题进行决策时，可以采用各种不同方法分别进行计算、比较，然后通过综合分析，选择最正确的决策方案，可减少决策的风险性。

（1）最大可能法。在解决风险型决策问题时，选择一个概率最大的自然状态，把它看成将要发生的唯一确定的状态，而把其他概率较小的自然状态忽略，这样就可以通过比较各行动方案在最大概率的自然状态下的益损值进行决策。这种决策方法就是最大可能法，其实质是在“将大概率事件看成必然事件，小概率事件看成不可能事件”的假设条件下，将风险型决策问题转化成确定型决策问题的一种决策方法。

应用条件：在一组自然状态中，某一自然状态出现的概率比其他自然状态出现的概率大很多，而且各行动方案在各自然状态下的益损值差别不是很大。

（2）期望值法。对于一个离散型的随机变量 X，它的数学期望为

$$E(x)=\sum_{i=1}^{n}x_iP_i$$

式中：$x_i(n=1,2,\cdots,n)$ 为随机变量 x 的各个取值；P_i 为 $x=x_i$ 的概率，即 $P_i=P(x_i)$。随机变量 x 的期望值代表了它在概率意义下的平均值。

期望值法就是计算各方案的期望益损值，并以它为依据，选择平均收益最大或者平均损失最小的方案作为最佳决策方案。

(3) 树型决策法。树型决策法是研究风险型决策问题经常采取的决策方法。决策树是树型决策法的基本结构模型，它由决策点、方案分支、状态节点、概率分支和结果点等要素构成，如图 3.2 所示。

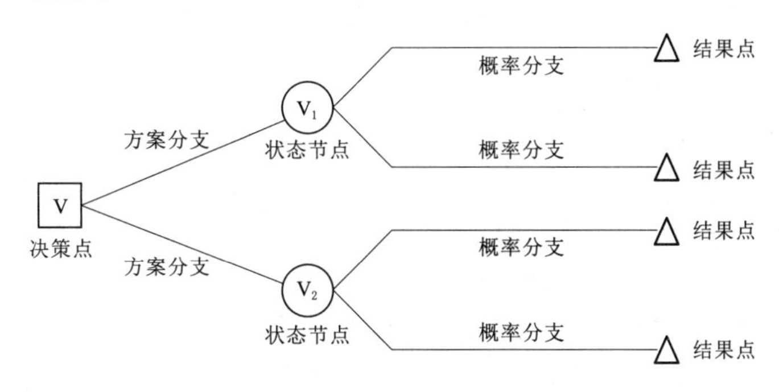

图 3.2 决策树结构示意图

在图 3.2 中，小方框代表决策点，由决策点引出的各分支线段代表各个方案，称为方案分支；方案分支末端的圆圈称为状态节点；由状态节点引出的各分支线段代表各种状态发生的概率，称为概率分支；概率分支末端的小三角代表结果点。

树型决策法的决策依据是各个方案的期望益损值，决策的原则一般是选择期望收益值最大或期望损失（成本或代价）值最小的方案作为最佳决策方案。

树型决策法进行风险型决策分析时，逻辑顺序为：根→树干→树枝，最后向树梢逐渐展开。各个方案的期望值的计算过程恰好与分析问题的逻辑顺序相反，它一般是从每一个树梢开始，经树枝、树干逐渐向树根进行。

树型决策法的一般步骤：①画出决策树，把一个具体的决策问题，由决策点逐渐展开为方案分支、状态节点以及概率分支、结果点等；②计算期望益损值，在决策树中，由树梢开始，经树枝、树干逐渐向树根依次计算各个方案的期望益损值；③剪枝，将各个方案的期望益损值分别标注在其对应的状态节点上进行比较优选，将优胜者填入决策点，用“‖”号剪掉舍弃方案，保留被选取的最优方案。

(4) 灵敏度分析法。对于风险型决策问题，其各个方案的期望益损值是在对状态概率预测的基础上求得的。由于状态概率的预测会受到许多不可控因素的影响，因而基于状态概率预测结果的期望益损值也不可能同实际完全一致，会产生一定的误差。这样，就必须对可能产生的数据变动是否会影响最佳决策方案的选择进行分析，这就是灵敏度分析。

(5) 效用分析法。决策是由决策者自己作出的，决策者个人的主观因素会对决策过程产生影响。如果完全采用期望益损值作为决策准则，就会把决策过程变成机械地计算期望益损值的过程，而排除了决策者的作用，这当然是不科学的。面对同一决策问题，不同的决策者对相同的利益和损失的反应不同。即便是对于相同的决策者，在不同的时期和情况下，这种反应也不相同。这就是决策者的主观价值概念，即效用值概念。效用分析法是利用效用价值的理论和方法，对风险和收益进行比较，从而进行决策的方法。它不仅为咨询部门提供了判断决策者所提供的方案的可能性，而且为比较不同的决策方法对决策的影响，提高决策的质量提供了条件，深受企业组织的青睐。

将效用理论应用于决策过程的主要步骤：画出效用曲线，以益损值为横坐标，以效用值为纵坐标。规定：益损值的最大效用值为1，益损值的最小效用值为0，其余数值可以采用向决策者逐一提问的方式确定。

3.1.4　环境统计

3.1.4.1　统计的概念和内容

统计一词起源于国情调查，最早意为国情学。一般来说，统计包括三个含义：统计工作、统计资料和统计科学。统计工作、统计资料、统计科学三者之间的关系是：统计工作的成果是统计资料，统计资料和统计科学的基础是统计工作，统计科学既是统计工作经验的理论概括，又是指导统计工作的原理、原则和方法。

数据的统计分析主要包括两个方面的内容：一是统计描述，主要是运用一些统计指标诸如均值、标准差以及统计图表等，对数据的数量特征及其分布规律进行客观描述和表达，不涉及样本推断总体的问题；二是统计推断，即在一定的置信度或概率保证下，根据样本信息去推断总体特征。

3.1.4.2　环境统计的概念和内容

环境统计指的是按一定的指标体系和计算方法给出的能概略描述环境资源和环境质量状况、环境管理水平和控制能力的计量信息。环境统计的范围包括环境质量、环境污染及其防治、生态保护、核与辐射安全、环境管理，以及其他有关环境保护事项。环境统计的类型有普查和专项调查、定期调查和不定期调查，定期调查包括统计年报、半年报、季报和月报等。

环境统计的内容：①土地环境统计，体现土地的现状、利用及保护等情况；②自然资源环境统计，体现自然资源的现状、利用及保护等情况；③能源环境统计，体现能源的利用及对环境的影响情况；④人类居住区环境统计，体现人类居住区方面的状况；⑤环境污染统计，包括大气、水、土壤等污染及排放和治理情况；⑥污染治理统计，预防环境污染，综合处理与利用“三废”。这方面的指标主要有达标排放量、处理处置量、利用量、临时储存量等，这些指标和排放总量进行计算就能求出达标率、处理处置率、利用率等指标，从而反映出环境污染的治理水平。

3.1.4.3　环境统计的作用

1. 环境统计在环境保护中的作用

（1）提供准确的环境数据。客观地讲，作为环境保护人员应着手各项计划的开展和落实，此时便要结合数据统计工作，根据相关规定能够得知，做好环境统计工作，保证环境统计数据的准确性，能够帮助环境保护人员更好地了解环境污染状况，并采取合理的治理措施，以此改善生态环境质量。

在工作中，若想要提升环境质量工作的效率，应选择科学的、公正的统计数据。由于环境统计数据量非常大，统计人员在工作过程中，可以利用信息化技术和软件，将不适用、不实用、不合理、不准确的数据排除，进一步提高环境统计数据的精确性。

（2）提高环保决策的合理性。关于环境决策的各项工作，包含很多琐碎的问题，决策者要深入、细致地结合环境统计数据进行深思，并制定出科学、合理的规章制度和解决措施。研究表明，环境决策应与各项指标融合，这是促进决策正确的主要依据，由此让决策变得符合时代发展。此外，为了实现环保制度的有效性，统计人员要多下功夫，例如掌握辖区内的环境情况，排除不合理的环境统计数据，以此为环保工作提供质量保障，实现对数据统计的利用效率。环境统计数据的精髓在于合理利用和应用，只有确定了对的方向，才能确保后期决策的合理性。

（3）发挥环境管理的各项职能。客观地讲，环境统计与环境管理的协调，是为后期工作更好开展做好铺垫，使各项功能各司其职，进而弥补对环境的伤害，提高其质量标准。同样，环境统计工作应持续强化，因为只有这样才能将以后的趋势直观展现，让专业人员更好地了解辖区、工业区的排污总量和平均值，为接下来的决策工作做好数据支撑。再者，环境保护应具有合理性、人性化管理，让专业人员了解地区的经济特点，为将来的制度拟定和管理加入新活力和新元素，实现环境质量的可持续发展。

为了保证环境统计在环境管理中得到更好的应用，环境保护人员要结合以往的工作经验，明确环境保护目标，充分发挥环境管理的各项功能，针对环境保护制度中出现的问题，提出合理的解决措施，从而有效保证环境保护工作的顺利进行，为人们提供一个良好的生活环境。

2. 环境统计在环境管理中的作用

环境统计的重要性还体现在信息反馈方面，不管是环境方案的设计和实施，还是工厂污染源的排放与治理，都离不开环境统计这一环节。以某金属冶炼厂为例，阐述信息反馈方面的具体作用：夏季气温上升、湿度增加，该工厂需要注意制酸尾气的排放，如果二氧化硫的浓度超过了0.014%这个限值，便增加了酸雨的概率。该工厂在防止酸尾气排放这一方面表现得很出色，每年5月到来之际，工厂便开始严格戒备，实时监控二氧化硫的浓度是否超过0.014%，如果快要接近，就会立刻通知相关部门做好温度、湿度以及二氧化硫的浓度控制，达到避免酸雨的目的。

信息反馈实时反映着辖区内范围的环境状况，全面反映数据的变化，对环境治理方针的制定有促进作用，对政策发布具有指导意义；同时，环境统计信息的及时性也带来了很大益处，可以准确反映出环境存在的问题，为工作人员提供反馈信息，从而使问题得到及时解决，为人们带来一个舒适的生活环境。

3.1.4.4 环境统计的研究方法

1. 大量观察法

环境现象是复杂多变的，各单位的特征与其数量表现有不同程度的差异，建立在大量观察基础上的统计结果必然具有较好的代表性。在研究现象的过程中，统计要对总体中的全体或足够多的单位进行调查与观察，并进行综合研究。

2. 综合分析法

综合分析法是指对大量观察所获资料进行整理汇总，计算出各种综合指标（总量指标、相对指标、平均指标、变异指标等），运用多种综合指标来反映总体的一般数量待征，以显示现象在具体的时间、地点及各种条件的综合作用下所表现出的结果。

3. 归纳推断法

所谓归纳是由个别到一般，由事实到概括的推理方法，这种方法是统计研究常用的方法，统计推断可用于总体特征值的估计，也可用于总体某些假设的检验。

3.1.5　环境审计

3.1.5.1　环境审计的含义与本质

关于环境审计的定义，国内的专家学者更普遍倾向于以下的阐述："环境审计是审计的一个分支，又称绿色审计、资源环境审计，是指政府审计机关、社会审计组织和内部审计机构三大主体依法对政府机关和企事业单位的环境管理系统以及在经济活动中产生的环境问题和环境责任进行监督、评价和鉴证，并且揭示环境和资源保护中存在的违法行为，促进各级政府和企事业单位加强环境管理。"

从广义上说，环境审计的工作是对与环境管理有关的内容进行检查和审核的一个过程。环境审计是环境管理的工具，它是对与环境有关的组织、管理和设备等业绩进行系统地、有说服力地、客观地估价，并通过有助于环境管理和控制、有助于对公司有关环境规范方面的政策鉴证等手段，来达到保护环境的目的。

从狭义上说，环境审计是指国家有关部门以及机构依法对政府和组织等为主体的环保项目规划，资源利用效率以及绩效管理活动的真实合法和完整性进行审查和鉴定，评价其执行程度以及是否符合国家环境政策，使得企业管理环境的过程变得简单，从而实现空气污染的预防、资源的保护以及破坏环境会得到实质惩罚的目的。

关于其本质，审计作为一种独立的经济监督活动，从其产生开始就存在于特定的环境之中，并受其制约，同时又随环境的变化而发生相应的变化。独立性是审计的本质属性，是指审计组织和审计人员在审计过程中，应当自始至终独立自主地进行审计检查，客观公正地发表审计意见。通常独立性包括实质上的独立性和形式上的独立性两个方面。所谓实质上的独立性，是指注册会计师与委托单位和被审计单位之间实实在在的毫无利害关系。所谓形式上的独立性，是针对第三者而言的，注册会计师必须在第三者面前呈现出一种独立于委托单位的身份，即在外人看来，注册会计师是独立的。

3.1.5.2　环境审计的主体与职责

审计主体是指审计活动的实施者，即审计机构。审计工作中的三方审计关系包括审计执行者（审计人）、审计接受者（被审计人）和审计授权人三者，该三方关系构成了环境审计监督的基本框架，三者缺一不可。

我国实施环境审计的主体主要包括"政府审计机关、社会审计组织和内部审计机构"，三大主体的主要职责分别为：政府审计机关主要审查政府的环保部门制定的环境规划和政策是否符合环境保护法等有关法律、法规进行监督，审查各单位在环境保护规划与政策方面的执行情况，审查各类环保项目的开展情况等；社会审计组织以"第三者"的身份存在，针对受托环境责任的履行情况和结果进行独立检查和评价；内部审计机构主要是将环境审计融入常规审计之中，从而监督企业的环境管理活动，为企业经营者提供充分而准确的环境决策信息。

3.1.5.3 环境审计的对象与分类

环境审计的对象即环境审计的客体，主要是指对被审单位制定环境政策和措施，实施环境管理，负责环境管理专项资金投入和使用以及经济工作活动等。按照环境审计内容，可以将环境审计分为以下三种。

1. 环境财务审计

从宏观上看，环境财务审计指的是对被审单位的专项环保资金使用情况实施审查，主要包括专款是否专用以及该项资金筹资、管理的合法性和使用的真实性。而从微观上，主要包括环境资产的确认和计量审计、环境成本费用开支审计等。

2. 环境合规性审计

顾名思义，环境合规性审计就是审查被审企业有无违反法律或者违反规定。审查范围包括企事业单位的各建设项目开工前是否进行环保登记、是否进行了清洁生产等。内审部门应重视该项工作，适应新形势下内审工作科学发展的需要，同时借鉴国内外先进的经验，建立起符合国际标准、具有基层央行自身特色的内审工作体系。

3. 环境绩效审计

环境绩效审计是指国家和内部审计机构以及社会审计组织依法对被审单位环境管理系统和日常经营中发生的环境问题和相关责任进行监督和评估，从而控制受托责任过程的一种审计。该项审计以经济性、效率性、有效性为标准，对被审单位的环境绩效工作提出相应改进措施和建议，从而促进被审计单位更全面、有效地履行受托环境绩效责任。

环境审计还可分为司法审计、技术审计和组织审计。司法审计审查包括：国家环境政策的目标；现行的法规在实现这些目标方面所起的作用；怎样才能对法规进行最好的修正。一些要考虑的领域包括国家对有关自然资源的所有权，及其使用和管理方面的政策，以及国家在控制污染和保护环境方面的法律和法规。技术审计报告对空气和水污染、固体和有危险的废弃物、放射性物质、多氯联苯和石棉的检测结果。例如，气体排放源的形式可包括排放源的类型、设备的类型和排放日期、控制设备的容量以及排放点的位置、高度和排放速度等。组织审计包括对有关公司的管理结构、内部和外部信息的传递方式，以及教育和培训计划等方面的审查。它揭示了有关工厂等的详细情况，例如，有关工厂的历史和工厂厂长、环境协调人、采购代理、维修监督员和实验室管理员的姓名。

3.1.5.4 环境审计的方法

由于环境审计的特殊性，在审计过程中除采用新审计准则列举的检查记录或文件、检查有形资产、观察、询问、函证、重新计算、重新执行、分析程序等八大类方法外，还需探索更适合环境审计的方法和指标，以更好地对环境情况进行评价，主要涉及机会成本法、资产价值法、人力资本法、恢复费用法和防护费用法五种方法。

1. 机会成本法

环境资源的开发利用和保护相当于对多种互斥的方案进行选择，被放弃方案中的最大经济效益为所选方案的机会成本。

2. 资产价值法

环境条件的差别可以通过地价或房价反映，通过一定的方法测定环境条件对地价或房价的贡献度，该贡献度可视为环境资源价值。

3. 人力资本法

用于量化环境污染影响人体健康的经济损失，该方法将环境污染引起的人体健康损失分为医疗费、丧葬费等直接经济损失和护理费、误工费等间接经济损失。

4. 恢复费用法

恢复费用法又称重置成本法，就是把受污染的环境恢复到污染前状态所需的最低费用。

5. 防护费用法

人们对消除和减少环境污染的有害影响所愿意承担的最低费用来评价环境污染的损失。

3.2　环境管理的实证方法

环境管理的目标之一是调整人类社会的环境行为，这就首先要了解和认识这些环境行为的规律，以及如何调整这些环境行为的规律，即环境管理的规律。传统上，对这些规律的研究多采用一些定性的、思辨性的、总结性的方法，而缺少定量的、科学实验的实证方法。无论是管理科学整体，还是专门的环境管理，最缺少的就是科学的实证精神、实证方法及大量的实证研究，这是当前环境管理学发展急需解决的一个薄弱环节。环境管理学所有的基础知识、理论和方法都需要而且只能由第一手的观察、实验、案例及研究者的经验来提供。因此，通过实验、调查问卷、案例研究、实地研究等在内的实证研究方法得出的结果，就成为环境管理获取知识的可靠来源，是保持严谨性和科学性的基础和保证。

3.2.1　实验方法

3.2.1.1　实验方法对于管理科学的重要性

实验是近代自然科学发展的方法学基础。现代管理科学也是在实验的基础上发展起来的。下面的阅读材料给出了管理科学创立时期的三个经典实验，它们对于管理能够成为一门学科发挥了重要作用。

科学管理的三个经典实验

1. 泰勒的铁锹试验和金属切割实验

泰勒号称“科学管理之父”，是学徒出身，后任总工程师，在企业管理中从事科学实验达 20 多年，使企业的生产效率大幅上升。

泰勒在伯利恒钢铁公司做过有名的铁锹试验。当时公司的铲运工人拿着自家的铁锹上班，这些铁锹各式各样、大小不等。堆料场中的物料有铁矿石、煤粉、焦炭等。每个工人的日工作量为 16t。泰勒经过观察发现，由于物料的比重不一样，一铁锹的负载大不一样。如果是铁矿石，一铁锹有 17.24kg；如果是煤粉，一铁锹只有 1.59kg。那么，一铁锹到底负载多大才合适呢？经过试验，最后确定一铁锹 9.53kg 对于工人是最合适的。根据实验结果，泰勒针对不同的物料设计了不同形状和规格的铁锹。以后工人上班时都不用自带铁锹，而是根据物料情况从公司领取特制的标准铁锹，大大提高了工作效率。这也使堆料场的工人从400～600名降为140名，平均每人每天的操作量提高到59t，工人的日工资从1.15美元提高到1.88美元。泰勒还做了著名的金属切割实验。为了使金属切割生产效率提高，专门配备310台不同的机器，把360t钢铁切成碎屑，记录了50000次实验数据，最后总结出影响工作效率的12项因素，以及各因素间的数量关系，并设计出一把专用快速计算尺，在此基础上制定工艺规范和劳动定额，用一套科学的方法训练工人，结果新工人比十年以上老工人的生产效率高了2～9倍。这项实验耗资20万美元，但企业获得了"比为实验所支付的要多得多的收入"。

泰勒认为，与其在缺乏科学数据或单凭经验的情况下长期低效率地工作，还不如花一些时间做实验，在高效率下取得更大的利润。泰勒通过总结26年的实验成果，编写了《科学管理原理》一书，使其成为管理科学的经典名著。

2. 梅奥的霍桑实验

在管理科学发展历史上另一个有里程碑意义的霍桑实验，导致"人际关系学"的产生。以梅奥为首的哈佛大学研究组，在霍桑工厂做了历时8年的实验研究，并访谈2000职工多人次，进行恶劣"物质激励"与"精神激励"对比实验，发现工人并非"经济人"，而是"社会人"。生产效率的提高，不完全取决于物质条件，主要取决于工人的"士气"。工人在人际交往中形成的融洽关系和相互影响，形成一种"非正式组织"的约束力，对生产效率有重大影响，企业管理人员必须有了解、诊断和激励人际关系的技能。在霍桑实验的基础上，梅奥在1933年编写了《工业文明的人类问题》一书，成为人际关系学的奠基之作。

3. 勒温实验

通常人们喜欢用"我讲你听"的方式来传授知识，贯彻领导意图，或打通思想。从形式上看，这样做效率高，但从实际效果看却并不如此。勒温曾做过一个著名的实验，要说服美国妇女用动物内脏做菜，用哪种方法说明更有效。他把妇女分成两组：A组采用讲演方式，请营养学、烹饪学专家讲课，要求她们回去试做食用；B组采用讨论加实习方式，让大家一起议论内脏的营养价值、烹饪方法以及可能遇到的问题，最后由营养专家指导每人亲自烹任。两组实验的结果是：A组只有3%的人回家采用了，而B组有32%的人采用了。实验说明，"被动参与"和"主动参与"的效果大不一样，"满堂灌"式的教学需要改革，单纯由领导布置任务的方式效果也不一定好，单纯听报告对思想的说服力有限。管理科学根据一系列实验，提出了让职工"主动参与"（决策方案的讨论和实施）的理论，并把它应用于企业管理，取得了很好的效果。

（资料来源：叶文虎，张勇. 环境管理学. 2版. 北京：高等教育出版社，2006，有改动）

类似的著名管理科学实验还有很多，涉及范围也很广，在生产管理、组织管理、人才选拔、教育理论、激励理论、评价理论等许多管理科学理论背后都有一系列的实验或实证研究作为支撑。这些理论有一个共同的发展轨迹，就是"实验—假设—实验—再假设"，如此推进，逐步形成成熟的理论体系。可以说，管理科学使管理从经验走向科学。

3.2.1.2　环境管理实验方法的主要步骤

环境管理实验可分为两种类型：一种是实验室实验，是在人为建造的特定环境下进行；另一种是现场实验，是在日常工作环境下进行。这两种类型的实验大体上都包括三个步骤，即实验设计、实验实施和实验结果分析。

1. 实验设计

由于环境管理问题涉及的因素非常多且一般比较复杂，环境管理实验设计必须十分缜密，其主要内容应包括以下三个步骤。

（1）提出实验问题，明确实验目的，选择实验对象，给出实验假设。由于实验问题是来源于环境管理工作实践和研究中的管理问题，因此其目的应是揭示出某一个或一类环境管理问题背后的环境行为规律和环境管理规律，其对象需要根据实验目的和问题来选取，且必须有代表性和适当数量。

（2）相关实验因素的控制。管理实验的影响因素主要来自实验者、实验环境和实验对象三个方面。管理实验要充分考虑这三个方面的影响因素，提出相应的控制和解决办法。

（3）预备实验。其目的是为正式实验提供必要的实验参数、实验过程的指导。在预备实验中通常需要确定实验对象数目、指标的有效性、自变量的操作方法、无关变量的控制方法、实验指导、实验过程的演练等内容。

2. 实验实施

做实验是一个比较复杂的过程，要严格按照实验设计的程序和要求进行，特别是要注意做好实验因素的控制。

3. 实验结果分析

对实验的结果进行系统的比较和分析，确认实验的效果，是否或者多大程度证实了研究假设，并对实验提出相应的改进措施，另外还要消除实验中的随机误差和系统误差。

上海治理一次性餐盒污染的成功经验——“三分钱”模式

随意丢弃一次性塑料饭盒造成的“白色污染”，曾是市容管理的“顽疾”。在 2000 年之前，上海市白色污染比较严重，漂浮在黄浦江上、遗弃在铁路两旁、散落在大街小巷的一次性塑料餐盒，既严重影响市容又污染环境。

2000 年 6 月 14 日，上海市人民政府令第 84 号发布了《上海市一次性塑料饭盒管理暂行办法》，并从同年 10 月 1 日起实施，使上海市“白色污染”的治理有了法规依据。该办法规定，上海按照“谁生产，谁处置”的原则，由上海市环卫局作为管理部门向生产一次性塑料餐盒的厂家按每只 3 分钱的标准收取污染治理费，作为回收利用的经费。1 分钱是付给回收者的劳务费，有了这 1 分钱，废品回收人员每收集一个废餐盒就有了 1 分钱的收益。于是，上海街头出现了一支专门收集一次性塑料餐盒的队伍，全市每天产生 80 多万只一次性塑料餐盒中的 70%，约 56 万只被他们收集起来。还有 1 分钱是一次性餐盒处理处置的补贴。在江苏昆山一家台商自筹资金 500 万元建立昆山保绿塑料再生处理公司，堆积如山的一次性餐盒被制造成为再生塑料粒子，这种再生产品在 2000 年最初每吨售价 800 元，而到 2005 年每吨售价 5000 元还供不应求。1 分钱是管理部门的管理费和执法成本，被用于在全市的 30 多个集中收集点，4 个大型中转站，相应的环卫人员和运输车辆配置，以及他们的运行费用，还有环卫执法人员日常执法和打击“黑餐盒”（不交3分钱的餐盒）所需费用。

从2000—2005年，上海市累计回收一次性餐盒12亿余只，重6854t，利用它们制造再生塑料粒子3687t，创效益1800万元，昔日令人头疼的“白色垃圾”变成了“白色资源”。从2006年开始，发泡塑料杯、泡沫面碗和托盘等多种新白色废物也将陆续纳入上海回收再利用的范围。

“三分钱效应”在上海市继续扩大，并逐步向餐厨垃圾、电子废物、包装废物等处理领域拓展。市民为装修垃圾付费，单位为生活垃圾付费就是“三分钱工程”的延伸。目前已经引进了PE塑料袋再生造粒生产线，并初步调试成功，预计将进行规模化塑料袋循环利用。

采取符合经济规律的市场手段，辅之以监督、检查、罚款等行政手段，构建起一次性餐盒环境管理的制度体系，从而规范和控制了一次性餐盒在“生产一流通一使用一回收一处理处置”全过程中的物质流动，使其污染得到根本性控制。另外，通过这一环境管理体系，有关一次性餐盒污染的环境科学研究和环境工程技术也得到了有效应用。

[资料来源：左右．“三分钱工程”的启示．江淮，2006（7）：51，有改动]

3.2.1.3 实验方法的注意事项

环境管理学实验的对象主要是人与人的环境行为，与以物为对象的传统自然科学实验有一定区别。如在实验者和被实验者之间，会出现人与人之间相互影响；实验往往是在“纯化”了的环境中进行的，应把实验结果和更广泛的社会调查结果联系起来考虑，涉及的人员多、周期长、成本高，多难以反复进行；因为会涉及一些伦理问题，因此要注意以下原则：自愿受试，为受试者保密等。

3.2.2 问卷调查方法

问卷调查方法是通过设计、发放、回收问卷，获取某些社会群体对某种社会行为、社会状况的反应的方法。研究者可以通过对这些问卷的统计分析来认识社会现象及其规律。

3.2.2.1 问卷调查的基本特征

问卷调查方法有三个基本特征：①问卷调查要求从调查总体中抽取一定规模的随机样本；②对问卷调查的收集有一套系统的、特定的程序要求；③通过调查问卷所得到的是数量巨大的定量化资料，需要运用各种统计分析方法才能得到研究结论。

这三个重要特征使问卷调查方法不仅成为众多社会科学领域中广泛使用的、强有力的实证方法，也成为当前国际上通用的管理科学规范的研究方法之一。

3.2.2.2 调查问卷的设计

1. 问卷的结构

问卷是问卷调查方法中用来收集资料的主要工具，它在形式上是一份精心设计的问题表格，用于测量人们的行为、态度和社会特征。一般而言，调查问卷的主要内容见表3.2。

2. 问卷设计的原则

（1）要围绕研究的问题和被调查对象进行问卷设计，问题综述不能过多，内容不能过于复杂，要尽量考虑为被调查者提供方便，减少困难和麻烦。

表 3.2 调查问卷的主要内容

封面信	即一封致被调查者的短信，其作用是向被调查者介绍问卷调查的目的、调查单位或调查者的身份、调查的大概内容、调查对象的选取方法和对结果的保密措施等
指导语	即用来指导被调查者填写问卷的各种解释和说明
问题及答案	按问题形式可分为两类：一是只提问题不给答案，由被调查者填写回答的开放式问题；二是既提问题又给答案，要求被调查者进行选择的封闭式问题
编码及其他	即对每个问题及答案赋予一个代码，以方便计算机处理

（2）分析和排除被调查者可能出现的主观障碍和客观障碍。主观障碍指被调查者在心理和思想上对问卷产生的不良反应，如问题过多、过难、涉及隐私等引起的反感。客观障碍指被调查者自身能力、条件方面的限制，如阅读能力、文字表达能力方面的限制等。

（3）明确与问卷设计相关的各种因素。应了解调查目的、调查内容、样本特征等因素对问卷设计的影响，并采取相关的应对措施。

3. 问卷设计的步骤

问卷设计一共有四步（图 3.3），其中探索性工作即问卷设计前的初步调查和分析工作，是设计问卷的基础，另外在试用阶段，应对问卷初稿进行试调查或送交专家和管理人员，发现存在的问题并加以修改。

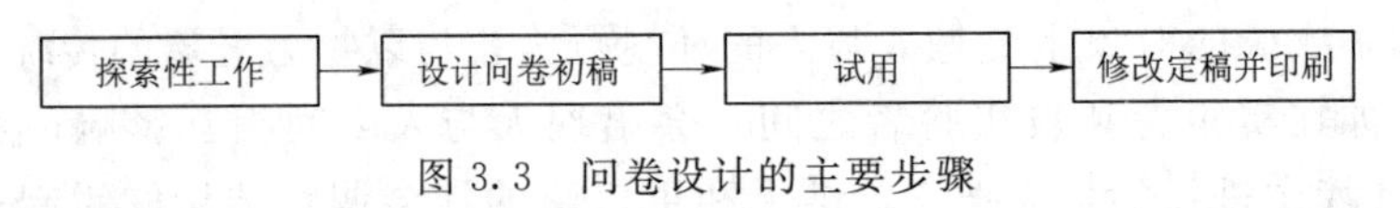

图 3.3 问卷设计的主要步骤

4. 题型及答案设计

（1）问题可以采用填空式、是否式、多项选择式、矩阵式、表格式等形式设计。

（2）答案设计要与问题设计协调一致，并注意答案应具有穷尽性和互斥性。穷尽性是指答案包括了所有可能的情况；互斥性是指答案互相之间不能交叉重叠或相互包含。

5. 问题的语言及提问方式

问题措辞的基本原则是简短、明确、通俗、易懂。具体包括：问题语言尽量简单，陈述尽量简短，避免双重或多重含义，不能带有倾向性，不要有否定形式的提问，不要问被调查者不知道的问题，不要直接询问感性问题等。

6. 问题的数量及顺序

一份问卷中的数量不宜太多，完成问卷所需时间不宜太长，以被调查者在 20 分钟内完成为宜。在问题的排序上，被调查者容易回答的、感兴趣和熟悉的问题在前，客观性的问题在前，关于态度、意见、看法的主观性问题在后。

3.2.2.3 问卷调查的实施

由于问卷调查以一定规模的调查样本为前提，因此，整个问卷调查的过程和工作需要很好的组织和实施。一般而言，包括调查员的挑选，调查员的训练，联系被调查对象、对调查进行质量监控等方面。

3.2.2.4 调查结果的数据处理和分析

一般而言，通过问卷调查会得到大量的包括研究对象的行为、活动、态度等方面信息的数据资料。数据处理和分析的任务就是对这些大量数据进行后期的整理和分析，以总结和发现包含在这些数据里的结论和规律。

数据处理是将原始观测数据转换成清晰、规范的数字和代码，供后续定量分析使用，其主要工作是编码、分类，将数据输入计算机系统。数据分析是利用计算机统计软件，从问卷调查得到的数据中发现变量的特征、变化规律及变量之间关联的分析过程。在数据分析中，常采用各种统计学分析方法和软件进行。

3.2.3 实地研究方法

实地研究方法是一种深入到研究对象的生活背景中，以参与观察和无结构访谈的方式收集资料，并通过这些资料的定性定量分析来理解和解释现象的研究方法。所谓“参与观察”，指研究者必须深入到研究对象所处的真实社会生活之中，通过看、听、问、想，甚至体验、感受、领悟等进行观察。

3.2.3.1 实地研究方法的基本特征与特点

实地研究方法的基本特征是“实地”，即深入研究对象的社会生活环境，在其中生活相当长一段时间，并用观察、询问、感受和领悟来理解研究对象。这种方法保证了研究者可以对自然状态下的研究对象进行直接观察，从而获取许多第一手的数据、资料、形象、感觉等信息供定量分析和直觉判断，因此可以发现许多其他方法难以发现的问题。

与其他实证方法相比，实地研究既是一个资料收集和调查的过程，同时也是一个思考和形成理论的过程，这是一个非常明显的特点。

实地研究方法的优点主要有：适合在真实的自然和社会条件下观察和研究人们的态度和行为；研究的成果详细、真实、说服力强，研究者常常可以举出大量生动、具体、详细的事件说明研究结论；方式比较灵活，弹性较大，相比实验和问卷调查，操作程序不十分严格，在过程中可进行灵活调整；适合研究现象发展变化的过程及其特征。

实地研究方法的缺点主要有：资料的概括性较差，以定性资料为主，一般缺少定量的分析，所得结论难以推广到更大范围；可信度较低，由于研究者所处地位、能力、主观判断的差别，加上实地研究很难重复进行，导致研究结论难于检验；实地研究不可避免会对被研究者施加影响；所需要的时间长、精力多、各项花费大；可能涉及一些社会伦理道德问题。

3.2.3.2 实地研究方法的方式

实地研究的主要方式是观察和访谈。观察可根据研究者所处的位置或角色，分为局外观察和局内观察。访谈可分为正式访谈和非正式访谈，前者指的是研究者事先有计划、有准备、有安排、有预约的访谈，如正式的采访、座谈会和参观等；后者是研究者在实地参与研究对象、深入生活的过程中，无事先准备的、随生活环境和事件自然进行的各种旁听和闲谈。

3.2.3.3 实地研究方法的主要步骤

从实际程序上看，实地研究方法通常可分为五个主要阶段。

1. 选择实地

在客观条件许可时，应尽量选择既与研究问题或现象密切相关，又容易进入、容易观察的实地。

2. 获准进入

进行实地研究，需要能够进入或融入当地社会生活环境。一般有三种途径：一是正式的，如通过合法的身份以及单位的介绍信，或上级领导的推荐信等方式进入；二是某些“关键人物”或“中间人”的帮助；三是通过自身努力进入被研究对象的生活世界。

3. 取得信任和建立友善关系

当获准进入当地社会后，尽快获取当地人的信任，尽快与他们建立友善关系，对于研究者非常重要。

4. 记录

记录包括观察记录和访谈记录两个方面。观察记录通常是先看在眼里，然后再记录在本子上，一般必须在当天晚上进行回忆和记录。访谈记录可分两种，对于正式的、事先约好的访谈，应尽可能完整记录，但不宜干扰访谈过程，如果得到允许可以使用录音设备，记录效果会更好；对于非正式的、偶然的、闲聊式的、非常随意式的访谈，则可采用观察记录一样的方法。

5. 资料分析和总结

根据实地研究记录的分析和研究者的切身体会和领悟，判别和发现实地研究中的重要现象、事实及背后的规律，得到研究结论。

3.2.4　案例研究方法

案例研究方法就是通过对一个或多个案例进行调查、研究、分析、概括、总结而发现新知识的过程。案例研究方法是通过对相对小的样本进行深度调查，归纳、总结现象背后的意义和基本规律。它是与实验方法、问卷调查方法相并列的一种管理科学研究方法。

案例研究一般包括建立研究框架、选择案例、搜集数据、分析数据、撰写报告与检验结果等步骤。

1. 建立研究框架

案例研究首先需要建立一个指导性的框架，一般包括案例研究的目的和要回答的问题、已有的理论或假设及案例的范围三个部分。

2. 选择案例

案例研究可以使用一个案例，也可以包含多个案例。案例的性质和数量必须满足研究的要求，一般而言，被选择的案例应该与研究主题具有较强的相关性。案例数量可以不遵从统计意义上的样本数量规则。对大多数研究而言，4～10 个案例是比较合适的：当少于 4 个案例而情况又比较复杂时，就很难得出有意义的结论或理论；当案例数量超过 10 个时，数据资料就会变得很多，案例之间的横向对比尤为困难。

3. 搜集数据

案例研究的数据收集方法与实验方法、问卷调查方法、实地研究方法、无干扰研究方法中的相关数据收集方法相同，包括观察、访谈、问卷、文本分析等方法都可以用于案例研究中的数据收集。

4. 分析数据

案例研究的数据分析方法也与实验方法、问卷调查方法、实地研究方法中的相关数据分析方法相同。

5. 撰写报告与检验结果

案例研究的成果一般是研究报告。正式的案例研究报告一般比较长，非正式的案例报告则可根据不同读者的阅读需求进行缩减和特殊编辑。案例研究报告中一般还需要提供必要的原始数据、图表、附录，用以说明案例研究的科学性和可信度，以方便他人对案例研究过程和结论进行检验。

3.3 环境信息系统

3.3.1 环境信息

环境问题是全球性的。鉴于环境污染，如大气污染、海洋污染、食品污染等波及世界各地，所以世界卫生组织、世界气象组织和联合国环境规划署在20世纪70年代就制定规划，力图在国与国之间实现环境信息的交换，以便人类共同开发和利用环境信息资源，控制全球环境污染。

信息是通过人类的感知、加工而成的，以一种能量形式存在的对客观世界（包括人类自身）的知识反馈，它们以数字、字母、图像、音响等多种形式存在。环境信息是在环境管理工作中应用的经收集、处理而以特定形式存在的环境知识，是反映环境系统的状态、结构和特征的信息，是人类认知环境状况的来源。因此，环境信息是环境管理工作的主要依据之一。

环境管理信息系统中的信息含义，一般可以认为它是一种已经被加工为特定形式的环境数据，这些数据对接收者有用，对决策或行为有现实或潜在的价值。环境信息数据是一组表示数量、行动和目标的可鉴别的符号，它可以是数字、字母或其他符号，也可以是图像、声音等，并可按使用目的组成数据库结构，因此环境信息是环境系统客观存在的标志，是环境系统受人类活动、外来物质流和能量流作用后的一种反馈，是获得对环境问题和现象认识的明显信号。它告诉人们环境系统承受着哪些外来物质和能量流的作用，这种作用的时空分布和系统受作用后所处的状态等。因而，环境信息和环境数据不同，环境数据是原材料，环境信息则是组织加工、处理过的数据，它对环境决策或行为是有价值的，是人类在同污染长期斗争中积累起来的一种宝贵财富。

环境信息主要分为自然环境、社会经济发展状况、污染源信息等。目前，随着时代的不断进步，计算机技术已经广泛应用于各个领域，尤其是在环境管理系统中发挥了极大的作用。将信息技术引入到环境管理系统中，能够准确地收集信息，将环境信息进行存储处理和使用。环境信息系统对环境管理具有十分重要的意义。环境管理模块、基础数据库以及辅助决策支持模块是环境信息系统的主要组成。基础数据库分为属性数据库和空间数据库，是环境信息系统的重要组成部分。当模块运行时，系统的运行速度将会加快，也提高了信息处理效率。

3.3.2 环境管理信息系统概述

3.3.2.1 环境管理信息系统的含义

环境管理信息系统，就是以现代数据库技术为核心把环境信息存储在电子计算机存储器上，在计算机硬件和软件的支持下实现对环境信息的输入、输出、更新（修改、增加、删除等)、传输、保密、检索、计算等各种数据库技术的基本操作，并结合统计数学、优化管理分析、制图输出、预测评价模式、规划决策模型等应用软件构成的一个复杂而有序的、具有完整功能的、研究环境信息的技术系统工程。

环境管理信息系统是把环境管理结构、信息系统和计算机应用结合的体系，是新产业革命的神经中枢。它的建立和应用标志着国家环境资源的调查、研究和管理进入全盘自动化的新阶段，也是国家环境管理现代化的综合标志。该系统的建立和应用，将增加环境管理的有序性。提高环境-经济-社会系统的整体化程度，从而实现管理决策的民主化和科学化。

3.3.2.2　环境管理信息系统的意义和基本功能

建立环境管理信息系统的意义在于：①当今世界随着经济和科学技术的发展，与环境有关的各种信息系统的数量和复杂程度大大增加，以手工劳动为基础的分散的信息管理手段已不适应现代化管理的要求，有必要通过信息管理系统的建立与运行，为大力开发和使用信息资源创造有利条件；②信息管理系统运用现代化人-机系统处理各种信息，提高了管理效率；③环境管理信息系统从系统的角度收集、加工各种信息，把各种零散信息系统化，将局部问题置于整体中来处理。

环境管理信息系统应具备的基本功能包括：①及时提供环境管理和环境科研所需的各种数据和信息，以支持各种为达到环境系统目标的决策分析；②提供统一的环境信息格式及数据表达方式使各种环境统计和综合工作集约化与规范化；③提供配套的应用软件，从简单的数据统计加工软件到复杂的环境评价、规划、预测和决策模型软件及图式软件；④对不同层次的环境管理部门给出不同要求和细度的图表、报告，以辅助管理者回答迫切的环境问题；⑤有效地利用环境管理信息系统本身的人和设备，使信息系统的成本最低。

3.3.2.3　中国的环境管理信息系统建设

我国是一个幅员辽阔、人口众多、环境资源丰富但环境质量和环境性质悬殊的国家，因此除建立国家级的环境管理信息系统外，还应建立开发部门级的专业系统、省级或跨省级的区域系统和各级基层系统（主要是县市级的环境管理信息系统)，在解决了信息分类编码标准化、数据处理和统计方法标准化、机型统一化（包括兼容）以及软件系统标准化等重要环节后，各种专业系统、区域系统和基层系统就能联网，有机地综合成一个全国性的、在统一规范指导下的分布式（或积木式）的环境管理信息系统，同时也就实现了环境管理信息系统的网络化。

1. 机构能力建设

基本形成了由国家级、省级、城市级信息中心组成的机构体系。

生态环境部信息中心承担我国生态环境信息化体系研究、设计、应用和推广工作；生态环境信息基础数据库、信息资源中心建设和管理以及数据整合、交换、共享和汇总工作以及生态环境综合管理信息化平台等信息系统建设、管理和全国生态环境系统信息化技术指导等主要工作。

省级环境信息中心是全国环境管理信息系统管理的区域中枢，负责本辖区内环境信息的网络建设和业务应用系统建设，进行本辖区环境信息汇总分析和数据上报，为省环保局环境管理与决策提供环境信息技术支持和服务。

城市级环境信息中心是环境信息系统管理的重要基础组成部分，是全国环境信息网络系统的重要信息源。主要任务是负责本辖区内环境信息的网络建设和业务应用系统建设，进行本辖区环境信息收集、汇总分析和数据上报，为城市环保局环境管理与决策提供环境信息技术支持和服务。

2. 系统建设

环境管理信息系统建设的根本目的是提高环境信息资源的开发与利用水平，为环境管理与决策提供环境信息支持和服务。国家生态环境部以环境管理数据库开发为基础，以环境管理应用系统建设为核心，开展了一系列环境管理应用系统的开发与建设，目前已初步形成以环境统计、污染源管理、环境监测为主要信息源的环境信息管理系统网络。

3. 网络建设

国家环境信息网络总体框架是以国家环境信息中心网络系统为中枢，以省级环境信息中心为网络骨干，以城市环境信息中心为网络基础而构成的。国家级环境信息网络系统是以生态环境部信息中心网络系统为主体，由中国环境科学研究院信息网络系统、中国环境监测总站环境监测信息网络系统、生态环境部机关办公自动化网络系统和生态环境部在京直属单位环境信息网络系统等共同组成。

我国的环境管理信息系统建设起步较晚，但发展较快。在经历了由单机到网络，由电子数据处理到管理信息系统再到决策支持系统的过程后，环境管理信息系统的建设已经取得了很大的发展。目前我国环境管理信息系统正朝着新方向迈进，如环境管理信息系统高度集成和网络化，遥感技术、全球定位技术与环境管理信息系统技术更加融合，环境信息面向大众等。但不可否认的是，我国环境管理信息系统中还存在很多问题，如标准及编码不统一、数据库设计不合理、重复开发现象严重、缺乏有力的行政支持、培训不到位、环境数据共享困难等。

3.3.3 环境管理信息系统构成、设计与评价

3.3.3.1 环境管理信息系统构成

环境管理信息系统主要包括环境数据中心、环境综合管理业务系统、政府门户网站环境检测系统、污染源自动监控系统、环境应急指挥系统以及空间信息管理和发布系统等各类支撑环境保护管理政务和业务工作的应用系统及其所需的信息化基础设施。

1. 环境数据中心

环境管理信息系统中的环境数据具有时间周期长、数据量大、格式不统一等特点，且分散于各个不同的部门、存储于不同的介质。环境数据中心的目标是通过各种不同数据源之间的数据传递、转换、净化、集成等功能，实现环境数据的统一采集、统一存储、统一管理、统一分析、统一展现。从用户的业务需求出发，对现有的数据资源和处理流程进行综合分析，以信息资源规划为标准，通过数据层面的整理提炼，将分散在各个“信息孤岛”中的有效信息资源进行全面整合，形成完善的数据中心系统，全面支持数据共享、统一管理和分析决策。通过跨平台的标准数据协议，将各个独立分散的数据库或信息系统中的有价值的数据抽取到数据中心，实现多业务处理以及管理决策层的数据共享。数据中心是业务系统与数据资源进行集中、集成、共享和分析的场地、工具及流程的有机组合。从应用层面来看，数据中心包括业务系统、基于数据仓库的分析系统；从数据层面看，包括

操作型数据、分析型数据以及数据与数据的集成整合流程；从基础设施层面看，包括服务器、网络、存储和整体 IT 运行维护服务。

2. 环境综合管理业务系统

环境综合管理业务系统是根据环境保护业务的管理需要而开发的信息系统，主要包括污染源管理类应用系统、总量减排管理类应用系统、环境监察与移动执法管理类系统、生态保护管理类系统及涉及水、气、声、渣、固体废物、核与辐射等环境要素的专业信息系统等。随着环境保护业务不断发展及信息化应用不断深入，环境保护业务管理系统也将不断与时俱进、推陈出新。

3. 政府门户网站

随着我国政府对可持续发展理念的不断深化和人民群众对环境保护工作的热切关注，各级环境保护机构纷纷建立了政府门户网站。政府门户网站定位于“信息公开、在线服务、政民互动”，在深化政府信息公开、正确引导社会舆论、不断完善在线服务和互动交流功能等方面不断加强制度建设和能力建设。各类数据、信息公开的及时性和有效性不断提高，数据信息涵盖环境质量、污染防治、环境影响评价、环保法律法规、自然生态、科技标准、环保产业、核与辐射安全管理、污染源排放总量控制等环保各个业务领域，为广大社会公众、企业单位、环境科学研究人员、环境保护公益组织等提供了了解和认识环境保护工作的基础平台。

4. 环境监测系统

现代环境监测系统是一套以在线自动分析仪器为核心，运用现代传感技术、自动测量技术、自动控制技术、计算机应用技术、通信网络以及相关的专业分析软件形成的一个综合性的自动监测系统。各监测站对监测对象进行自动取样，并利用监测仪器进行检测分析，将采集到的监测数据通过采集、存储、传输、统计和分析等处理后，以图形和报表的形式，通过网络及时、准确地传输给环境保护管理部门，为其提供准确、可靠的决策依据。

同时，通过环境质量信息发布系统将相关信息进行发布，便于公众实时了解与自身关系紧密的环境质量现状，提供统一的监测管理、评价与公众信息获取平台。一般情况下，环境监测系统主要包括水质自动监测系统、大气环境质量在线监测系统、噪声在线监测系统等。在环境监测工作中，其最主要的特点是长期持续性，并且能够进行连续监测工作，可以实现对污染源和污染范围的高精度监测，为治理国家和社会的环境问题提供了良好的基础。

5. 污染源自动监控系统

污染源自动监控系统是对排污单位的污染物排放情况（废水、烟尘气及放射性等）进行实时、连续、自动监控，并能及时作出相应反馈的系统。它主要包括污染源自动在线监控系统和自动监控指挥中心，利用先进的自动监控仪器技术、计算机网络技术、网络通信技术、数据库技术等，对排污单位的废水、烟尘的排放量、主要排污因子的浓度或环境质量参数等指标实现连续自动监测、自动采集监测数据、自动分析处理，并自动将这些数据远程传输至各级管理部门的自动监控指挥中心。指挥中心对环境监测、监控数据进行统一的管理与调用，实现对污染源情况的总体监控，实现对污染源排污情况的统一监测、监控和管理。

环境管理信息系统中的信息管理和监控功能不仅可以监视污染的来源和污染程度，而且可以扩展到监视土壤、水质、大气中的环境条件和固体废物。随着监测范围的不断扩大，它也为环境治理提供了技术支持。一旦使用了环境信息管理和监控系统，它可以自动警告超出监控标准的污染物和污染源，从而使人们可以明确污染控制的目标和范围。

污染源自动监控系统主要由以下三部分组成：

（1）监控中心。安装在各级环境保护管理部门，与传输线路和自动监控设备连接，安装数据接收和数据处理的系统，包括计算机信息终端设备及计算机软件等，简称上位机。

（2）数据采集传输仪。包括用于采集各种类型监控仪器仪表的数据，完成数据存储与上位机数据通信传输功能的单片机、工控机、嵌入式计算机、嵌入式可编程自动控制器（PAC）或可编程控制器（PLC）等。

（3）自动监控设备。安装在现场用于监控环境或污染源排污状况及完成与上位机的数据通信传输的单台或多台设备及设施，包括污染源排污监控仪器、流量计、污染治理设施运行记录仪和数据采集传输仪等。

6. 环境应急指挥系统

环境应急指挥系统是信息技术在突发环境事件防范与应急工作中应用的集合体系，是做好环境事件防范和应急工作的技术保障。环境应急指挥系统的建设目标是立足于当前环境应急管理的现状，以环境风险源的动态管理为核心，建立基于动态联网管理的风险源动态管理系统、环境应急预案管理系统、环境应急预警预测系统、环境应急辅助决策支持系统、环境应急指挥与调度系统、环境应急通信系统、环境应急处置后期评估系统等。在摸清风险源底数的基础上建立动态管理机制，建立以风险源自动监控系统和以12369生态环境部环保举报电话为基础的环境应急预警预测机制，实现环境应急预案、应急资源、应急模型的智能化集成，全面提升突发应急事件的协调和处置能力。

7. 空间信息管理和发布系统

空间信息管理和发布系统主要实现重点污染源数据、环境管理数据、环境资源数据等的空间管理、发布和展现，提供空间数据的统一管理和共享服务。空间信息管理和发布系统由应用服务、数据服务、信息共享发布、服务管理维护等功能构成，其中应用服务主要包括空间信息统计服务、空间信息分析服务和空间信息功能服务；数据服务包括数据处理、数据存储、数据备份、数据统一管理等功能；信息共享发布包括成果数据发布、空间信息共享发布和空间信息检索功能；服务管理维护主要包括用户及权限管理、服务管理和日志管理功能等。

3.3.3.2 环境信息系统分类

1. 按内容分类

环境信息系统按内容可分为环境管理信息系统和环境决策支持系统。

（1）环境管理信息系统。环境管理信息系统是一个以系统论为指导思想，通过人机结合收集环境信息，利用物理或数学模型对环境信息进行转换和加工，并根据系统的输出进行环境评价、预测和控制，最后再通过计算机和网络等先进技术实现环境管理的计算机模拟系统。环境管理信息系统的基本功能包括：环境信息的收集和录用；环境信息的存储；环境信息的加工处理；环境信息以报表、图形等形式输出信息，为决策提供依据。

（2）环境决策支持系统。环境决策支持系统是将决策支持系统引入环境规划、管理和决策工作中的产物。决策支持系统也是一种人机交互的信息系统，是从系统观点出发，利用现代计算机存储量大、运算速度快等特点，应用决策分析方法进行描述、计算，进而协助人们完成管理决策的支持技术。

环境决策支持系统是环境信息系统的高级形式，在环境管理信息系统的基础上，使决策者能通过人机对话，直接应用计算机处理环境管理工作中的未定结构的决策问题。它为决策者提供了一个现代化的决策辅助工具，提高了决策的效率和科学性。

环境决策支持系统的主要功能有：收集、整理、储存并及时提供本系统与本决策有关的各种数据；灵活运用模型与方法对环境信息进行加工、处理、分析、综合、预测、评价，以便提供各种所需环境信息；友好的人机界面和图形输出功能，不仅能提供所需环境信息，而且具有一定的推理判断能力；良好的环境信息传输功能；快速的信息加工速度及响应时间；具有定性分析与定量研究相结合的特点。

2. 按技术核心分类

环境信息系统根据其技术核心的不同可划分为环境管理信息系统和环境地理信息系统两大类别（图 3.4）。

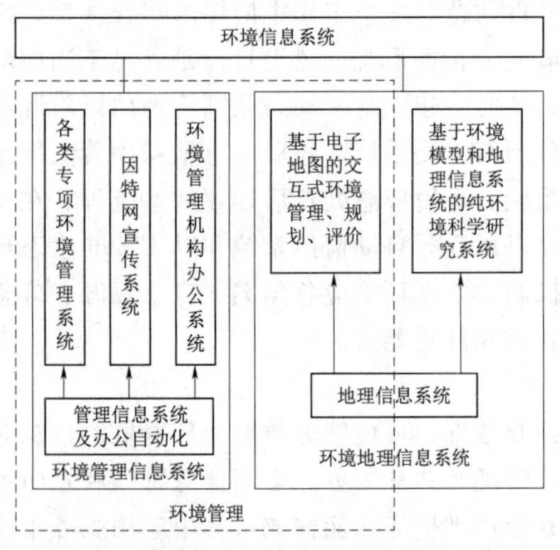

图 3.4　环境信息系统分类组成及相互关系

地理信息系统主要分为控制库和属性库。在环境管理工作中，基本数据库是提供数据的主要来源。环境管理工作具有复杂性，要想有效运行环境信息系统，必须不断完善信息技术。在开展环境管理工作时，应该将数据、图像属性的技术引入到环境信息系统中，为数据转换工作提供帮助，实现数据的可流动性。此外，将数据进行存储能够为环境治理及环境评估工作提供数据支持，为环境保护工作中的环境污染分析提供帮助，促进环境污染分析工作的开展。

3.3.3.3　环境管理信息系统的设计与评价

环境管理信息系统是一种通过计算机等先进技术实现环境管理的计算机模拟系统。

环境管理信息系统的设计过程可分为四个阶段：可行性研究、系统分析、系统设计和系统的实施与评价阶段。每个阶段又分为若干步骤。

1. 可行性研究阶段

可行性研究是环境管理信息系统设计的第一阶段。该阶段的工作目标是为整个工作过程提供一套必须遵循的衡量标准，即针对客观事实、考虑整体要求、符合开发节奏。具体内容根据应用的重要性和信息系统可利用的资源而定。

可行性研究阶段的任务是确定环境管理信息系统的设计目标和总体要求，研究设计的应用领域和完成设计的能力需求，进行费用-效益分析，制定出几套设计方案，并对各方案在技术、经济、运行三方面进行比较分析，得出结论性建议，并编制出可行性研究报告报上级主管部门审查、批准。

2. 系统分析阶段

系统分析是环境管理信息系统研制的第二阶段。这个阶段的主要目的是明确系统的具体目标、系统的界限以及系统的基本功能，基本任务是设计出系统的逻辑模型。系统分析不论资金的投入，还是时间的占用上，在整个环境管理信息系统的研制中都占有很大比例，具有十分重要的地位。这一阶段的主要工作内容包括：详细的系统调查，以了解用户的主观要求和客观状态；确定拟开发系统的目标、功能、性能要求及对运行环境、运行软件需求的分析；数据分析；确认测试准则；系统分析报告编制，包括编写可行性研究报告及制订初步项目开发计划等工作。

3. 系统设计阶段

系统设计是环境管理信息系统研制过程的第三个阶段。该阶段的主要任务是根据系统分析的逻辑模型提出物理模型，是在各种技术手段和处理方法中权衡利弊，选择最合适的方案，解决如何做的问题。系统设计阶段的主要工作内容包括：系统的分解；功能模块的确定及连接方式的确定；设计信息输入；设计结果输出；数据库设计及模块功能说明。在系统设计过程中，应充分考虑该系统能否及时全面地为环境科研及管理提供各种环境信息，能否提供统一格式的环境信息，能否对不同管理层次给出不同要求、不同详细程度的图表、报告，是否充分利用该系统本身的人力、物力，使开发成本最低。

4. 系统的实施与评价阶段

环境管理信息系统设计完成后就应交付使用，并在运行过程中不断完善、不断升级，因而需要对其进行评价。评价一个环境管理信息系统主要应从五个方面进行：系统运行的效率、系统的工作质量、系统的可靠性、系统的可修改性、系统的可操作性。

环境管理信息系统能够扩大环境监测范围，并且可以针对不同类型的污染制定合理的管控措施。但是，环境管理信息系统没有完善的模拟计算模式，不具备准确数据进行支持，并且没有完善的数据分析功能，因此无法及时建立科学规划。同时，建立完善的环境治理评价体系也是至关重要的，利用环境管理信息系统模拟实际的环境，开展科学合理的环境评价，为环境管理工作提供科学保障。

设计环境管理信息系统基本设计原则如下：

（1）建立环境管理信息系统首先要能满足本地区、领域、专业部门和单位制定环境规划、进行环境模拟和决策的要求，以实现环境系统的科学管理。

（2）采用容易在基层推广的国家优选微型机和小型机来建立开发系统，并且根据计算机功能和本专业的需要，开发设计应用软件系统。同时要积极引进国外已相当成熟的先进软件，并进行再开发和创新优化。但需注意，有时引进并不比自制的技术要求低。

（3）在将来条件成熟的情况下，国家生态环境等相关部门在实现办公室自动化的同时，应结合国际通用标准体系，并兼顾国内其他部门的要求，及早地制定出科学稳定的环境管理信息系统的具体技术规范和标准体系，这样就可在通信网络未建成之前，先用硬盘等磁性介质传递数据信息，同时应大力发展通信网，最终建成具有灵活反应功能的系统网络，并同其他有关信息系统相连接，提高广大用户的思维效率，使全社会最大限度地实现对环境信息资源的共享。

(4) 努力使环境管理信息系统汉字化。如果开发设计出的系统没有汉字处理功能，那么计算机化环境管理信息系统在我国就不可能得以推广和应用。在实现汉字化的同时，应设法通过通信卫星充分利用全球传播网，与国外先进的环境管理信息系统相连接，进行国际间的环境信息资源的共享和管理软件的交换。

(5) 要建立完善高效的环境管理信息系统，必须进行多学科的协作，尤其是信息科学、管理科学、系统工程、计算机科学应用教学、通信科学和环境科学及模拟仿真技术等的相互配合，环境管理信息系统实质上就是这些多学科组成的应用实体。在设计和运行系统的整个过程中，应把用户看作该系统的有机构成，作为系统运行环境的一个重要因素，并且重视用户使用系统过程中的信息反馈。应以用户第一的原则开发设计系统，因为用户对系统的要求是环境管理信息系统得以存在和不断完善发展的条件。

(6) 在建立环境管理信息系统的同时，必须加强环境监测网的建设和健全工作，并制定出统一的数据统计处理汇总方法和统一的数据代码与编码。否则，如果只重视计算机本身的处理和模拟决策功能，而忽视了系统的“数据信息源”，那么表面上即使系统的功能很强，但实际上进行的只是高级纯数学游戏，这将给环境管理决策工作带来严重的预判失误。

3.3.3.4　环境决策支持系统的设计与评价

1. 决策支持系统

决策支持系统（decision support system，DSS）是辅助决策者通过数据、模型和知识，以人机交互方式进行半结构化或非结构化决策的计算机应用系统。它是管理信息系统向更高一级发展而产生的先进信息管理系统。它为决策者提供分析问题、建立模型、模拟决策过程和方案的环境，调用各种信息资源和分析工具，帮助决策者提高决策水平和质量。

基于上述概念，DSS 的基本特征可以归纳为五个方面：支持但不是代替高层决策者制定决策；针对上层管理人员经常面临的结构化程度不高、说明不充分的问题；易于为非计算机专业人员以交互会话的方式使用；强调对环境及用户决策方法改变的灵活性及适应性；把模型或分析技术与传统的数据存取技术及检索技术结合起来。

决策按其性质可分为以下三类：

(1) 结构化决策。结构化决策指能用确定的模型或语言描述某一决策过程的环境及规则，以适当的算法产生决策方案，并能从多种方案中选择最优解的决策。

(2) 非结构化决策。非结构化决策指不可能用确定的模型和语言来描述其复杂决策过程，更无所谓最优解的决策。

(3) 半结构化决策。半结构化决策是介于以上两者之间的决策，这类决策可以建立适当的算法产生决策方案，得到较优的解。

非结构化和半结构化决策用于组织的中、高管理层，因为一方面需要借助计算机提供辅助信息，另一方面也需要决策者根据经验进行分析判断，做出正确的决策。

决策的进程一般分为四个步骤：①发现问题、形成目标；②用概率定量地描述方案可能产生的各种结局的可能性；③决策人员对可能出现的各种结局进行定量评价，一般用效用值来定量表示，效用值是有关决策人员根据个人能力、经验以及所处环境条件等因素所做的定量估计；④综合各方面信息，决定方案的取舍。

环境规划常伴随有大量的结构化、半结构化、非结构化并存的决策问题，但这又是环境保护体系的重点，所以人们只能用数学模型进行描述。计算机对环境规划的作用是有限的，只能为决策者提供支持，而不可能代替决策者作出判断。人们的主观能动作用、经验、智慧和判断力在环境规划中将永远起主导作用。

环境问题的决策一般可分为三个不同的层次。第一个层次为环境战略决策，它分析所用的方法为：费用-效益分析，包括环境因素在内的投入-产出分析、多目标决策分析以及模糊决策方法等。第二个层次是环境战术决策，它是在环境目标已经确定的条件下，寻求实现这一战略目标的最佳方案。第三个层次是技术决策，它的任务是为实现战术决策所确定的方案选择和确定最佳的技术措施。环境规划决策一般是按上述三个层次自上而下进行的。上一层次的决策为下一层次的决策提供指导，下一层次的决策为上一层次的决策方案起着反馈作用，同时也为其实现提供保证。

2. 环境规划决策支持系统概述

（1）环境规划 DSS 的组成。环境规划 DSS 由规划决策者、环境系统、DSS 软件、DSS 硬件和用户系统界面五部分组成。DSS 软件包括数据库及其管理系统、模型库及其管理系统、方法库及其管理系统；DSS 硬件包括计算机主机、数字化仪、扫描仪和绘图仪等。决策者仍然是最重要、最本质的要素，环境规划 DSS 在于人对环境系统的规划，也是对人地关系在区域范围内的协调。

（2）环境规划 DSS 的设计。环境规划涉及规划单元的空间归属、属性特征，还有对数据的处理方法。因此，环境规划 DSS 应包括数据输入编辑与数据库子系统、模型库子系统、方法库子系统和制图与输出子系统四个子系统。在此系统中，信息需要经过采集、输入、处理、分析、输出五个基本阶段。

环境规划 DSS 设计是一个建立环境规划的信息采集和处理、信息分析和存储、评价和预测、决策和管理的智能型支持系统，能够为环境规划提供快速的、高质量的信息服务的规划辅助决策手段。

环境规划 DSS 的核心部分是模型库及其管理系统的研制。模型库系统是环境规划工作中进行分析活动的基本工具。环境规划应用模型主要包括污染源评价模型、人口预测模型、环境质量评价模型、环境预测模型、环境投入产出模型、环境经济综合分析模型、废水总量控制模型、环境功能区划模型、大气污染物总量控制模型、固体废物总量控制模型、环境决策模型等。

方法库能够存储一些通用的、规范的算法模块，常以函数功能形式储存和表示，以方便用户进行模型组合、更新和提取等操作。方法库主要包括预测方法、统计分析方法、综合评价方法、聚类方法、规划方法等。

3. 环境决策支持系统的开发设计

（1）环境规划 DSS 开发方法。开发 DSS 一般要先进行计划的制订，系统的分析设计然后实施。制订计划阶段最重要的两项工作是确定系统目标和界定系统范围，确定目标和界定范围有助于其功能和性能达成一致，是整个开发工作的基础阶段的成果系统需求说明书。系统分析阶段应该初步确定数据库、模型库的外部模型形成人机界面，规范这一阶段的成果是系统分析报告。

DSS的开发通常采用原型法，此方法缩短了系统与用户见面的时间，通过与用户反复交流不断修改原型，从而明确数据库、模型库的逻辑结构和相互调用关系，并确定知识的表示和推理的方式。最后就是系统的实施，根据已经形成的系统设计方案构建包括数据库表、模型计算工具库、方法库的DSS底层结构以及推理机使之更加利于决策者的使用。

从本质上看，开发DSS的方法的基本思想是决策者和开发者在一个关键问题上取得一致意见，然后开发和设计一个所需要的决策支持原始的系统，然后对系统进行评价、修改并不断地增加扩展，这样循环反复直至发展成为一个相对稳定的系统，也就是说典型的系统开发过程中分析—设计—实施—运行合并成一个反复修改的过程。

(2) 开发工具。决策支持系统工具（DSST）包括软件工具和硬件工具，是DSS三个层次结构中最基础的一个层次。

环境决策支持系统（environmental decision sapport system，EDSS）的设计步骤如下：

1) 制订行动计划。快速实现方案、分阶段实现方案和完整的EDSS方案，是研制运行计划的三种基本方案。这三种方案分别适用于不同区域的环境决策支持系统。

2) 系统分析。建立EDSS关键在于确定系统的组成要素，划分内生变量，分析各要素间的相互关系，确定EDSS的基本结构和特征。因此，该步骤是EDSS设计的重要步骤。

3) 总体结构设计。总体设计包括用户接口、信息子系统、模型子系统、决策支持子系统四个部分。

4) 系统的实施与评价。为在使用过程中完善决策支持系统，要对运行效率、工作质量、可靠性、可修改性及可操作性五个方面进行评价，同时要切记本系统只是辅助决策，不可能完全代替人的决策思维。

3.4 生态环境标准

生态环境标准在国家的环境管理中起着重要的作用。本节主要从生态环境标准的概念出发，通过介绍生态环境体系构成、标准分类及应用状况，掌握环境管理中涉及的生态环境标准。

3.4.1 生态环境标准概述

生态环境标准是我国环境法律体系中一个独立的特殊的重要的组成部分。一般而言，为了环境保护法律的实施，为了加强生态环境标准的管理工作，国务院生态环境主管部门和省级人民政府依法制定生态环境标准，即在生态环境保护工作中需要统一的一系列技术要求。

国家环境目标和规划的制定、环境法律的制定和实施、环境质量的评价和监测以及环境保护工作的监督检查，都要体现生态环境标准，或者以生态环境标准为基础和依据。生态环境标准是国家进行环境管理的技术基础和准则，就其表现形式可能是独立的，但它是环境法律的有机组成部分。

我国的生态环境标准分为国家生态环境标准和地方生态环境标准。

国家生态环境标准包括国家生态环境质量标准、国家生态环境风险管控标准、国家污染物排放标准、国家生态环境监测标准、国家生态环境基础标准和国家生态环境管理技术规范。国家生态环境标准在全国范围或者标准指定区域范围执行。

地方生态环境标准包括地方生态环境质量标准、地方生态环境风险管控标准、地方污染物排放标准和地方其他生态环境标准。地方生态环境标准在发布该标准的省、自治区、直辖市行政区域范围或者标准指定区域范围执行。

3.4.2 生态环境标准的制定与发布

1. 生态环境标准制定的主体

国务院生态环境主管部门依法制定并组织实施国家生态环境标准，评估国家生态环境标准实施情况，开展地方生态环境标准备案，指导地方生态环境标准管理工作。

省级人民政府依法制定地方生态环境质量标准、地方生态环境风险管控标准和地方污染物排放标准，并报国务院生态环境主管部门备案。机动车等移动源大气污染物排放标准由国务院生态环境主管部门统一制定。

地方各级生态环境主管部门在各自职责范围内组织实施生态环境标准。

2. 生态环境标准的制定原则

制定生态环境标准，应当遵循合法合规、体系协调、科学可行、程序规范等原则。制定国家生态环境标准，应当根据生态环境保护需求编制标准项目计划，组织相关事业单位、行业协会、科研机构或者高等院校等开展标准起草工作，广泛征求国家有关部门、地方政府及相关部门、行业协会、企业事业单位和公众等方面的意见，并组织专家进行审查和论证。具体工作程序与要求由国务院生态环境主管部门另行制定。

制定生态环境标准，不得增加法律法规规定之外的行政权力事项或者减少法定职责；不得设定行政许可、行政处罚、行政强制等事项，增加办理行政许可事项的条件，规定出具循环证明、重复证明、无谓证明的内容；不得违法减损公民、法人和其他组织的合法权益或者增加其义务；不得超越职权规定应由市场调节、企业和社会自律、公民自我管理的事项；不得违法制定含有排除或者限制公平竞争内容的措施，违法干预或者影响市场主体正常生产经营活动，违法设置市场准入和退出条件等。

生态环境标准中不得规定采用特定企业的技术、产品和服务，不得出现特定企业的商标名称，不得规定采用尚在保护期内的专利技术和配方不公开的试剂，不得规定使用国家明令禁止或者淘汰使用的试剂。

3. 生态环境标准的发布

生态环境标准发布时，应当留出适当的实施过渡期。生态环境质量标准、生态环境风险管控标准、污染物排放标准等标准发布前，应当明确配套的污染防治、监测、执法等方面的指南、标准、规范及相关制定或者修改计划，以及标准宣传培训方案，确保标准有效实施。

3.4.3 主要生态环境标准

1. 生态环境质量标准

为保护生态环境，保障公众健康，增进民生福祉，促进经济社会可持续发展，限制环境中有害物质和因素，制定生态环境质量标准。

生态环境质量标准包括大气环境质量标准、水环境质量标准、海洋环境质量标准、声环境质量标准、核与辐射安全基本标准。

制定生态环境质量标准，应当反映生态环境质量特征，以生态环境基准研究成果为依据，与经济社会发展和公众生态环境质量需求相适应，科学合理确定生态环境保护目标。

生态环境质量标准应当包括：①功能分类；②控制项目及限值规定；③监测要求；④生态环境质量评价方法；⑤标准实施与监督等。

生态环境质量标准是开展生态环境质量目标管理的技术依据，由生态环境主管部门统一组织实施。实施大气、水、海洋、声环境质量标准，应当按照标准规定的生态环境功能类型划分功能区，明确适用的控制项目指标和控制要求，并采取措施达到生态环境质量标准的要求。实施核与辐射安全基本标准，应当确保核与辐射的公众暴露风险可控。

2. 生态环境风险管控标准

为保护生态环境，保障公众健康，推进生态环境风险筛查与分类管理，维护生态环境安全，控制生态环境中的有害物质和因素，制定生态环境风险管控标准。

生态环境风险管控标准包括土壤污染风险管控标准以及法律法规规定的其他环境风险管控标准。

制定生态环境风险管控标准，应当根据环境污染状况、公众健康风险、生态环境风险、环境背景值和生态环境基准研究成果等因素，区分不同保护对象和用途功能，科学合理确定风险管控要求。

生态环境风险管控标准应当包括：①功能分类；②控制项目及风险管控值规定；③监测要求；④风险管控值使用规则；⑤标准实施与监督等。

生态环境风险管控标准是开展生态环境风险管理的技术依据。

实施土壤污染风险管控标准，应当按照土地用途分类管理，管控风险，实现安全利用。

3. 污染物排放标准

为改善生态环境质量，控制排入环境中的污染物或者其他有害因素，根据生态环境质量标准和经济、技术条件，制定污染物排放标准。

国家污染物排放标准是对全国范围内污染物排放控制的基本要求。地方污染物排放标准是地方为进一步改善生态环境质量和优化经济社会发展，对本行政区域提出的国家污染物排放标准补充规定或者更加严格的规定。

污染物排放标准包括大气污染物排放标准、水污染物排放标准、固体废物污染控制标准、环境噪声排放控制标准和放射性污染防治标准等。

水和大气污染物排放标准，根据适用对象分为行业型、综合型、通用型、流域（海域）或者区域型污染物排放标准。

行业型污染物排放标准适用于特定行业或者产品污染源的排放控制；综合型污染物排

放标准适用于行业型污染物排放标准适用范围以外的其他行业污染源的排放控制；通用型污染物排放标准适用于跨行业通用生产工艺、设备、操作过程或者特定污染物、特定排放方式的排放控制；流域（海域）或者区域型污染物排放标准适用于特定流域（海域）或者区域范围内的污染源排放控制。

制定行业型或者综合型污染物排放标准，应当反映所管控行业的污染物排放特征，以行业污染防治可行技术和可接受生态环境风险为主要依据，科学合理确定污染物排放控制要求。

制定通用型污染物排放标准，应当针对所管控的通用生产工艺、设备、操作过程的污染物排放特征，或者特定污染物、特定排放方式的排放特征，以污染防治可行技术、可接受生态环境风险、感官阈值等为主要依据，科学合理确定污染物排放控制要求。

制定流域（海域）或者区域型污染物排放标准，应当围绕改善生态环境质量、防范生态环境风险、促进转型发展，在国家污染物排放标准基础上作出补充规定或者更加严格的规定。

污染物排放标准应当包括下列内容：①适用的排放控制对象、排放方式、排放去向等情形；②排放控制项目、指标、限值和监测位置等要求，以及必要的技术和管理措施要求；③适用的监测技术规范、监测分析方法、核算方法及其记录要求；④达标判定要求；⑤标准实施与监督等。

污染物排放标准按照下列顺序执行：

（1）地方污染物排放标准优先于国家污染物排放标准；地方污染物排放标准未规定的项目，应当执行国家污染物排放标准的相关规定。

（2）同属国家污染物排放标准的，行业型污染物排放标准优先于综合型和通用型污染物排放标准；行业型或者综合型污染物排放标准未规定的项目，应当执行通用型污染物排放标准的相关规定。

（3）同属地方污染物排放标准的，流域（海域）或者区域型污染物排放标准优先于行业型污染物排放标准，行业型污染物排放标准优先于综合型和通用型污染物排放标准。流域（海域）或者区域型污染物排放标准未规定的项目，应当执行行业型或者综合型污染物排放标准的相关规定；流域（海域）或者区域型、行业型或者综合型污染物排放标准均未规定的项目，应当执行通用型污染物排放标准的相关规定。

污染物排放标准规定的污染物排放方式、排放限值等是判定污染物排放是否超标的技术依据。排放污染物或者其他有害因素，应当符合污染物排放标准规定的各项控制要求。

4. 生态环境监测标准

为监测生态环境质量和污染物排放情况，开展达标评定和风险筛查与管控，规范布点采样、分析测试、监测仪器、卫星遥感影像质量、量值传递、质量控制、数据处理等监测技术要求，制定生态环境监测标准。

生态环境监测标准包括生态环境监测技术规范、生态环境监测分析方法标准、生态环境监测仪器及系统技术要求、生态环境标准样品等。

制定生态环境监测标准应当配套支持生态环境质量标准、生态环境风险管控标准、污染物排放标准的制定和实施，以及优先控制化学品环境管理、国际履约等生态环境管理及监督执法需求，采用稳定可靠且经过验证的方法，在保证标准的科学性、合理性、普遍适用性的前提下提高便捷性，易于推广使用。

生态环境监测技术规范应当包括监测方案制定、布点采样、监测项目与分析方法、数据分析与报告、监测质量保证与质量控制等内容。

生态环境监测分析方法标准应当包括试剂材料、仪器与设备、样品、测定操作步骤、结果表示等内容。

生态环境监测仪器及系统技术要求应当包括测定范围、性能要求、检验方法、操作说明及校验等内容。

制定生态环境质量标准、生态环境风险管控标准和污染物排放标准时，应当采用国务院生态环境主管部门制定的生态环境监测分析方法标准；国务院生态环境主管部门尚未制定适用的生态环境监测分析方法标准的，可以采用其他部门制定的监测分析方法标准。

对生态环境质量标准、生态环境风险管控标准和污染物排放标准实施后发布的生态环境监测分析方法标准，未明确是否适用于相关标准的，国务院生态环境主管部门可以组织开展适用性、等效性比对；通过比对的，可以用于生态环境质量标准、生态环境风险管控标准和污染物排放标准中控制项目的测定。

对地方生态环境质量标准、地方生态环境风险管控标准或者地方污染物排放标准中规定的控制项目，国务院生态环境主管部门尚未制定适用的国家生态环境监测分析方法标准的，可以在地方生态环境质量标准、地方生态环境风险管控标准或者地方污染物排放标准中规定相应的监测分析方法，或者采用地方生态环境监测分析方法标准。适用于该控制项目监测的国家生态环境监测分析方法标准实施后，地方生态环境监测分析方法不再执行。

5. 地方生态环境标准

地方生态环境质量标准、地方生态环境风险管控标准和地方污染物排放标准可以对国家相应标准中未规定的项目作出补充规定，也可以对国家相应标准中已规定的项目作出更加严格的规定。

对本行政区域内没有国家污染物排放标准的特色产业、特有污染物，或者国家有明确要求的特定污染源或者污染物，应当补充制定地方污染物排放标准。

有下列情形之一的，应当制定比国家污染物排放标准更严格的地方污染物排放标准：

（1）产业密集、环境问题突出的。

（2）现有污染物排放标准不能满足行政区域内环境质量要求的。

（3）行政区域环境形势复杂，无法适用统一的污染物排放标准的。

制定地方流域（海域）或者区域型污染物排放标准，应当按照生态环境质量改善要求，进行合理分区，确定污染物排放控制要求，促进流域（海域）或者区域内行业优化布局、调整结构、转型升级。

制定地方生态环境标准，或者提前执行国家污染物排放标准中相应排放控制要求的，应当根据本行政区域生态环境质量改善需求和经济、技术条件，进行全面评估论证，并充分听取各方意见。

地方生态环境质量标准、地方生态环境风险管控标准和地方污染物排放标准发布后，省级人民政府或者其委托的省级生态环境主管部门应当依法报国务院生态环境主管部门备案。

地方生态环境质量标准、地方生态环境风险管控标准和地方污染物排放标准报国务院生态环境主管部门备案时，应当提交标准文本、编制说明、发布文件等材料。

标准编制说明应当设立专章，说明与该标准适用范围相同或者交叉的国家生态环境标准中控制要求的对比分析情况。

国务院生态环境主管部门收到地方生态环境标准备案材料后，予以备案，并公开相关备案信息；发现问题的，可以告知相关省级生态环境主管部门，建议按照法定程序修改。

依法提前实施国家机动车大气污染物排放标准中相应阶段排放限值的，应当报国务院生态环境主管部门备案。

新发布实施的国家生态环境质量标准、生态环境风险管控标准或者污染物排放标准规定的控制要求严于现行的地方生态环境质量标准、生态环境风险管控标准或者污染物排放标准的，地方生态环境质量标准、生态环境风险管控标准或者污染物排放标准应当依法修订或者废止。

3.4.4 生态环境标准的应用

3.4.4.1 环境标准的应用原则

应用环境标准，一是应掌握适用范围的原则，掌握所应用的环境标准适用的区域、行业和相关项目。二是应掌握分类管理的原则，如污水综合排放标准，对排放的污染物进行了分类控制，即第一类污染物，不分行业和污水排放方式，也不分水体的功能类别，一律在车间或车间污染处理设施排污口采样、监测控制；第二类污染物，要求在排污单位排放口采样、监测、控制。三是掌握排放标准不交叉执行原则，在执行国家综合排放标准时，如有行业排放标准的，执行行业标准，不再交叉执行其他排放标准。四是注意执行新标准的原则，随着我国经济、环境与社会的不断发展，国家为满足人民对生产、生活质量的要求，也在不断地修改完善已发布的环境质量和污染物排放标准，在运用环境标准进行环境管理时，要注意应用新颁布的标准，做到与时俱进。五是执行严于国家标准的地方标准的原则。

3.4.4.2 环境标准在环境管理活动中的应用

1. 在区域环境管理中的应用

目前，经济与环境发展较好的区域环境管理，一般采用建立 ISO 14001 环境管理体系的模式。这种模式是当今国际规范环境管理行为的先进手段，其基本内容有环境方针、策划、实施与运行、检查与纠正、管理评审 5 个环节 17 个要素。

2. 在建设项目环境保护管理中的应用

环境保护执法部门在对建设项目环境管理过程中，一是应掌握国家相关环境标准及政策，如审批新上有大气污染排放的项目时，重点是依据环境标准对功能区的要求，看其布局是否合理，审核其排放的污染物是否超过环境容量；又如审批其他建设项目时，要掌握国家的产业政策，对国家明令禁止的“十五土小”污染项目，要坚决予以拒批。二是审查建设项目报告表（登记表）时，对有污染的项目要按照环境标准和功能区划要求，提出污染物排放等控制标准值。三是要结合推行清洁生产促进法，对新建项目的生产工艺过程进行严格审查，及时提出全过程控制的要求。四是对有重点污染物排放的新建项目提出明确的要求。五是加强对建设项目实施过程中配套污染治理设施的监督检查，发现配套治理设施不能保证达到排放标准的问题，要立即纠正，防止建设项目投产后因污染处理设施不配套而出现污染问题。

3. 在污染源监督管理中的应用

（1）环境标准在污染物浓度控制与总量控制上的应用。一是按照环境标准，对年度区域确定的污染控制目标及各污染点源排放污染物的种类、浓度及数量进行归类汇总；二是对区域环境目标及污染控制指标进行评价。

（2）环境标准在污染治理设施监督管理上的应用。对现有排污企业的管理，应依照环境标准看其排放的污染物是否符合排放标准限值，如监督管理有煤烟型污染的企业，不仅要看其排放烟尘浓度值是否达标，还要看烟囱高度是否符合要求，看其烟尘排放过剩空气系数是否符合烟尘排放标准要求，若过剩空气系数超过限值，烟尘排放浓度换算为总量仍可能超标。对出现的类似情况，应根据环境功能区划和污染物排放标准，对环境功能区污染控制总量及浓度限值进行分析，科学地提出区域产业结构调整或更新、改造污染治理设施的建议。

4. 在城市环境综合整治定量考核中的应用

自20世纪90年代初，国家对城市环境保护工作的考核，重点是定量考核城市环境综合整治中的环境质量、污染控制、环境建设、环境管理四个方面24项指标。其中，用环境质量标准和污染控制标准进行评价检验的有9项指标。在环境质量指标值考核评价上，重点关注是否通过综合整治使区域环境质量指标符合对应的环境功能区。要防止只看“达标率”或“指标值”，不对应环境功能区的做法。在污染控制指标值的考核评价上，仍应注意防止类似考核环境质量上出现的问题。

思考题

1. 环境管理过程涉及的主要技术手段包括哪些？请简要说明。
2. 常用的环境预测的方法包括哪些？简述环境预测的基本程序。
3. 简述环境监测的程序及落实方法。
4. 风险型环境决策方法包括哪些？
5. 简述环境统计的作用及环境审计对象。
6. 简述环境管理信息系统的意义、作用及构成。

第 4 章　环境规划与管理的体制、法律体系与制度

环境规划与管理的体制、法律体系与制度是环境规划与管理措施能够顺利有效实施的重要保障，并能为后续环境规划工作提供借鉴和指导。本章将主要阐明环境管理体制、环境保护法律体系、环境管理方针、环境管理政策和环境管理制度等。

4.1 环境管理体制

世界各国对其环境监督管理体制的建立都相当重视，但由于具体国情的不同，所处的阶段不同，其模式也不完全相同，主要有以下几种类型：

（1）第一种类型是由已有的行政部委兼负环境保护职责。这种模式主要存在于一些发展中国家或环境问题不是很突出的国家。由于这一模式没有专门设立环境保护机构，而是由有关机关分别在其部门、行业范围内行使环境监督管理权，因而在环境问题突出的国家，这种模式不能适应环境保护的需要。

（2）第二种类型是设立一个协调机构——委员会。委员会由有关部门的领导组成。如在 20 世纪 70 年代，日本曾设公害对策特别委员会，联邦德国设立联邦内阁环境委员会，澳大利亚设环境委员会等。

（3）第三种类型是成立行政专门机构。如 1970 年英国、加拿大成立了环境部；1971 年丹麦设立了环境保护部；1974 年联邦德国设立了环境局等。

（4）第四种类型是设立一个比一般部委权限更大的行政机构。这种机构的权限比一般部委大，或者由政府首脑兼任该机构的领导。这种类型主要存在于环境问题特别严重的国家，如美国在总统执行署设立环保局，日本设立由国务大臣任长官的环境厅。

（5）第五种类型是几种机构同时并设。一方面设立综合性的环境保护机构，同时又由有关部门负责本部门的污染防治和资源管理工作。法国、意大利、比利时、瑞典以及日本、美国等国家都是采用这一模式。如美国除在总统执行署设立环保局外，还在内务部、商业部、卫生教育福利部等部门设立相应的环境与资源管理机构。

中国环境保护和管理的体制是由全国人民代表大会立法监督、各级政府负责实施、环境保护行政主管部门统一监督管理、各有关部门依照法律规定实施监督管理的体制。《环境保护法》是中国环保事业的代表性法律之一，其关于我国环境保护监督管理体制的规定贯彻了“统一管理、分工负责”的原则，确立了统一监督管理与分级、分部门相结合的环境保护监督管理体制。

《环境保护法》第十条明确规定：“国务院环境保护主管部门，对全国环境保护工作实

施统一监督管理；县级以上地方人民政府环境保护主管部门，对本行政区域环境保护工作实施统一监督管理。县级以上人民政府有关部门和军队环境保护部门，依照有关法律的规定对资源保护和污染防治等环境保护工作实施监督管理。”

4.1.1　我国环境管理体制的产生和演变

4.1.1.1　起始阶段（1971—1997 年）

新中国成立之后二十余年间，我国经济发展水平较低，由此引发的环境问题并不严重，并且受意识形态影响将环境污染简单认定为是资本主义国家的公害，致使这一阶段中国虽然采取了一些环保措施，但是并无明确清晰的环保机构、环保法律和环保意识。1971 年，我国成立环境保护办公室，一般认为这是中国环境管理体制由此起步，随后全国环境保护会议也顺利召开。1974 年，国务院成立了环境保护领导小组并对全国的环境保护工作负责。1979 年 9 月，我国的第一部环境保护法律颁布，标志着我国的环境保护工作正式有了相应的法律依据。除此之外，我国还逐步升格了环境保护领导小组，成立了环境保护局、环境保护委员会等环境保护机构。但是，从 1971 年成立环境保护办公室到 1988 年国家环保局从城乡建设环境保护部划分出来成为国务院直属机构，在这 17 年间我国的环境保护机构一直处于临时性、非正式和不独立的状态。在整个 20 世纪 80 年代到 90 年代初，我国制定并颁布了一系列的环境保护法律和法规，初步形成了较为系统完善的环境保护法规体系，我国的环境保护工作开始有了较为全面的法律依据。其中最为重要的是 1989 年颁布的《环境保护法》规定国家环保局对全国的环境保护工作实行统一监督管理，奠定了我国环境管理体制的法律基础。此后，在 1994 年国务院又提出了我国人口、环境和发展的总体性战略规划和具体的行动方案。由此可见，从 1971—1997 年我国的环境保护意识已经觉醒，环境管理机构经历了从托管机构到内设机构再到独立机构的转变，环境保护法律也经历了从无到有、从欠缺到完备的转变，中国的环境管理体制实现了从无到有的变迁。

4.1.1.2　发展阶段（1998—2008 年）

改革开放之后，中国生产力水平实现了质的飞跃，同时一系列环境问题也应运而生。在这一时期中国的环境管理体制进一步发展完善，1998 年国家环境保护局升格成了国家环境保护总局，环保机构由副部级升格为正部级，撤销了国务院环境保护委员会并将国家核安全管理局划归国家环境保护总局。除此之外，在这一时期国务院发布了大量的关于生态环境保护的规范性文件，如《国家生态安全大纲》《全国生态环境保护纲要》等，这些规范性文件的出台为我国的环境保护机构履行环境保护职能提供了相应的政策依据。从 2003 年 7 月提出全面协调可持续的科学发展观，到 2007 年科学发展观被写入中国共产党党章，整个社会对生态文明建设重要性的认识迅速提升。在 2008 年的国务院大部制改革中撤销了国家环保总局设立环境保护部，环境保护部正式成为国务院组成部门。种种行动表明在这一阶段中国环境管理体制的变迁主要体现在环境管理机构地位的不断提升和职责的不断强化，国家环境管理理念的科学化和管理政策的规范化水平不断提升。因此，在这一阶段我国的环境管理体制实现了从欠缺到完善的变迁。

4.1.1.3　深化阶段（2009 年至今）

2008 年环境保护部成立以后，中国的环境管理体制进入了深化发展阶段，环境保护部履行着对全国环境工作统一管理的职权，并可以直接参与制定环境保护方面的相关决策。除乡镇政府以外，各级地方人民政府中均设有相应的环保部门，履行本辖区内的环境保护职权。与此同时，其他各级行政职能部门，例如农业部门、国土资源部门等，也依照有关法律的规定拥有一定的环境保护职权。这种环境管理的组织体制充分体现了中国环境管理工作全面性和复杂性并存的特征，并且较好地适应了中国环境问题形势严峻和错综复杂的特点，有利于对全国的环境污染实行高效统一的集中管理和分散的专业化治理。

2009年，环境保护部组建了12个环境督查中心与核辐射安全监督站，形成了辐射全国的环境安全管理网络。2009年6月，全国已有数十个省级环保部门由“局”改成“厅”并成为地方政府的组成部门。此后，2012年中国公布了更为严厉的节能减排工作方案，为中国的节能减排工作制定了详细的任务与目标，同年生态文明建设也被纳入“五位一体”的全面建成小康社会的总体战略布局。在这一时期，环境信息公开制度、湖长制、河长制、林长制等环境管理创新也如雨后春笋般在全国各地得到迅速推广。2015年，习近平总书记提出了“创新、协调、绿色、开放、共享的发展理念”，与此同时，“绿水青山就是金山银山”的“两山论”以及“共抓大保护、不搞大开发”等掷地有声的著名论断也越来越深入人心。在2017年10月召开的中国共产党第十九次全国代表大会上，习近平总书记将污染防治攻坚战列为全面建成小康社会的三大攻坚战之一，污染防治攻坚战获得了前所未有的重视。此后由于我国环境管理体制中拥有环境管理职权的机构存在职权交叉、机构重叠的情况，因此在2018年3月的国务院政府机构改革中对拥有环境管理职权的机构进行了裁撤与重组，组建了新的生态环境部。总体而言，在这一时期我国的环境管理体制变迁主要体现在整个社会的环保理念空前加强、环境管理的组织机构进一步完善，我国的环境管理体制进入了深化发展阶段。

4.1.2 我国现行环境管理体系

作为发展中国家，我国现行环境管理体系主要分为生态环境部和其他部门环境管理体系。

4.1.2.1 中华人民共和国生态环境部

生态环境部是中国政府管理环境的行政机关，下设环境规划、科研、教育宣传、自然保护、大气污染防治、水污染防治、政策立法、标准、固体废物管理、放射性物质管理、有毒物质管理、外事活动与行政事务等机构。另外，还设有直属单位，如中国环境科学研究院、中国环境监测总站、中国环境报社和中国环境出版集团有限公司等机构。各省（自治区、直辖市）和计划单列市建有生态环境厅；各省辖市、地区及县、县级市均有生态环境局或专职机构，具体领导当地环保工作。在该系统，地方环境保护机构一般受地方政府和上一级环境保护局的双重领导。

4.1.2.2 其他部门环境管理体系

部门环境管理体系，即中央政府其他有关部门大多已建相应环保机构以承担环境管理工作，例如，水利部负责水资源的保护，农业部负责农业环境和水生生物的保护，林业局负责森林资源和野生动植物的保护，工业和信息化部建有以节能和资源化利用、清洁生产为目的的职能机构，国家生态环境部与本系统及其他部委的环境保护机构之间，主要是指导、协调工作的关系。即我国的环境管理已基本形成体系化、网络化的格局。国务院环境保护委员会是我国环境管理体系的最高领导机构，各地方及各部、委、局的环境保护委员会是本地方、本系统环境管理的领导机构。地方、部门的环境保护委员会大多设有相应办事机构，具体承担前述管理工作。

4.1.3　我国环境管理主要机构

4.1.3.1　全国人大环境与资源保护委员会

全国人民代表大会的专门委员会之一。1993 年 3 月，第八届全国人民代表大会第一次会议决定设立全国人大环境保护委员会。1994 年 3 月，八届全国人大二次会议决定，全国人大环境保护委员会改为全国人大环境与资源保护委员会。

全国人大环境与资源保护委员会在全国人大及其常委会的领导下，研究、审议和拟定相关议案。具体职责有：

（1）审议全国人大主席团或者全国人大常委会交付的议案。

（2）向全国人大主席团或者全国人大常委会提出属于全国人大或者全国人大常委会职权范围内同本委员会有关的议案。

（3）审议全国人大常委会交付的被认为同宪法、法律相抵触的国务院的行政法规、决定和命令，国务院各部、各委员会的命令、指示和规章，省、自治区、直辖市的人民政府的决定、命令和规章，提出报告。

（4）审议全国人大主席团或者全国人大常委会交付的质询案，听取受质询机关对质询案的答复，必要的时候向全国人大主席团或者全国人大常委会提出报告。

（5）对属于全国人大或者全国人大常委会职权范围内同本委员会有关的问题，进行调查研究，提出建议。协助全国人大常委会行使监督权，对法律和有关法律问题的决议、决定贯彻实施的情况，开展执法检查，进行监督。

4.1.3.2　中华人民共和国生态环境部

中华人民共和国生态环境部是国务院环境保护行政主管部门，对全国环境保护工作实施统一监督管理。中华人民共和国生态环境部是国务院的直属机构，是正部级单位，主要职责如下：

（1）负责建立健全生态环境基本制度。会同有关部门拟订国家生态环境政策，规划并组织实施，起草法律法规草案，制定部门规章。会同有关部门编制并监督实施重点区域、流域、海域、饮用水水源地生态环境规划和水功能区划，组织拟订生态环境标准，制定生态环境基准和技术规范。

（2）负责重大生态环境问题的统筹协调和监督管理。牵头协调重特大环境污染事故和生态破坏事件的调查处理，指导协调地方政府对重特大突发生态环境事件的应急、预警工作，牵头指导实施生态环境损害赔偿制度，协调解决有关跨区域环境污染纠纷，统筹协调国家重点区域、流域、海域生态环境保护工作。

（3）负责监督管理国家减排目标的落实。组织制定陆地和海洋各类污染物排放总量控制、排污许可证制度并监督实施，确定大气、水、海洋等纳污能力，提出实施总量控制的污染物名称和控制指标，监督检查各地污染物减排任务完成情况，实施生态环境保护目标责任制。

（4）负责提出生态环境领域固定资产投资规模和方向、国家财政性资金安排的意见，按国务院规定权限审批、核准国家规划内和年度计划规模内固定资产投资项目，配合有关部门做好组织实施和监督工作。参与指导推动循环经济和生态环保产业发展。

(5) 负责环境污染防治的监督管理。制定大气、水、海洋、土壤、噪声、光、恶臭、固体废物、化学品、机动车等的污染防治管理制度并监督实施。会同有关部门监督管理饮用水水源地生态环境保护工作，组织指导城乡生态环境综合整治工作，监督指导农业面源污染治理工作。监督指导区域大气环境保护工作，组织实施区域大气污染联防联控协作机制。

(6) 指导协调和监督生态保护修复工作。组织编制生态保护规划，监督对生态环境有影响的自然资源开发利用活动、重要生态环境建设和生态破坏恢复工作。组织制定各类自然保护地生态环境监管制度并监督执法。监督野生动植物保护、湿地生态环境保护、荒漠化防治等工作。指导协调和监督农村生态环境保护，监督生物技术环境安全，牵头生物物种（含遗传资源）工作，组织协调生物多样性保护工作，参与生态保护补偿工作。

(7) 负责核与辐射安全的监督管理。拟订有关政策、规划、标准，牵头负责核安全工作协调机制有关工作，参与核事故应急处理，负责辐射环境事故应急处理工作。监督管理核设施和放射源安全，监督管理核设施、核技术应用、电磁辐射、伴有放射性矿产资源开发利用中的污染防治。对核材料管制和民用核安全设备设计、制造、安装及无损检验活动实施监督管理。

(8) 负责生态环境准入的监督管理。受国务院委托对重大经济和技术政策、发展规划以及重大经济开发计划进行环境影响评价。按国家规定审批或审查重大开发建设区域、规划、项目环境影响评价文件。拟订并组织实施生态环境准入清单。

(9) 负责生态环境监测工作。制定生态环境监测制度和规范、拟订相关标准并监督实施。会同有关部门统一规划生态环境质量监测站点设置，组织实施生态环境质量监测、污染源监督性监测、温室气体减排监测、应急监测。组织对生态环境质量状况进行调查评价、预警预测，组织建设和管理国家生态环境监测网和全国生态环境信息网。建立和实行生态环境质量公告制度，统一发布国家生态环境综合性报告和重大生态环境信息。

(10) 负责应对气候变化工作。组织拟订应对气候变化及温室气体减排重大战略、规划和政策。与有关部门共同牵头组织参加气候变化国际谈判。负责国家履行联合国气候变化框架公约相关工作。

(11) 组织开展中央生态环境保护督察。建立健全生态环境保护督察制度，组织协调中央生态环境保护督察工作，根据授权对各地区各有关部门贯彻落实中央生态环境保护决策部署情况进行督察问责。指导地方开展生态环境保护督察工作。

(12) 统一负责生态环境监督执法。组织开展全国生态环境保护执法检查活动，查处重大生态环境违法问题。指导全国生态环境保护综合执法队伍建设和业务工作。

(13) 组织指导和协调生态环境宣传教育工作，制定并组织实施生态环境保护宣传教育纲要，推动社会组织和公众参与生态环境保护。开展生态环境科技工作，组织生态环境重大科学研究和技术工程示范，推动生态环境技术管理体系建设。

(14) 开展生态环境国际合作交流，研究提出国际生态环境合作中有关问题的建议，组织协调有关生态环境国际条约的履约工作，参与处理涉外生态环境事务，参与全球陆地和海洋生态环境治理相关工作。

（15）完成党中央、国务院交办的其他任务。

（16）职能转变。生态环境部要统一行使生态和城乡各类污染排放监管与行政执法职责，切实履行监管责任，全面落实大气、水、土壤污染防治行动计划，大幅减少进口固体废物种类和数量直至全面禁止洋垃圾入境。构建政府为主导、企业为主体、社会组织和公众共同参与的生态环境治理体系，实行最严格的生态环境保护制度，严守生态保护红线和环境质量底线，坚决打好污染防治攻坚战，保障国家生态安全，建设美丽中国。

随着国家层面环境保护机构的不断完善，同时也召开了很多重要的会议，为我国环境保护工作的开展起到了重要的推动作用，最具有代表性的就是全国生态保护大会。1973—2018 年，中国先后召开过八次环境保护会议（大会）。第一次全国环境保护会议于 1973 年 8 月 5—20 日在北京组织召开，揭开了中国环境保护事业的序幕。会议确定了环境保护的“三十二字方针”，即“全面规划、合理布局、综合利用、化害为利、依靠群众、大家动手、保护环境、造福人民”。1983 年 12 月 31 日，国务院召开第二次全国环境保护会议，将环境保护确立为基本国策。第三次全国环境保护会议于 1989 年 4 月 28 日至 5 月 1 日在北京举行，会议评价了当前的环境保护形势，总结了环境保护工作的经验，提出了新的五项制度，加强制度建设，以推动环境保护工作上一新的台阶。1996 年 7 月，国务院召开第四次全国环境保护会议，提出保护环境是实施可持续发展战略的关键，保护环境就是保护生产力。2002 年 1 月 8 日，国务院召开第五次全国环境保护会议，提出环境保护是政府的一项重要职能，要按照社会主义市场经济的要求，动员全社会的力量做好这项工作。会议的主题是贯彻落实国务院批准的《国家环境保护“十五”计划》，部署“十五”期间的环境保护工作。第六次全国环境保护大会于 4 月 17 日在北京召开。中共中央政治局常委、国务院总理温家宝出席会议并发表重要讲话。2011 年 12 月 20 日召开第七次全国环境保护大会，会议提出，环境是重要的发展资源，良好环境本身就是稀缺资源，要全面贯彻落实中央经济工作会议精神，按照“十二五”发展主题主线的要求，坚持在发展中保护、在保护中发展，把环境保护作为稳增长转方式的重要抓手，把解决损害群众健康的突出环境问题作为重中之重，把改革创新贯穿于环境保护的各领域各环节，积极探索代价小、效益好、排放低、可持续的环境保护新道路，实现经济效益、社会效益、资源环境效益的多赢，促进经济长期平稳较快发展与社会和谐进步。2018 年 5 月 18 日召开第八次全国环境保护大会。大会对推进生态文明建设、解决生态环境问题，打好污染防治攻坚战做出部署，动员全党全国全社会一起动手，推动我国生态文明建设迈上新台阶。会议提出生态文明建设是关系中华民族永续发展的根本大计，还提出了新时代推进生态文明建设必须坚持的六大原则。

4.1.3.3　国务院其他与环境保护相关的部门机构

国务院所属的综合部门、资源管理部门和工业部门中也设立环境保护机构，负责相应的环境与资源保护工作，相关的部门主要有：发展改革委（环资司）、科学技术部（社会发展科技司）、农业农村部（科技教育司）、住房和城乡建设部（城市建设司、村镇建设司、建筑节能与科技司）、交通运输部（综合规划司）、水利部（水资源管理司、河湖管理司、水土保持司、监督司）、司法部（立法四局）、全国绿化委员会办公室、审计署（自然资源和生态环境审计司）、自然资源部（国土空间生态修复司、自然资源调查监测司）、国家林业和草原局等。

4.1.3.4 中国环境与发展国际合作委员会

中国环境与发展国际合作委员会（简称“国合会”）成立于1992年，是经中国政府批准的非营利、国际性高层政策咨询机构。伴随中国经济和社会的快速发展，国合会见证并参与了中国发展理念和发展方式的历史性变迁，在中国可持续发展进程中发挥了独特而重要的作用。国合会持续关注中国环境与发展核心问题，更多地体现了中国和国际社会共同关切环境问题，推动开展国际先进理念和中国绿色发展实践双向互动，深化和拓展合作伙伴关系。

4.1.3.5 地方环境管理机构

地方省、市人民代表大会也相应设立了环境与资源保护机构。省、市、县、镇（乡）人民政府也相继设立了环境保护行政主管部门，对本辖区的环境保护工作实施统一监督管理。各级地方政府的综合部门、资源管理部门和工业部门也设立了环境保护机构，负责相应地方的环境与资源保护工作。

4.1.4 环境监督管理的范围

环境规划与管理是以环境与经济协调发展为前提，对人类的社会经济活动进行引导并加以约束，使人类社会经济活动与环境承载力相适应，因此，环境规划与管理的对象主要是人类的社会经济活动。人类社会经济活动的主体大体可以分为三个方面。

1. 个人

个人作为社会经济活动的主体，主要是指个体的人为了满足自身生存和发展的需要，通过生产劳动或购买去获得用于消费的物品和服务。要减轻个人的消费行为对环境的不良影响，首先必须明确，个人行为是环境规划和管理的主要对象之一。为此在唤醒公众的环境意识的同时，还要采取各种技术和管理的措施。

2. 企业

企业作为社会经济活动的主体，其主要目标通常是通过向社会提供产品或服务来获得利润。无论企业的性质有何不同，在它们的生产过程中，都必须要向自然界索取自然资源，并将其作为原材料投入生产活动中，同时排放出一定数量的污染物。企业行为是环境规划与管理的又一重要对象。

3. 政府

政府作为社会经济活动的主体，其行为同样会对环境产生影响。其中特别值得注意的是宏观调控对环境所产生的影响具有极大的特殊性，既牵涉面广，影响深远又不易察觉。由此可见，作为社会经济行为主体的政府，其行为对环境的影响是复杂的、深刻的。既有直接的一面，又有间接的一面；既可以有重大的正面影响，又可能有巨大的难以估计的负面影响。要解决政府行为所造成和引发的环境问题，关键是促进宏观决策的科学化。

4.2 环境保护法律体系

环境保护相关法律体系类型众多，各法律体系侧重点和设计内容各有不同，但总的目的是保护人类赖以生存的环境。中国的环境保护法律体系是以宪法为基础，衍生出许多类型的相关法律，协同作用，发挥保护环境的作用。

4.2.1　环境保护法的基本原则

环境保护法的基本原则是指为环保法所遵循、确认和体现并贯穿于整个环保法之中，具有普遍指导意义的环境保护基本方针、政策，是对环境保护实行法律调整的基本准则，是环境保护法本质的集中体现。

环保法的基本原则有：

1. 环境保护与社会经济协调发展的原则

该原则是指正确处理环境、社会、经济发展之间的相互依存、相互促进、相互制约的关系，在发展中保护，在保护中发展，坚持经济建设、城乡建设、环境建设同步规划、同步实施、同步发展，实现经济、社会、环境效益的统一。

2. 预防为主、防治结合、综合治理的原则

该原则是指预先采取防范措施，防止环境问题及环境损害的发生；在预防为主的同时，对已经形成的环境污染和破坏进行积极治理。用较小的投入取得较大的效益而采取多种方式、多种途径相结合的办法，对环境污染和破坏进行整治，以提高治理效果。如合理规划、调整工业布局、加强企业管理、开发综合利用等。

3. 污染者治理、开发者保护的原则

该原则也称“谁污染谁治理，谁开发谁保护”的原则，是明确规定污染和破坏环境与资源者承担其治理和保护的义务及其责任。

4. 政府对环境质量负责的原则

地方各级人民政府对本辖区环境质量负有最高的行政管理职责，有责任采取有效措施，改善环境质量，以保障公民人身权利及国家、集体和个人的财产不受环境污染和破坏的损害。

5. 依靠群众保护环境的原则

该原则也称环境保护的民主原则，是指人民群众都有权利和义务参与环境保护和环境管理，进行群众性环境监督的原则。

4.2.2　我国环境法体系

我国环境法体系是以宪法关于环境保护的法律规定为基础，以环境保护基本法为主干，由防治污染、保护资源和生态等一系列单行法规、相邻部门法中有关环境保护法律规范、环境标准、地方环境法规以及涉外环境保护的条约协定所构成。具体结构框架如图 4.1 所示。

4.2.2.1　宪法中关于环境保护的法律规定

宪法是国家的根本大法。宪法关于保护环境资源的规定在整个环境法体系中具有最高法律地位和法律权威，是环境立法的基础和根本依据。包括我国在内的许多国家在宪法中都对环境保护做了原则性规定。如我国《宪法》第二十六条规定：“国家保护和改善生活环境和生态环境，防治污染和其他公害。国家组织和鼓励植树造林，保护林木。”

4.2.2.2　环境保护基本法

环境保护基本法是环境法体系中的主干，除宪法外占有核心地位。环境保护基本法是一种实体法与程序法结合的综合性法律。对环境保护的目的、任务、方针政策、基本原

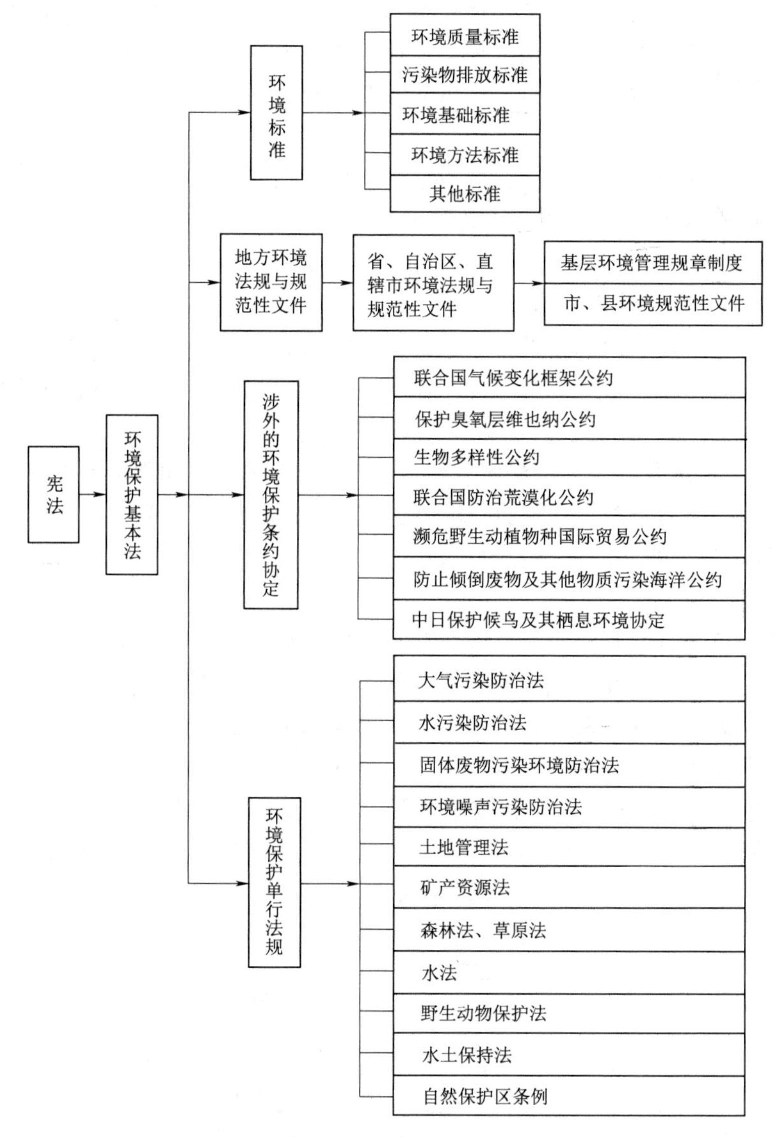

图 4.1 我国环境法体系示意

则、基本制度、组织机构、法律责任等作了主要规定。

我国的《环境保护法》、美国的《国家环境政策法》、日本的《环境基本法》等都是环境保护的综合性法律。这些法律通常对环境法的基本问题，如适用范围、组织机构、法律原则与制度等做出了原则规定。因此，它们居于基本法的地位，成为制定环境保护单行法的依据。

4.2.2.3 环境保护单行法规

环境保护单行法是针对某一特定的环境要素或特定的环境社会关系进行调整的专门性法律法规，如《水污染防治法》《大气污染防治法》等。相对于基本法——母法来说，也可称它们为子法。这些专项的法律法规，通常以宪法和环境保护基本法为依据，是宪法和环境保护基本法的具体化。因此，环境保护单行法的有关规定一般都比较具体细致，是进行环境管理、处理环境纠纷的直接依据。在环境法体系中，环境保护单行法具有量多面广的特点，是环境法的主体部分，主要由以下几个方面的立法构成。

1. 土地利用规划法

土地利用规划法包括国土整治、城市规划、村镇规划等法律法规。目前我国已经颁布的有关法律、法规主要有《中华人民共和国城乡规划法》《村庄和集镇规划建设管理条例》等。

2. 环境污染和其他公害防治法

由于环境污染是环境问题中最突出、最尖锐的部分，所以污染防治是我国环境法体系的主要部分和实质内容所在，基本上属小环境法体系，如水、气、声、固废等污染防治法。目前，我国已经颁布的此类单行法律、法规主要有《中华人民共和国大气污染防治法》《中华人民共和国水污染防治法实施细则》《中华人民共和国海洋环境保护法》《中华人民共和国环境噪声污染防治法》《固体废物污染环境防治法》《中华人民共和国放射性污染防治法》《淮河流域水污染防治暂行条例》等。

3. 自然资源保护法

这类法规制定的目的是保护自然环境和自然资源免受破坏，以保护人类的生命维持系统，保存物种遗传的多样性，保证生物资源的永续利用，如土地资源保护法、矿产资源保护法、水资源保护法、森林资源保护法、草原资源保护法、渔业资源保护法等。目前，我国已经颁布的有关法律、法规主要有《中华人民共和国土地管理法》《中华人民共和国土地管理法实施条例》《中华人民共和国矿产资源法》《中华人民共和国矿产资源法实施细则》《矿产资源开采登记管理办法》《中华人民共和国水法》《中华人民共和国森林法》《中华人民共和国森林法实施条例》《中华人民共和国渔业法》《中华人民共和国渔业法实施细则》《基本农田保护条例》《土地复垦条例》《取水许可和水资源费》《森林防火条例》《草原防火条例》。

4. 生态保护法

生态保护法包括野生动植物保护法、水土保持法、湿地保护法、荒漠化防治法、海洋带保护法、绿化法以及风景名胜、自然遗迹、人文遗迹等特殊景观保护法等。目前，我国已经颁布的有关法律、法规主要有《中华人民共和国野生动物保护法》《中华人民共和国陆生野生动物保护实施条例》《中华人民共和国水生野生动物保护实施条例》《中华人民共和国水土保持法》《中华人民共和国水土保持法实施条例》《中华人民共和国水土保持法实施条例》《中华人民共和国野生植物保护条例》《中华人民共和国自然保护区条例》《风景名胜区条例》。

5. 其他部门法中关于环境保护的法律规范

由于环境保护的广泛性，专门环境立法尽管在数量上十分庞大，但仍然不能对涉及环境的社会关系全部加以调整。所以我国环境法体系中也包括了其他部门法如行政法、民法、刑法、经济法中有关环境保护的一些法律规范，它们也是环境法体系的重要组成部分。例如，《治安管理处罚法》第五十八条规定："违反关于社会生活噪声污染防治的法律规定，制造噪声干扰他人正常生活的，处警告；警告后不改正的，处 200 元以上 500 元以下罚款。”第六十三条规定：“刻划、涂污或者以其他方式故意损坏国家保护的文物、名胜古迹的，处警告或者200元以下罚款；情节较重的，处5日以上10日以下拘留，并处200元以上500元以下罚款。”又如，《民法通则》第八十三条关于不动产相邻关系的规定，第一百二十三条关于高度危险作业侵权的规定，第一百二十四条关于环境污染侵权的规定；《刑法》第六章第六节关于“破坏环境资源保护罪”的规定等；《对外合作开采海洋石油资源条例》第二十二条关于作业者、承包者在实施石油作业中应当保护渔业资源和其他自然资源，防止对大气、海洋、河流、湖泊、陆地等环境的污染和损害的规定等；均属于环境法体系的重要组成部分。

4.2.3 环境标准

环境标准是环境法体系的特殊组成部分。环境标准是国家为了维护环境质量，控制污染，保护人体健康、社会财富和生态平衡而制定的具有法律效力的各种技术指标和规范的总称。它不是通过法律条文规定人们的行为规则和法律后果，而是通过一些定量化的数据、指标、技术规范来表示行为规范的界限，来调整人们的行为。

环境标准的制定同法规一样，需经国家立法机关的授权，由相关行政机关按照法定程序制定和颁布。

环境标准的实施与监督是环境标准化工作的重要内容。环境标准发布后，各有关部门都必须严格执行，任何单位不得擅自更改或降低标准；各级环境保护行政主管部门，要为实施环境标准创造条件，制定实施计划和措施，充分运用环境监测等手段，监督、检查环境标准的执行；对因违反标准造成不良后果或重大事故者，要依法追究其法律责任。

4.2.3.1 生态环境标准的效力

国家和地方生态环境质量标准、生态环境风险管控标准、污染物排放标准和法律法规规定强制执行的其他生态环境标准，以强制性标准的形式发布。法律法规未规定强制执行的国家和地方生态环境标准，以推荐性标准的形式发布。

强制性生态环境标准必须执行。

推荐性生态环境标准被强制性生态环境标准或者规章、行政规范性文件引用并赋予其强制执行效力的，被引用的内容必须执行，推荐性生态环境标准本身的法律效力不变。

4.2.3.2 环境标准的作用和意义

环境标准同环境保护法规相配合，在国家环境管理中起着重要作用。从环境标准的发展历史来看，它是在和环境保护法规相结合的同时发展起来的。最初，是在工业密集、人口集中、污染严重的地区，在制定污染控制的单行法规中，规定主要污染物的排放标准。20世纪50年代以后，发达国家的环境污染已经发展成为全国性公害，在加强环境保护立法的同时，开始制定全国性的环境标准，并且逐渐发展成为具有多层次、多形式、多用途的完整的环境标准体系，成为环境保护法体系中不可缺少的部分，具有重要作用和意义。

环境标准是判断环境质量和衡量环保工作优劣的准绳，是制定环境规划与管理的技术基础及主要依据，环境标准既是环境保护和有关工作的目标，又是环境保护的手段。环境标准是环境保护法律、法规制定与实施的重要依据。环境标准是用具体的数值来体现环境质量和污染物排放应控制的界限。环境问题的诉讼、排污费的收取、污染治理的目标等执法依据都是环境标准，环境标准是组织现代化生产、推动环境科学技术进步的动力。实施环境标准迫使企业对污染进行治理，更新设备，采用先进的无污染、少污染工艺，进而实现资源和能源的综合利用等。

4.2.3.3　我国环境标准体系

环境标准体系是指根据环境标准的性质、内容、功能以及它们之间的内在联系，将其进行分类、分级，构成一个有机联系的统一整体。截至 2005 年 4 月 10 日，我国已经制定各类环境标准 486 项，其中，国家标准 357 项，环境保护行业标准 129 项；强制性标准 117 项，推荐性标准 369 项；环境质量标准 11 项，污染物排放标准 104 项，环境方法标准 315 项，环境基础标准 10 项，其他标准 46 项。另有地方环境标准 1000 余项。我国现行环境标准体系见表 4.1。

表 4.1　我国现行环境标准体系

按控制因子分类	环境质量标准	污染物排放标准	环境基础标准	环境方法标准	其他	合计
水环境质量标准	5	20	4	138		167
大气环境标准	2	21	3	102	1	129
固体废物与化学品		31	1	15	3	50
声学环境标准	2	8	1	6	2	19
土壤环境标准	2		1	10		13
放射性与电磁辐射		24		44		68
生态环境					6	6
其他					34	34
合计	11	104	10	315	46	486

4.2.3.4　地方环境法规

地方环境法规是各省、自治区、直辖市根据我国环境法律或法规，结合本地区实际情况而制定并经地方人大审议通过的法规。地方环境法规突出了环境管理的区域性特征，有利于因地制宜地加强环境管理，是我国环境保护法规体系的组成部分。国家已制定的法律、法规，各地可以因地制宜地加以具体化。国家尚未制定的法律、法规，各地可根据环境管理的实际需要，制定地方法规予以调整。

4.2.3.5　涉外环境保护的条约协定

国际环境法不是国内法，不是我国环境法体系的组成部分。但是我国缔结参加的双边与多边的环境保护条约协定，是我国环境法体系的组成部分。如《中日保护候鸟及其栖息环境协定》《保护臭氧层维也纳公约》《联合国气候变化框架公约》《生物多样性公约》《联合国防治荒漠化公约》《濒危野生动植物种国际贸易公约》《防止倾倒废物及其他物质污染海洋公约》《中日保护候鸟及其栖息环境协定》等。

我国积极开展环境外交，参与各项重大的国际环境事务，在国际环境与发展领域发挥着越来越大的作用。1980 年以来，我国政府已签署并批准了 37 个国际环境保护公约，这些签署并批准的国际环境公约和协定，具有法律效力，负有相应的国际义务，不仅是我国环境法规体系的重要组成部分，而且也敦促我国进一步加快立法工作，以跟上国际标准，同国际环境保护的要求接轨。

4.2.4 环境法律责任

4.2.4.1 违反环境法律的行政责任

环境行政责任是指违反环境法和国家行政法规中有关环境行政义务的规定者所应当承担的行政方面的法律责任。这种法律责任又可分为行政处分和行政处罚两类。

1. 行政处分

行政处分是指国家机关、企业、事业单位依照行政隶属关系，根据有关法律法规，对在保护和改善环境，防治污染和其他公害中有违法、失职行为，但尚不够刑事惩罚的所属人员的一种制裁。

环境保护法规定的行政处罚，主要是针对各级政府及有关环境保护部门工作人员。如《环境保护法》第六十七条规定："上级人民政府及其环境保护主管部门应当加强对下级人民政府及其有关部门环境保护工作的监督。发现有关工作人员有违法行为，依法应当给予处分的，应当向其任免机关或者监察机关提出处分建议。依法应当给予行政处罚，而有关环境保护主管部门不给予行政处罚的，上级人民政府环境保护主管部门可以直接作出行政处罚的决定。"

行政处分由国家机关或单位依据相关的法律对其下属人员实施，包括警告、记过、记大过、降级、降职、留用察看、开除七种。

2. 行政处罚

行政处罚是行政法律责任的一个主要类型，它是指国家特定的行政管理机关依照法律规定的程序，对犯有轻微的违法行为者所实施的一种处罚，是行政强制的具体表现。行政处罚的对象是一切违反环境法律法规，应承担行政责任的公民、法人或者其他组织。行政处罚的依据是国家的法律、行政法规、行政规章、地方性法规。行政处罚的形式由各项环境保护法律、法规或者规章，根据环境违法行为的性质和情节规定。就环境法来说主要是警告、罚款、没收财物、取消某种权利、责令支付整治费用和消除污染费用、责令赔偿损失、剥夺荣誉称号等。

4.2.4.2 环境污染损害的民事赔偿责任

环境民事责任是指单位或个人因污染危害环境而侵害了公共财产或他人人身、财产所应承担的民事方面的责任。

《环境保护法》第六十四条规定："因污染环境和破坏生态造成损害的，应当依照《中华人民共和国侵权责任法》的有关规定承担侵权责任。"《水污染防治法》《大气污染防治法》《固体废物污染环境防治法》《噪声污染防治法》等都做了类似规定，这些都是环境民事责任的法律依据。在人们行为中只要有污染和破坏环境的行为，并造成了损害后果，损失的行为与损害后果之间存在因果关系就要承担环境民事责任。

环境民事责任的种类主要有排除侵害、消除危险、恢复原状、返还原物、赔偿损失和收缴、没收非法所得及进行非法活动的器具、罚款等。

上述责任种类可以单独适用，也可以合并适用。其中因侵害人体健康或生命而造成财产损失的，根据《民法通则》第一百一十九条的规定，其赔偿范围是："侵害公民身体造成伤害的，应当赔偿医疗费、因误工减少的收入、残废者生活补助费等费用；造成死亡的，并应当支付丧葬费、死者生前扶养的人必要的生活费等费用。"对侵害财产造成损失的赔偿范围，应当包括直接受到财产损失者的直接经济损失和间接经济损失两部分。直接经济损失是指受害人因环境污染或破坏而导致现有财产的减少或丧失，如所养的鱼死亡、农作物减产等。间接经济损失是指受害人在正常情况下应当得到，但因环境污染或破坏而未能得到的那部分利润收入，如渔民因鱼塘受污染，鱼苗死亡而未能得到的成鱼的收入等。

追究责任人的环境民事责任时，可以采取以下办法：由当事人之间协商解决；由第三人、律师、环境行政机关或其他有关行政机关主持协调；由当事人向人民法院提起民事诉讼；也有的通过仲裁解决，特别是对涉外的环境污染纠纷。

4.2.4.3　破坏环境犯罪的刑事责任

环境刑事责任是指因故意或者过失实施了严重危害环境的行为，并造成了人身伤亡或公私财产的严重损失，已经构成犯罪要承担刑事制裁的法律责任。

《刑法》及《环境保护法》所规定的主要环境处罚有两种形式：一种是直接引用刑法和刑法特别法规，另一种是采用立法类推的形式。《环境保护法》《水污染防治法》《大气污染防治法》《固体废物污染环境防治法》《噪声污染防治法》等均有依法追究刑事责任，比照或依照《刑法》某种规定追究刑事责任的条款。

2011 年 2 月 25 日，全国人大常委会发布了《刑法》修正案。修订后的《刑法》在分则第六章中增加了第六节，专节规定了破坏环境资源保护罪。这将更有利于制裁污染、破坏环境和资源的犯罪，有利于遏制我国环境整体仍在恶化的趋势，这可以说是我国惩治环境犯罪立法的一大突破。

修订后的《刑法》除了上述专门的破坏环境资源保护罪的规定外，在危害公共安全罪、走私罪、渎职罪中还有一些涉及环境和资源犯罪的规定。主要有放火烧毁森林罪、投毒污染水源罪，可依《刑法》第一百一十四条追究刑事责任；违反化学危险物品管理规定罪，可依《刑法》第一百三十六条追究刑事责任；走私珍贵动物及其制品罪，走私珍贵植物及其制品罪，可依《刑法》第一百五十一条追究刑事责任；非法将境外固体废物运输进境罪，可依《刑法》第一百五十五条追究刑事责任；而林业主管部门工作人员超限额发放林木采伐许可证、滥发林木采伐许可证罪，环境保护监督管理人员失职导致重大环境污染事故罪，国家机关工作人员非法批准征用、占用土地罪，则分别依照《刑法》第四百零七条、第四百零八条、第四百一十条追究刑事责任。

对于污染环境罪的制裁，最低为三年以上有期徒刑或者拘役，最高为十年以上有期徒刑。对于破坏资源罪的制裁，最低为三年以上有期徒刑，拘役，管制或者罚金，最高为十年以上有期徒刑。对于走私国家禁止进出口的珍贵动物及其制品，珍稀植物及其制品罪的制裁，最低为五年以上有期徒刑，最高为无期徒刑或者死刑。单位犯破坏环境资源保护罪，对单位判处罚金并对直接负责的主管人员和其他直接责任人员进行处刑。我国修订后的刑法对破坏环境资源罪在刑罚上增加了刑种和量刑的档次，提高了法定最高刑。

4.3　环境管理的方针

从中国环境保护工作开始之初，便初步形成了我国环境保护的方针，现在，我国环境保护方针也一直在完善和发展，以适应环境现状和环保要求，促进可持续发展。

4.3.1 三十二字方针

中国环境保护工作方针是："全面规划、合理布局、综合利用、化害为利、依靠群众、大家动手、保护环境、造福人民。"这条方针是1972年中国在联合国人类环境会议上提出的，在1973年举行的中国第一次环境保护工作会议上得到了确认，并写入1979年颁布的《环境保护法（试行）》。这条方针指明了环境保护是国民经济发展规划的一个重要组成部分，必须纳入国家的、地方的和部门的社会经济发展规划，做到经济与环境的协调发展；在安排工业、农业、城市、交通、水利等项建设事业时，必须充分注意对环境的影响，既要考虑近期影响，又要考虑长期影响；既要考虑经济效益和社会效益，又要考虑环境效益；全面调查，综合分析，做到合理布局；对工业、农业、人民生活排放的污染物，不是消极的处理，而是要开展综合利用，做到化害为利，变废为宝；依靠人民群众保护环境，发动各部门、各企业治理污染，使环境的专业管理与群众监督相结合，使实行法制与人民群众自觉维护相结合，把环境保护事业作为全国人民的事业；保护环境是为国民经济健全持久的发展和为广大人民群众创造清洁优美的劳动和生活环境服务，为当代人和子孙后代造福。

4.3.2 "三同步、三统一"方针

1983年12月31日至1984年1月7日，第二次全国环境保护会议在北京召开。本次会议主要的成果及其意义归纳起来有五个方面：第一，总结了中国环保事业的经验教训，从战略上对环境保护工作在社会主义现代化建设中的重要位置做出了重大决策。环境保护确立为基本国策，极大地增强了全民的环境意识，并把环境意识升华为国策意识。第二，制定了中国环境保护的总方针、总政策，即"经济建设、城乡建设、环境建设，同步规划、同步实施、同步发展，实现经济效益、社会效益和环境效益相统一"。这一方针政策的确立，奠定了一条符合中国国情的环境保护道路的基础。第三，会议提出，要把强化环境管理作为环境保护工作的中心环节，长期坚持抓住不放。第四，推出了以合理开发利用自然资源为核心的生态保护策略，防治对土地、森林、草原、水、海洋以及生物资源等自然资源的破坏，保护生态平衡。第五，建立与健全环境保护的法律体系，加强环境保护的科学研究，把环境保护建立在法制轨道和科技进步的基础上。

4.3.3 可持续发展战略的方针

1992年联合国环境与发展大会之后，党中央、国务院批准了《中国环境与发展十大对策》，并率先编制了《中国21世纪议程》《中国环境保护行动计划》等纲领性文件，实施可持续发展战略成为我国环境管理的基本指导方针。

《中国环境与发展十大对策》的具体内容包括：实行可持续发展战略；采取有效措施，防治工业污染；深入开展城市环境综合整治，认真治理城市"四害"（废气、废水、废渣和噪声）；提高能源利用效率，改善能源结构；推广生态农业，坚持不懈地植树造林，切实加强生物多样性的保护；大力推进科技进步，加强环境科学研究，积极发展环境保护产业；运用经济手段保护环境；加强环境教育，不断提高全民族的环境意识；健全环境法规，强化环境管理；参照联合国环境与发展大会精神，制订我国行动计划。

4.3.4 "五位一体，四个全面"的方针和"五个坚持"

《国家环境保护"十三五"规划》（2016年）提出："五位一体，四个全面"，即经济建设、政治建设、文化建设、社会建设和生态文明建设；全面建成小康社会、全面深化改

革、全面推进依法治国、全面从严治党。

2019年第一届全国生态环境保护大会上提出：坚持以党的政治建设为统领，坚决扛起生态保护政治责任；坚持新发展理念，协同推进经济高质量发展和生态环境高水平保护；坚持以人民为中心，打好打胜污染防治攻坚战；坚持全面深化改革，推动生态环境治理体系和治理能力现代化；坚持不断改进工作作风，加快打造生态环境保护铁军。

4.4　环境管理政策

环境管理政策与环境管理方针一样在不断完善和发展，不同时期环境管理政策也不尽相同。

4.4.1　环境管理的基本政策

我国环境管理的全部历史，也就是推行环境政策的历史。所谓政策，就是指国家或地区为实现一定历史时期的路线和任务而规定的行动准则。我国的环境管理基本政策可以归纳为三大政策："预防为主、防治结合"政策，"污染者付费"政策和"强化环境管理"政策。

1. "预防为主，防治结合"政策

坚持科学发展观，把保护环境与转变经济增长方式紧密结合起来，积极发挥环境保护对经济建设的调控职能，对环境污染和生态破坏实行全过程控制，促进资源优化配置，提高经济增长的质量和效益。主要措施包括：一是把环境保护纳入国家的、地方的和各行各业的中长期和年度经济社会发展计划；二是对开发建设项目实行环境影响评价和"三同时"制度；三是对城市实行综合整治。

2. "污染者付费"政策

按照《环境保护法》等有关法律规定，环境保护费用主要由企业和地方政府承担。企业负责解决自己造成的环境污染和生态破坏问题，不可转嫁给国家和社会；地方政府负责组织城市环境基础设施的建设并维护其运行，设施建设和运行费用应由污染排放者合理负担；对跨地区的环境问题，有关地方政府需督促各自辖区内的污染排放者切实承担责任，不得推诿。其主要措施为：一是结合技术改造防治工业污染。我国明确规定，在技术改造过程中要把污染防治作为一项重要目标，并规定防治污染的费用不得低于总费用的7%。二是对历史遗留下来的一批工矿企业所产生的污染实行限期治理，其费用主要由企业和地方政府筹措，国家给予少量资助。三是对排放污染物的单位实行收费。

3. "强化环境管理"政策

要把法律手段、经济手段和行政手段有机结合起来，提高管理水平和效能。在建立社会主义市场经济的过程中，更要注重法律手段。坚决扭转以牺牲环境为代价，片面追求局部利益和暂时利益的倾向，严肃查处违法案件。其主要措施为：一是建立、健全环境保护法规体系，加强执法力度；二是制定有利于环境保护的金融、财税政策和产业政策，增强对环境保护的宏观调控力度；三是从国家到省、市、县、镇（乡）五级政府建立环境管理机构，加强监督管理；四是广泛开展环境保护宣传教育，不断提高全民族的环境保护意识。

4.4.2 环境管理的单项政策

为了贯彻“三大环境政策”，我国还制定了一系列的单项政策作为补充，形成了完整的环境政策体系，成为环境规划与管理的政策依据。

4.4.2.1 产业政策

产业政策是国家颁布的有利于产业结构调整和行业发展的专项环境政策，包括产业结构调整政策、行业环境管理政策、限制和禁止发展的行业政策。

1. 产业结构调整政策

20 世纪 90 年代以来，我国颁布了一系列产业结构调整政策，如《90 年代国家产业政策纲要》《关于全国第三产业发展规划基本思路的通知》《外商投资产业指导目录》《当前国家重点鼓励发展的产业、产品和技术目录》以及《当前部分行业制止低水平重复建设目录》等。

2. 行业环境管理政策

我国制定了关于行业环境管理的政策，如《乡镇企业环境保护条例》《化学工业环境保护管理规定》《电力工业环境保护管理办法》《医药工业环境保护管理办法》《建材工业环境保护工作条例》《交通行业环境保护管理规定》《冶金工业环境管理若干规定》。

3. 限制和禁止发展的行业政策

1996 年 8 月，国务院发布了《关于环境保护若干问题的决定》，提出对“十五小”企业实行取缔、关闭或停产。这些企业包括小造纸、小制革、小染料厂及土法炼焦、炼硫、炼砷、炼汞、炼铅锌、炼油、选金和农药、漂染、电镀、石棉制品、放射性制品等。随后环境保护部发布了《坚决贯彻〈国务院关于环境保护若干问题的决定〉有关问题的通知》，具体规定了取缔和关闭“十五小”企业名录，提出了限制发展的 8 个行业：造纸、电镀、印染、农药、制革、化工、酿造和有色金属冶炼。1999 年 6 月 5 日，国家经济贸易委员会、环境保护部、国家机械工业部联合发布了《关于公布第一批严重污染环境（大气）的淘汰工艺与设备名录的通知》，规定了 15 种污染工艺和设备的淘汰期限和可替代工艺及设备。1999 年 12 月又发布了《淘汰落后生产能力、工艺和产品的目录（第二批）》，涉及 8 个行业 119 项内容。2000 年 6 月，再一次发布了第三批目录，涉及 15 个行业 120 项内容。国务院办公厅于 2003 年转发了国家经济贸易委员会等五部门《关于从严控制铁合金生产能力切实制止低水平重复建设的意见》和国家发展改革委等部门《关于制止钢铁、电解铝、水泥行业盲目投资若干意见的通知》，国务院于 2004 年 11 月批转发了国家发展改革委《关于坚决制止电站项目无序建设意见的紧急通知》。这些政策的颁布，为我国环境规划与管理提供了政策依据。

4.4.2.2 技术政策

环境技术政策是以特定的行业或污染因子为对象，在产业政策允许范围内引导企业采取有利于环境保护的生产工艺和污染防治技术。技术政策注重发展高质量、低消耗、高效率的适用生产技术及污染防治技术，重点发展技术含量高、附加值高、满足环境保护要求的产品，重点发展投入成本低、去除效率高的污染控制适用技术。

1986 年 5 月，国务院颁布了《环境保护技术政策要点》。2000 年 5 月，建设部、环境保护部、科学技术部联合发布了《城市污水处理及污染防治技术政策》和《城市生活垃圾处理及污染防治技术政策》。2001 年 12 月，环境保护部、国家经济贸易委员会、国家科技部联合发布了《危险废物污染防治技术政策》。并于 2002 年 1 月，又联合发布了《燃煤二氧化硫排放污染防治技术政策》和《机动车排放污染防治技术政策》等。

4.4.2.3　环境经济政策

环境经济政策就是利用税收、补贴、信贷、收费等各种经济手段引导和促进环境保护的政策。这些政策大致可分为经济优惠政策、生态补偿政策和排污收费政策三类。出台了《关于落实环保政策法规防范信贷风险的通知》《关于环境污染责任保险工作的指导意见》《燃煤发电机组脱硫电价及脱硫设施运行管理办法》《关于逐步建立矿山环境治理和生态恢复责任机制的指导意见》《环境保护、节能节水项目企业所得税优惠目录（试行）》和《环境保护专用设备企业所得税优惠目录》等环境经济政策文件。

4.5　环境管理制度

自 1972 年以来，我国环境管理工作走过了一条艰难而又漫长的道路，取得了明显进展，在实践中确立了环境管理的大政方针，建立起“预防为主、防治结合”“污染者付费”“强化环境管理”为核心的政策体系，形成了具有中国特色的环境保护法规体系，建立了环境管理制度体系和环境标准体系，形成了国家、省、市、县、镇（乡）五级环境管理体系。多年来，我国环境保护工作正是依靠政策、法规、制度、标准和机构这五大体系建设强化环境规划与管理，努力促成经济建设与环境保护相协调，走出了一条具有中国特色的环境保护道路。

20 世纪 80 年代末之前形成的八项基本制度，包括“老三项”制度和“新五项”制度。这些制度有效地控制了一些危害大、扰民严重的污染源以及新建项目可能带来的环境损害，推动企业和区域层面开展环境管理和治理工作，建立了从以污染源为控制对象、以单项治理为主体，到区域综合污染防治的一整套行政监督管理制度，在环保事业的开展中发挥了巨大的作用。

4.5.1　环境规划法律制度

4.5.1.1　环境保护计划制度

环境保护计划，是指由国家或地方人民政府及其行政管理部门依照一定法定程序编制的关于环境质量控制、污染物排放控制及污染治理、自然生态保护以及其他与环境保护有关的计划。环境保护计划是各级政府和各有关部门在计划期内要实现的环境目标和所要采取的防治措施的具体体现。

环境保护计划制度主要规定在《环境保护法》第四条、第十二条、第二十二条、第二十三条、第二十四条之中。其内容主要包括四类：污染物排放控制和污染治理计划、自然生态保护计划、城市环境质量控制计划以及其他有关环境保护的计划等。

对环境保护计划实行国家、省（自治区、直辖市）、市（地）、县四级管理制，由各级计划行政主管部门负责组织编制。各级环境保护主管部门负责编制环境保护计划建议和监督、检查计划的落实和具体执行。其他有关部门则主要根据计划和环境保护部门的要求，组织实施环境保护计划。

4.5.1.2　土地利用规划制度

人类社会和经济活动总是带来土地利用方式的改变，不同的土地利用方式又带来不同的环境影响。因此，土地利用规划管理是环境规划管理的重要内容。

土地利用规划制度是国家根据各地区的自然条件、资源状况和经济发展需要，通过制定土地利用的全面规划，对城镇设置、工农业布局、交通设施等进行总体安排，以保证社会经济的可持续发展，防止环境污染和生态破坏。

1998年我国颁布的《土地管理法》专设一章——土地利用总体规划，要求各级政府依据国民经济和社会发展规划、国土整治和资源环境保护的要求、土地供给能力及各项建设对土地的需求，组织编制土地利用总体规划。我国已经颁布执行的法规有城市规划、县镇规划和村镇规划等。

4.5.2　“老三项”环境管理制度

“老三项”环境管理制度产生于20世纪70年代，包括环境影响评价制度、“三同时”制度和排污收费制度，是在1979年颁布的《环境保护法（试行）》确立下来的。

4.5.2.1　环境影响评价制度

环境影响评价是指对规划和建设项目实施后可能造成的环境影响进行分析、预测和评估，提出预防或者减轻不良环境影响的对策和措施，进行跟踪监测的方法与制度。

我国环境影响评价制度的立法经历了三个阶段：

（1）第一阶段：创立阶段。1973年首先提出环境影响评价的概念；1979年《环境保护法（试行）》中，规定实行环境影响评价报告书制度，使环境影响评价制度化、法律化；1981年发布的《基本建设项目环境保护管理办法》专门对环境影响评价的基本内容和程序作了规定；后经修改，1986年颁布了《建设项目环境保护管理办法》，进一步明确了环境影响评价的范围、内容、管理权限和责任。

（2）第二阶段：发展阶段。1989年颁布了《环境保护法》；1998年颁布了《建设项目环境保护管理条例》，进一步提高了环境影响评价制度的立法规格，同时在环境影响评价的适用范围、评价时机、审批程序、法律责任等方面均作出较大修改；1999年3月，颁布了《建设项目环境影响评价资格证书管理办法》，使我国环境影响评价走上专业化的道路。

（3）第三阶段：完善阶段。针对《建设项目环境保护管理条例》的不足，并为了适应新形势发展的需要，《环境影响评价法》于2003年9月1日正式施行，是我国环境影响评价制度发展历史上的一个新的里程碑，标志着我国环境影响评价走向完善。该法以法律形式，将环境影响评价的范围从建设项目扩大到有关规划，确立了对有关规划进行环境影响评价的法律制度。

在环境影响评价制度实施过程中，中华人民共和国环境保护部发布了一系列环境影响评价技术导则，包括《环境影响评价技术导则　大气环境》（HJ/T 2.2—2018）、《环境影响评价技术导则　地表水环境》（HJ/T 2.3—2018）、《环境影响评价技术导则　声环境》（HJ/T 2.4—2021）、《环境影响评价技术导则　生态影响》（HJ 19—2022）、《规划环境影响评价技术导则　流域综合规划》（HJ 1218—2021）、《建设项目环境影响评价技术导则　总纲》（HJ 2.1—2016）、《规划环境影响评价技术导则　总纲》（HJ 130—2019）、

《建设项目环境风险评价技术导则》（HJ 169—2018）、《环境影响评价技术导则　土壤环境（试行）》（HJ 964—2018）、《规划环境影响评价技术导则　产业园区》（HJ 131—2021）、《环境影响评价技术导则　地下水环境》（HJ 610—2016）等，这些系列标准促使我国的环境影响评价制度更趋完善。

4.5.2.2 “三同时”制度

“三同时”制度是指新建、改建、扩建项目和技术改造项目以及区域性开发建设项目的污染治理设施必须与主体工程同时设计、同时施工、同时投产的制度。“三同时”制度是我国首创的，它是在总结我国环境管理实践经验的基础上，被我国法律所确认的一项重要的控制新污染源的法律制度。它与环境影响评价制度相辅相成，是防止新污染和破坏的两大“法宝”，是加强开发建设项目环境管理的重要措施，是防治我国环境质量恶化有效的经济手段和法律手段。

1972 年，在国务院批转的《国家计委、国家建委关于官厅水库污染情况和解决意见的报告》中第一次提出工厂建设和三废利用工程要“同时设计、同时施工、同时投产”的要求。“三同时”的概念最早在 1973 年国务院《关于保护和改善环境的若干规定》中正式提出。1979 年，《环境保护法（试行）》以法律的形式确定了“三同时”制度。1995 年经修订重新颁布的《环境保护法》的第二十三条明确，“建设项目中防治污染的设施，必须与主体工程同时设计、同时施工、同时投产使用。防治污染的设施必须经原审批环境影响报告书的环境保护行政主管部门验收合格后，该建设项目方可投入生产或者使用”。

2009 年出台的《环境保护部建设项目“三同时”监督检查和竣工环保验收管理规程（试行）》，对国家环境保护部负责审批环境影响评价文件的建设项目建立了“三同时”的监督检查机制，进一步规范了竣工环保验收管理。该规程明确，依据建设项目规模、所处环境敏感性和环境风险程度，其竣工环保验收现场检查按Ⅰ及Ⅱ两类实施分类管理。环境保护部直接负责重大敏感项目、跨大区项目等Ⅰ类建设项目的监督监察和竣工环保验收；并委托环境保护督查中心和省级环境保护行政主管部门参与建设项目竣工环保验收，承担Ⅱ类建设项目（即Ⅰ类建设项目以外的非核与辐射项目）的竣工环保验收现场检查。

4.5.2.3 排污收费制度

排污收费制度是指一切向环境排放污染物的单位和个体生产经营者，应当依照国家的相关规定和标准，缴纳一定费用的制度。排污费可以计入生产成本，排污费专款专用，主要用于补助重点排污源的治理等。这项制度是“污染者付费”环境政策的具体体现。

我国实行排污收费制度的根本目的不是收费，而是防治污染、改善环境质量的一个经济手段和经济措施。排污收费制度只是利用价值规律，通过征收排污费，给排污单位施以外在的经济压力，促进其污染治理，节约和综合利用资源，减少或消除污染物的排放，实现保护和改善环境的目的。

1978 年 12 月，中央批转的国务院原环境保护领导小组《环境保护工作汇报要点》首次提出在我国实行排放污染物收费制度。1979 年的《环境保护法（试行）》规定：“超过国家规定的标准排放污染物，要按照排放物的数量和浓度，根据规定收取排污费。”1982 年 2 月，国务院在总结 22 个省（直辖市）征收排污费试点经验的基础上，颁布了《征收排污费暂行办法》，对征收排污费的目的、范围、标准、加收和减收的条件、费用管理使用等作了具体规定。

《征收排污费暂行办法》颁布后，1984 年《水污染防治法》第十五条又作了规定：“企事业单位向水体排放污染物的，按照国家规定缴纳排污费；超过国家或者地方规定的污染物排放标准的，按照国家规定缴纳超标准排污费”，即凡向水体排放污染物超标或不超标都要收费。1996 年《水污染防治法》第十五条作了如下规定：“企业事业单位向水体排放污染物的，按照国家规定缴纳排污费；超过国家或者地方规定的污染物排放标准的，按照国家规定缴纳超标准排污费。排污费和超标准排污费必须用于污染的防治，不得挪作他用。”2008 年《水污染防治法》第二十四条作了如下规定：“直接向水体排放污染物的企业事业单位和个体工商户，应当按照排放水污染物的种类、数量和排污费征收标准缴纳排污费。排污费应当用于污染的防治，不得挪作他用。”

根据我国颁布的《标准化法》第七条、第十四条、第二十条规定可知，我国现行的污染物排放标准属强制性标准，违反排放标准即违法，对不执行者将予以行政处罚。可认为，以超标与否作为判定是否违法的界限。2000 年 4 月，第二次修订后颁布的《大气污染防治法》第四十八条作出了“超标者处 10 万元以下罚款，并限期治理”的规定。

4.5.3 “新五项”环境管理制度

第三次全国环境保护会议继续推出具有中国特色的“新五项”制度，包括排污许可证制度、污染集中控制制度、环境保护目标责任制、城市环境综合整治定量考核制度和污染限期治理制度。

4.5.3.1 排污许可证制度

许可证制度是指：对环境有不良影响的各种规划、开发、建设项目、排污设施或经营活动，其建设者或经营者需要事先提出申请，经主管部门审查、批准、颁发许可证后才能从事该项活动。这项制度包括排污申报登记制度和排污许可证制度两个方面，以及排污申报、确定污染物总量控制目标和分配排污总量削减指标、核发排污许可证、监督检查执行情况四项内容。这是一项与我国污染物排放总量控制计划相匹配的环境管理制度。

所谓排污申报登记，是指直接或间接向环境排放污染物、噪声或固体废物者，需按照法定程序就排放污染物的具体状况，向所在地环境保护行政主管部门进行申报、登记和注册的过程。排污许可证制度是指凡是需要向环境排放各种污染物的单位或个人，都必须事先向环境保护主管部门办理排污申报登记手续，然后经过环境保护主管部门批准，获得“排放许可证”后方能从事排污行为的一系列环境行政过程的总称。

许可证的管理程序大致可分为申请、审查、决定、监督和处理。

（1）申请。申请人向主管机关提出书面申请，并附有为审查所必需的各种材料，例如，图标、说明或其他资料。

（2）审查。一般是在新闻媒体上公布该项申请，在规定的时间内征求公众和各方面的意见，必要时则需召开公众意见听证会。主管机关在听取各方面意见后，综合考虑该申请对环境的影响，对申请进行审查。

（3）决定。做出颁发或拒发许可证的决定。同意颁发许可证时，主管机关可依法规定特定持证人应尽的义务和各种限制条件；拒发许可证应说明拒发的理由。

（4）监督。主管机关要对持证人执行许可证的情况随时进行监督检查，包括索取有关资料、检查现场设备、监督排污情况、发出必要的行政命令等。在情况发生变化或持证人的活动影响公众利益时，可以修改许可证中原来规定的条件。

(5) 处理。如持证人违反许可证规定的义务或限制条件，而导致环境损害或其他后果，主管机关可以中止、吊销许可证，对于违法者还要依法追究其法律责任。

4.5.3.2　污染集中控制制度

污染集中控制制度是指，针对污染分散控制的问题，改变过去一家一户治理污染的做法，把有关污染源汇总在一起，经分析、比较进行合理组合，在经济效益、环境效益和社会效益优化的前提下，采取集中处理措施的污染控制方式。实践证明，推行集中控制，有利于使有限的环保投资获得最佳的总体效益。

为有效地推行污染集中控制制度，必须有一系列有效措施加以保证。

(1) 必须以规划为先导。污染集中控制与城市建设密切相关，如完善城市排水管网、建立城市污水处理厂、发展城市煤气化和集中供热、建设城市垃圾处理厂、发展城市绿化等。因此，集中控制必须与城市建设同步规划、同步实施。

(2) 必须突出重点，划定不同的功能区划，分别整治。

(3) 必须与分散控制相结合，构建区域环境污染综合防治体系。

(4) 疏通多种渠道落实资金。要实现集中控制必须落实资金。应充分利用环保基金贷款、建设项目环保资金、银行贷款及地方财政补贴等多种渠道筹措资金。疏通多种资金渠道是推行污染集中控制的保证。

(5) 地方政府协调是关键。污染集中控制不仅涉及企业，也涉及地方政府各部门，充分依靠地方政府的协调，是污染集中控制方案得以落实的基础。

实践证明，污染集中控制在环境管理上具有重要的战略意义。实行污染集中控制有利于集中人力、物力、财力解决重点污染问题；有利于采用新技术，提高污染治理效果；有利于提高资源利用率，加速有害废物资源化；有利于节省防治污染的总投入；有利于改善和提高环境质量。这种制度实行的时间虽不长，但已显示出强大的生命力。

4.5.3.3　污染限期治理制度

《环境保护法》第二十八条规定："地方各级人民政府应当根据环境保护目标和治理任务，采取有效措施，改善环境质量。未达到国家环境质量标准的重点区域、流域的有关地方人民政府，应当制定限期达标规划，并采取措施按期达标。"所谓污染限期治理制度，是指对超标排放的污染源，由国家和地方政府分别做出必须在一定期限内完成治理达标的决定，这是一项强制性的法律制度。

限期治理污染是以污染源调查、评价为基础，以环境保护规划为依据，突出重点，分期分批地对污染危害严重、群众反映强烈的污染物、污染源、污染区域采取的限定治理时间、治理内容及治理效果的强制性措施，是人民政府为了保护人民的利益对排污单位采取的法律手段。被限期的企事业单位必须依法完成限期治理任务。

在环境管理实践中执行限期治理污染制度，可以提高各级领导的环境保护意识，推动污染治理工作；可以迫使地方、部门、企业把污染治理列入议事日程，纳入计划，在人、财、物方面做出安排；可以促进企业积极筹集污染治理资金；可以集中有限的资金解决突出的环境污染问题，做到少投资，见效快，有较好的环境效益与社会效益；有助于环境保护规划目标的实现和加快环境综合整治的步伐。

继1978年国家规定的第一批限期治理项目完成后，1989年国家环境保护委员会和国家计划委员会下达了第二批污染限期治理项目140个，1996年国家又下达了第三批污染限期治理项目121个。随后各省都开展了污染源限期治理项目验收等工作。

确定限期治理项目要考虑如下条件：①根据城市总体规划和城市环境保护规划的要求对区域环境整治做出总体规划；②首先选择危害严重、群众反映强烈、位于敏感地区的污染源进行限期治理；③要选择治理资金落实和治理技术成熟的项目。

4.5.3.4 环境保护目标责任制

环境保护目标责任制是一种具体落实地方各级人民政府和有污染的单位对环境质量负责的行政管理制度。这项制度规定了各级政府行政首长应对当地的环境质量负责，企业领导人应对本单位污染防治负责，并将他们在任期内环境保护的任务目标列为政绩进行考核。环境保护目标责任制被认为是八项环境管理的龙头制度。

第二次全国环境保护会议后，在我国各级政府中推行的环境保护目标责任制，通过将环保目标的逐级分解、量化和落实，突出了各级地方政府负责人的环境责任，解决了环境管理的保证条件和动力机制，促使环境管理系统内部活动有序、系统边界分明、环境责任落实，改变了环境管理孤军作战的被动局面。

1997年3月8日，中央政治局常委召开座谈会，亲自听取环境保护工作汇报，表明了党中央对环境问题的高度重视，开创了地方政府“一把手亲自抓”环境管理，环境保护主管部门负责编制和检查、落实环境规划，各相关部门积极配合强化环境管理的新局面。

这一制度把贯彻执行环境保护基本国策作为各级领导的行动规范，推动了我国环境保护工作全面、深入发展。

4.5.3.5 城市环境综合整治定量考核制度

城市环境综合整治定量考核制度简称“城考”，是应城市环境综合整治的需要而制定的。该制度以城市为单位，以城市政府为主要考核对象，对城市环境综合整治的情况，按环境质量、污染控制、环境建设和环境管理四大类指标进行考核并评分。这项制度是一项由城市政府统一领导负总责，有关部门各尽其职、分工负责，环境保护部门统一监督的管理制度。

城市环境综合整治的概念最早是在1984年《中共中央关于经济体制改革的决定》中提出来的。《中共中央关于经济体制改革的决定》中明确指出：“城市政府应该集中力量做好城市的规划、建设和管理，加强各种公用设施的建设，进行环境的综合整治。”为了贯彻这一精神，1985年国务院召开了第一次全国城市环境保护工作会议，会议通过了《关于加强城市环境综合整治的决定》，确定了我国城市环境保护工作的发展方向——综合整治。

此后，国家在认真总结吉林省的做法和经验的基础上，于1989年年初制定了较为完善的考核办法、程序和标准。经过几次调整考核指标，由最初的19项最后确定为24项。包括7项环境质量指标、6项污染控制指标、6项环境建设指标和5项环境管理指标。

自1989年开始在全国重点城市实施城考制度以来，截至2005年年底，全国参与城考的城市已达500个，占全国城市总数的76%。由环境保护部直接考核的有113个国家环境保护重点城市。自 2002 年起，环境保护部每年发布《全国城市环境管理与综合整治年度报告》，并向公众公布结果和排名。这已成为衡量城市环境保护和管理工作绩效的重要参考资料。

2003 年，环境保护部发布了《关于印发〈生态县、生态市、生态省建设指标（试行)〉的通知》，在全国各地掀起了创建生态县、生态市和生态省的高潮，标志着我国城市综合整治进入了新的发展阶段。

4.5.4　我国环境管理发展方向

4.5.4.1　环境管理手段不断丰富和完善

在过去的三十多年里，我国采取了法律的、行政的、经济的、科技的以及宣传教育等多种手段来管理环境，解决各种环境问题，使环境状况有了很大改善。但是，这些环境管理手段也存在自身的局限性，如立法手段的调控能力会因为立法不完备和执法不完善而削弱，行政手段可能会过多地干预企业的生产经营而容易激化环境管理部门与排污企业之间的矛盾，技术手段会因为资金财力问题而失效，宣传教育手段无法强制约束破坏环境行为的发生。要使环境管理取得良好的效果，应该审时度势，进行灵活的制度安排。

环境管理中将增加经济手段的运用。从环境税收、排污权交易（已有二氧化硫排污权交易)、排污收费政策改革到生态补偿。根据我国的实际情况，要在市场经济条件下实现环境管理的目标，可以充分利用经济手段。通过价值规律的作用靠市场来调节、刺激、影响企业的行为，一方面利于实现长远的环境管理目标；另一方面能够激发排污单位进行清洁生产和治理污染的自觉性和积极性。

环境管理中自愿手段增加，如 ISO 14000 环境标志等。环境管理的法制化进一步健全，执法监督手段增加，在此引导下，企业的自主环境管理行为强化。

环境教育和环境宣传不断促进公众环境意识的提高，环境管理的公众意识得到增强，有效地推动环境保护中的公众参与。公众参与环境管理成为一个重要趋势，得到加强。这既有利于维护公众环境权益，也有利于推动政府决策科学、民主化进程。环境管理将不再限于是环境管理部门的事业，而是全社会协同走向可持续发展的唯一通道。

4.5.4.2　环境管理的内容更加全面

环境管理从污染防治为重点转向生态保护与污染防治并重。环境污染防治和自然生态环境保护是环保工作中不可或缺的两个部分，具有同等重要的地位。环境管理包括资源管理、污染治理和生态保护，从单个污染源控制走向区域污染控制，从污染防治和末端治理走向全过程控制。

4.5.4.3　环境管理参与综合决策的力度得到加强

环境管理力度将进一步得到加强，尤其是环境管理将成为经济和社会发展决策中的一项重要因素加以考虑。随着环境科学进步，环境管理的科学性加强，定量手段、总量控制等成为重要手段，战略环境影响评价也将逐步兴起并发挥作用。环境管理从污染治理走向广义的环境管理——协调经济、社会与环境三者关系的工作。环境管理融入发展决策将成为必然。

4.5.4.4　环境管理机构得到强化

环境管理机构将不断强化，其在政府部门内的地位将逐步提高。一方面，表现在环境管理机构的不断专业化、在政府中的地位不断提升，例如江苏省环境保护局成为政府组成部门便是个有利的信号；另一方面，随着政府机构改革以及政府职能转变，政府越来越重视环境的公益性，将环境和生态保护作为政府提供公共服务的重要领域。《国家环境保护“十二五”规划》提出要完善环境保护基本公共服务体系，《国民经济和社会发展“十二五”规划纲要》也将环境保护列为国家基本公共服务的九大领域之一。

21世纪以来，我国环境保护政策发生了历史性转变，即环境保护的指导思想从环境保护与经济和社会发展相协调到环境优先。

1. 环境保护与经济和社会发展相协调

1981年以来，我国在环境保护总体政策方面，国务院共发布了五个“决定”，即1981年2月的《国务院关于在国民经济调整时期加强环境保护工作的决定》、1984年5月的《国务院关于环境保护工作的决定》、1990年12月的《国务院关于进一步加强环境保护工作的决定》、1996年8月的《国务院关于环境保护若干问题的决定》和2005年12月的《国务院关于落实科学发展观加强环境保护的决定》。

在四个“决定”中，涉及环境保护与经济发展的关系时，始终贯穿的指导思想就是环境保护与经济和社会发展相协调。如1984年《国务院关于环境保护工作的决定》的第一段明确提出“为了实现党的十二大提出的促进社会主义经济建设全面高涨的任务，保障环境保护和经济建设协调发展，使我们的环境状况同国民经济发展以及人民物质文化生活水平的提高相适应，特做如下决定”。1996年的《国务院关于环境保护若干问题的决定》相比前三个“决定”有所变化，没有明确提环境保护与经济发展相协调，代之以“各省、自治区、直辖市应遵循经济建设、城乡建设、环境建设同步规划、同步实施、同步发展的方针，切实增加环境保护投入，逐步提高环境污染防治投入在本地区同期国民生产总值的比重”，但还是把经济建设放在了最前面。现有的国家立法也都是按照环境保护与经济社会发展相协调的指导思想做出规定的。

实行环境保护与经济社会发展相协调的过程中，许多地方在环境保护与经济发展产生矛盾时，往往是环境保护给经济发展让路，实际上变成了经济发展优先于环境保护。

2. 确立了环境优先策略

2005年12月，国务院发布了《关于落实科学发展观加强环境保护的决定》。这个政策性文件，是落实中央提出的科学发展观的行动。明确了当前和今后我国相当一个时期的环境保护基本方向和任务，标志着我国的环境保护进入了一个新阶段。

《关于落实科学发展观加强环境保护的决定》第八条明确提出了要“促进地区经济与环境协调发展”，首次提出了在一定的地区“坚持环境优先”“保护优先”“禁止开发”。也就是，“在环境容量有限、自然资源供给不足而又经济相对发达的地区实行优化开发，坚持环境优先”“在生态环境脆弱的地区和重要生态功能保护区实行限制开发，在坚持保护优先的前提下，合理选择发展方向，发展特色优势产业，确保生态功能的恢复与保育，逐步恢复生态平衡；在自然保护区和特别有保护价值的地区实行禁止开发、依法实施保护，严禁不符合规定的任何开发活动”这种“经济社会发展与环境保护相协调”和“环境优先”“保护优先”作为政策性要求，在国务院的文件中是第一次出现。这一规定表明，我国的环境保护指导思想和环境政策有了重大的战略性转变。从过去的“环境保护与经济社会发展相协调”改变为“经济社会发展与环境保护相协调”，坚持一定程度的环境优先，将对我国今后一个时期正确处理环境与经济、保护与发展的关系及其环境保护立法将产生重大影响。

首先，在发展思路上，不能再继续沿用过去和现在的高投入、高消耗、重污染、低效益的经济发展模式，而要坚决淘汰严重污染环境、破坏资源和生态的落后生产方式。

其次，在考核政绩时，不能再把国民生产总值的增长作为政绩考核的唯一标准，而应把环境的保护与改善作为政绩考核的重要指标，把发展过程中的资源消耗、环境损失和环境效益纳入经济发展的评价体系。

最后，在环境立法方面，应当改变过去一直贯彻的环境保护与经济社会发展相协调的基本原则，而要将环境优先、保护优先的政策逐渐发展为环境立法的基本原则。

2011 年 12 月举行的第七次全国环境保护大会强调了以环境保护优化经济增长。2012 年 11 月召开的中国共产党第十八次全国代表大会报告中提出：“把生态文明建设放在突出位置，融入经济建设、政治建设、文化建设、社会建设各方面的全过程，努力建设美丽中国，实现中华民族永续发展。”将生态文明建设上升到更高的战略地位，进一步强化了环境保护的优先地位。

2018 年 5 月举行第八次全国环境保护大会，习近平总书记指出生态文明建设是关系中华民族永续发展的根本大计。生态环境是关系党的使命宗旨的重大政治问题，也是关系民生的重大社会问题。会议提出了加大力度推进生态文明建设、解决生态环境问题，坚决打好污染防治攻坚战，推动中国生态文明建设迈上新台阶。

思考题

1. 我国的环境法律体系是如何构成的？
2. 简述我国环境标准的分类组成及作用意义。
3. 我国环境管理的主要方针是什么？
4. 我国环境管理的主要制度有哪些？
5. 未来的环境管理将如何发展？

第 5 章　环境规划的基本内容

环境规划的基本内容集中了各类专项规划共性的原则、方法、指标和程序，包括环境规划的原则和程序、环境目标和指标体系、环境功能区划、环境规划方案的设计和比较以及环境规划的实施。

5.1　环境规划的工作程序和主要内容

环境规划是人类为使环境与经济和社会协调发展而对自身活动和环境所做的空间和时间上的合理安排。其目的是指导人们进行各项环境保护活动，按既定的目标和措施合理分配排污削减量，约束排污者的行为，改善生态环境，防止资源破坏，保障环境保护活动纳入国民经济和社会发展计划，以最小的投资获取最佳的环境效益，促进环境、经济和社会的可持续发展。通常来说，环境规划可为环境管理提供依据。环境规划通过对存在问题的分析，设定环境目标，并拟定相应的治理措施（包括工程措施和管理行动），具体表现为五年制环境规划和专项规划。随后通过环境管理确定环境行动方案，确保环境规划目标的实现。

5.1.1　环境规划的基本程序

环境规划是协调环境资源的利用与经济社会发展的科学决策过程。环境规划因对象、目标、任务、内容和范围等不同，其侧重点可能各不相同，但规划编制的基本程序大致相同，如图 5.1 所示。主要程序包括：编制环境规划工作计划、现状调查和评价、环境预测分析、确定环境规划目标、制定环境规划方案、环境规划方案的审批、环境规划方案的实施等步骤。

5.1.2　环境规划的主要步骤和内容

5.1.2.1　编制环境规划工作计划

开展规划工作前，有关人员需要根据环境规划目的和要求，对整个规划工作进行组织和安排，提出规划编写提纲，明确任务，制订工作计划。

5.1.2.2　环境、经济和社会现状调查和评价

环境规划的现状调查包括规划区域内环境质量现状、自然资源现状及相关的社会和经济现状调查，对于明确存在的环境问题进行科学分析和评价。

1. 环境、经济和社会现状调查

（1）环境调查。环境调查基本内容包括环境特征调查、生态调查、污染源调查、环境质量调查、环保治理措施效果调查以及环境管理现状调查等。

（2）环境特征调查。环境特征调查内容主要有：自然环境特征调查（如地质地貌、气

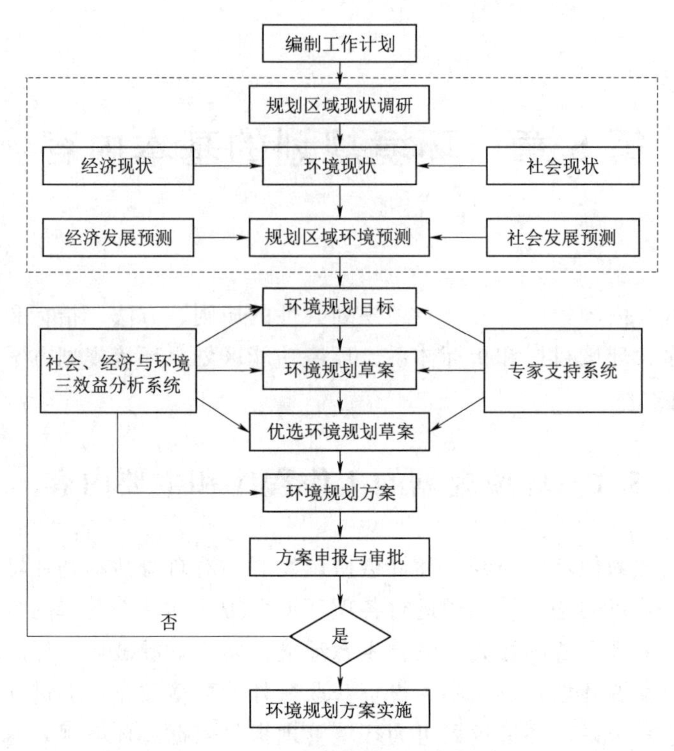

图 5.1　环境规划编制基本程序

象条件和水文资料、土壤类型、特征及土地利用情况、生物资源种类情况、生态习性、环境背景值等）；社会环境特征调查（如人口数量和密度分布、产业结构和布局、产品种类和产量、经济总量和结构、农田面积、作物品种和种植面积、灌溉设施、渔牧业等）；经济社会发展规划调查（如规划区内的短、中、长期发展目标，包括国民生产总值、国民收入、工农业生产布局以及人口发展规划、居民住宅建设规划、工农业产品产量、原材料品种及使用量、能源结构、水资源利用等）。

（3）生态调查。该调查内容主要有环境自净能力、土地开发利用情况、气象条件、绿地覆盖率、人口密度、经济密度、建设密度、能耗密度等，以及物种情况。

（4）污染源调查。该调查主要包括工业污染源、农业污染源、生活污染源、交通运输污染源、噪声污染源、放射性和电磁辐射污染源等。对海域进行污染源调查时，主要按陆上污染源、海上污染源、大气污染源（扩散污染源）分类做调查。污染源调查旨在获取以下资料或数据：污染源密度及分布，以及排污口分布；各污染源的主要污染物年排污量及污染负荷量；按行业计算的工业污染源排污系数；各污染源的排污分担率及污染分组率；本区域内的主要污染物及重点污染源。

（5）环境质量调查。其主要调查区域内大气、水及生态等环境质量，一般可以通过环境保护部门及工厂企业历年的监测资料获得。

（6）环境污染现状调查。其中包括：江河湖泊污染现状及污染分布；地下水污染现状及分布；海域污染现状及分布；大气环境污染现状及分布；土壤污染现状及分布。另外，还应对城镇污染现状做专项调查（包括大气污染、水污染特别是饮用水水源的污染、固体废物污染、噪声及电磁污染）。

（7）生态破坏现状调查。其主要的调查内容是：土地荒漠化现状，水土流失状况，沙尘暴出现的频率及影响范围，土地退化的状况，森林、草原破坏现状，生物多样性的锐减，以及海洋生态破坏现状等。

（8）环保治理措施及效果调查。其主要是对环境保护工程措施的削减效果及其综合效益进行分析评价。根据“三同步”方针，城乡建设与环境建设要同步规划、综合平衡。编制区域环境规划时要对城乡建设的现状及发展趋势进行调查并作概况分析，参照城乡建设总体规划和实地调查，了解建设过程中可能出现的问题，以及对土地和水资源等的需求。

（9）环境管理现状调查。环境管理现状调查主要调查环境管理机构、环境保护工作人员业务素质、环境政策法规和标准的实施情况、环境监督的实施情况等。

2. 环境、经济和社会现状评价

（1）环境质量评价。环境质量评价是按一定的评价标准和方法，对一定区域内的环境质量进行定量评价，查明规划区环境质量的历史和现状，确定影响环境质量的主要污染物和主要污染源，掌握规划区域环境质量的变化规律，预测未来的发展趋势，为规划区域的环境规划提供科学依据。

（2）污染源评价。通过调查、监测和分析研究，找出主要污染源、主要污染物以及污染物的排放方式、途径、特点、排放规律和治理措施等。

（3）环境污染现状评价。根据污染源结果和环境监测数据的分析，评价环境污染的程度。

（4）对人体健康和生态系统的影响评价。主要包括环境污染与生态破坏导致的人群健康效应（对居民发病率和死亡率的影响）、经济效应（直接及间接的经济损失）以及生态效应。

（5）费用效益分析。调查因污染造成的环境质量下降带来的直接、间接的经济损失，分析治理污染的费用和所得经济效益的关系。

5.1.2.3　环境预测分析

环境预测是根据所掌握的区域环境信息资料，结合国民经济和社会的发展状况，对区域未来环境变化（包括环境污染和环境质量的变化）的发展趋势做出科学的、系统的分析，预测未来可能出现的环境问题，包括预测环境问题出现的时间、分布范围及可能产生的危害，并针对性地提出防治可能出现的环境问题的技术措施及对策。它是环境决策的重要依据，没有科学的环境预测就不会有科学的环境决策，也就不会有科学的环境规划。环境预测通常需要建立各种环境预测模型。

5.1.2.4　确定环境规划目标

环境目标是在一定的条件下，决策者希望达到的环境质量状况或标准，是特定规划期限内需要达到的环境质量水平与环境状态。

环境目标一般分为总目标、单项目标、环境指标三个层次。

总目标是指区域环境质量所要达到的要求或状态。

单项目标是依据规划区域环境要素、环境特征以及环境功能区别所确定的环境目标。

环境规划目标可用精炼而明确的文字进行表述。在确定总目标的基础上，单项目标针对最突出的环境问题和规划期的工作焦点，将必须实施的规划目标和措施作为纲领或总任务确定下来，充分体现规划的重点。

环境指标是体现环境目标的指标体系，是目标的具体内容。环境规划指标体系是由一系列相互联系、相互独立、互为补充的指标所构成的有机整体。在实际规划工作中，须根据规划区域对象、规划层次、目的要求、范围、内容而选择适当的指标。指标选取的基本原则是：科学性原则、规范化原则、适应性原则、针对性原则、超前性原则和可操作性原则。指标类型主要包括：环境质量指标、污染物总量控制指标、环境管理与环境建设指标、环境投入以及相关的社会发展指标等。

5.1.2.5　制定环境规划方案

规划方案是实现规划目标的具体途径。编制规划方案需要针对环境调查和评价识别出的主要环境问题，根据所确定的环境目标和环境目标指标体系，提出环境对策措施，包括具体的污染防治和自然保护的措施和对策。

1. 拟定环境规划草案

根据国家或地区有关政策、法规和标准，基于区域环境保护战略、环境目标及环境预测分析，结合区域或部门财力、物力和管理能力的实际情况，拟定切实可行的规划方案。在进行某个区域环境规划时，通常可以拟定若干种满足环境规划目标的规划草案，以供选择。

2. 优选环境规划草案

基于对各种草案的系统分析和专家论证，环境规划工作人员筛选出最佳的环境规划草案。环境规划方案的确定是对各种方案权衡利弊，选择环境、经济和社会综合效益高的方案，推荐其中的优选方案供决策参考。

3. 形成环境规划方案

根据环境规划目标和规划任务的要求，对优选出的环境规划草案进行修正、补充和调整，形成最后的环境规划方案。

5.1.2.6　环境规划方案的申报与审批

环境规划方案的申报与审批，是把规划方案变成实施方案的必要程序，也是环境管理的一项重要工作制度。环境规划方案必须按照一定的程序上报有关决策机关，等待审核批准。

5.1.2.7　环境规划方案的实施

环境规划的实用价值主要取决于它的实施程度。环境规划的实施既与编制规划的质量有关，又取决于规划实施所采取的具体步骤、方法和组织。环境规划按照法定程序审批下达后，在环境保护部门的监督管理下，各级政府和有关部门应根据规划提出的任务要求，推进规划执行。实施环境规划的具体要求和措施，归纳起来有如下几点：要把环境规划纳入国民经济和社会发展计划中；落实环境保护的资金渠道，提高经济效益；编制环境保护年度计划；以环境规划为依据，把规划中所确定的环境保护任务、目标进行层层分解落实，使之成为可实施的年度计划；实行环境保护的目标管理，即把环境规划目标与政府和企业领导人的责任制紧密结合起来；环境规划的检查和总结。

5.2 环境规划的目标和指标体系

环境目标是制定环境规划的关键，环境规划的目的是实现预定的环境目标。环境规划目标是环境战略的具体体现，是进行环境建设和管理的基本出发点和归宿。环境规划目标是通过环境指标体系表征的，环境指标体系是一定时空范围内所有环境因素构成的环境系统的整体反映。

5.2.1 环境规划的目标

环境规划目标是环境规划的核心内容，是对规划对象（如区域、城市或工业区等）未来某一阶段环境质量状况的发展方向和发展水平所做的规定。环境规划目标体现了环境规划的战略意图，也为环境管理活动指明了方向，提供了管理依据。

5.2.1.1 环境规划目标的特点

环境规划目标的确定应能够体现环境规划的根本宗旨，即要保障国民经济和社会的持续发展，促进经济效益、社会效益和生态环境效益的协调统一。因此，环境规划目标既不能过高，也不能过低，而要恰如其分，做到经济上合理、技术上可行和社会上满意。只有这样，才能发挥环境规划目标对人类活动的指导作用，才能使环境规划纳入国民经济和社会发展规划成为可能。环境规划的目标具有以下特点：

（1）具有一般发展规划目标的共性。环境规划目标必须具有一般发展规划目标相同的性质，如有时间限定和空间范围约束，可以量化并能反映客观实际，而不是规划人员和决策者的主观要求和愿望。

（2）与社会经济发展目标相协调。环境保护的根本目的是实现人与自然的和谐，保障环境与社会经济的协调发展。环境规划目标应集中体现这一方针，应与社会经济发展目标进行综合平衡，通过规划的实施实现环境保护与社会经济的协调发展。

（3）保证目标的可实施性。规划目标的可实施性主要指技术、经济条件的可达性，以及目标本身的时空可分解性，并且要便于管理、监督、检查和实行，要与现行管理体制、政策、制度相配合，特别要与目标责任制挂钩。

（4）保证目标的先进性与科学性。规划目标应能满足社会经济健康发展对环境的要求，必须保障人民正常生活所必需的环境质量；应考虑技术进步因素，以确保规划目标的先进性。

5.2.1.2 环境规划目标的类型

1. 按管理层次

（1）环境规划宏观目标。环境规划宏观目标是对规划区在规划期内应达到的环境目标总体上的规定，是从总体上、从战略高度上提出的环境规划目标要求。

（2）环境规划详细目标。环境规划详细目标是按照环境要素、功能区划对规划区在规划期内规定的环境目标所做的具体规定。

2. 按规划内容

（1）环境质量目标。环境质量主要包括大气质量目标、水环境质量目标、噪声控制目标以及生态环境目标。不同的地域或功能区有不同的环境质量目标，一般由一系列表征环境质量的指标体系来体现。

(2) 环境污染总量控制目标。环境污染总量控制目标主要由工业或行业污染控制目标和城市环境综合整治目标构成。污染排放总量控制目标实质上是以功能区环境容量为基础的目标，即把污染物排放量控制在功能区环境容量的限度内，多余的部分即作为削减目标或削减量。削减目标是污染总量控制目标的主要组成部分和具体体现。

3. 按规划目的

(1) 环境污染控制目标。在环境污染控制目标中，大气污染控制目标是在规划期内要把区域内的大气主要污染物的总量、浓度控制在一定的标准范围内，包括各项空气质量指标和大气污染治理指标。水体污染控制目标指控制区域工业废水和生活污水的排放总量，以及水中的污染物的含量；控制区域内江河湖泊的工业废水和生活污水的纳入总量；控制地表水和地下水在一定的水质指标范围内，制定各类水体污染的治理目标。固体废物控制目标指控制区域内各产业部门的固体废物和生活垃圾的产生量和排放总量、占地面积；提出固体废物的综合利用率和生活垃圾处理率等项目标。噪声污染控制目标是按国家规划的标准要求，把区域内的一般噪声、交通噪声和飞机噪声控制在一定的范围内。

(2) 生态保护目标。自然生态环境是人类赖以生存和发展的物质条件，所以，在环境规划特别是区域环境规划中，要有保护森林资源、草原资源、野生生物资源、矿产资源、土地资源和水资源等生态资源的规划目标；同时还要有防止水土流失、土地沙化、土地荒漠化、土地盐碱化以及建立自然保护区和风景区的规划目标。

(3) 环境管理目标。环境规划的科学制定和实施要依靠环境管理来进行。因此，在环境规划中要包括组织、协调、监督等管理目标，同时还包括实施环境规划、执行各项环境法规以及环境保护的宣传、教育等项管理目标。

4. 按规划时间

按规划时间可分为长期、中期和短期目标。长期目标主要是有战略意义的宏观要求目标，时间一般为 10～20 年；中期目标包含具体的定量目标，也包含定性目标，时间一般为 3～5 年；短期目标一般指年度指标，一定要准确、定量、具体，体现出很强的可操作性。从关系上看，长期目标通常是中、短期目标制定的依据，而短期目标则是中、长期目标的基础。

5. 按空间范围

按空间范围可分为国家、省（区）、县（市）各级环境目标。从总体上看，上一级环境目标是下一级环境目标的依据，而下一级则是上一级的基础。对特定的森林、草原、流域、海域和山区也可规定其相应目标。

5.2.1.3　环境规划目标的原则

1. 以规划区环境特征、性质和功能为基础

确定目标要基于相应规划区的性质、功能，抓住其自身特征。对无能力防治和对污染特别敏感的区域，目标应高一些，而对环境容量大、承载能力强的区域，可以适当放低目标，推动经济发展，并最终反过来促进环境与经济的协调发展。目标过高或过低，会造成

资源浪费，经济和环境效益低下。因此应综合分析，抓住特点，区别对待，才能确定出适合本区域持续发展的最佳环境目标。

2. 与社会经济发展目标相协调原则

目前我国发展国民经济的战略思想是社会、经济、科学技术相结合，人口、资源、环境相结合的协调发展，这就清楚阐述了发展经济与保护环境的关系。因为发展生产的目的就是满足人民日益增长的物质文明和精神文明的需要。如果只有发展经济的目标，而无环境目标，只有经济发展的规划，而没有保护和改善环境的规划，势必造成环境污染和生态破坏，资源的衰退和枯竭，则经济难以持续发展。

3. 满足生存发展的基本要求原则

环境规划目标不仅要满足环境与经济协调发展的需要，还要保证人们生存发展的基本要求得到满足。一方面，确定目标应高于人们生活对环境质量的要求，尤其对于符合要求的饮用水、清洁空气、适当的生存空间和娱乐休闲等生活条件得到保证；另一方面，确定的目标也要高于生产对环境质量的要求，保证符合标准的生产用水、空气、生产用地、生产材料和能源等，从而保证生产的顺利进行。

4. 目标的技术经济可行性原则

环境规划总是在一定的条件支持下才能实现。确定目标时应考虑现有的管理、防治技术和人才结构问题，要分析现有经济水平能够提供多少资金用于环境保护，这一点至关重要。正确的做法是把环境规划目标和经济目标协调起来进行综合平衡，以保证资金投入。不同地区技术经济条件不同，但都应在现有和可能有的技术和经济条件下确定环境规划目标。

5. 目标实现的可操作性原则

在确定目标的时候，无论定性目标，还是定量目标，都要把目标具体化，保证目标在时间上和空间上能够进行分解、细化，形成易于操作的指标和具体要求，以便于环境规划方案的管理、监督、检查和执行。

5.2.1.4 确定环境规划目标的方式

1. 定量确定环境规划目标

定量是指在目标确定过程中尽量使目标量化的方式。用这种方式确定的目标都有具体的数量，表示环境质量要达到的程度或标准。其优点在于明确而具体表示环境规划目标，以利于管理、监督和实施。这种方式在中短期规划中应用较多。

2. 定性确定环境规划目标

定性是指用定性的方式描述目标，无明确数量化的要求，只是用概要的语言描述对于环境质量的要求。其优点在于能在较高视角表达目标，常用于中长期规划的目标确定。定性目标便于指导定量目标的确定，但不具有操作性。

3. 半定量确定环境规划目标

半定量是指介于定性与定量确定之间的方式，综合定量定性确定的优点，回避两者的弱点，适于一些模糊目标的确定。

5.2.1.5 环境规划目标的可达性分析

环境规划目标的可达性分析是指经过调查、分析、预测确定出环境规划目标后，还要对规划目标进行可达性分析并及时反馈回来对目标进行修改完善，以使规划目标更准确可行。

5.2.2　环境规划的指标体系

为了全面、合理地评价区域环境的现状与未来，对区域性质、规模、结构、环境容量等进行定量或半定量的测定和预测，对区域的发展做出科学的规划，实行准确的控制、调整与反馈，使区域社会、经济、环境协调发展，制定出一套科学的、反映区域环境质量状况和社会经济发展状况的指标体系是非常必要的。

5.2.2.1　环境规划指标体系概念

反映自然、社会、经济状况的指标多种多样，环境规划指标也多种多样，但它又不可能包揽所有的社会、经济和自然环境指标。环境规划指标体系应是进行环境规划定量或半定量研究时所必需的数据指标总体。如区域的地质、地形地貌、气候、水文、土壤和生物等自然生态指标；区域的人口密度、经济结构和密度、交通密度等社会经济指标；污染物发生量、排放量等污染源指标；污染物浓度分布及对此做出的一定评价等级和环境质量评价指标；反映区域总体水平的区域环境综合整治指标等。

5.2.2.2　建立环境规划指标体系的原则

建立环境规划指标体系，就是要建立起能全面、准确、系统和科学地反映各种环境现象特征和内容的一系列环境规划目标。为了切实地搞好这项工作，必须遵循一定的原则。

1. 整体性原则

环境规划指标体系要求环境规划指标完整全面，既有反映环境规划全部内容的环境指标，又包括在环境规划过程中所使用的社会、经济等项指标，并由此构成一个完整的环境规划指标体系。

2. 科学性原则

要通过科学的方法来建立环境规划指标体系，只有科学的规划指标才能进行科学的环境规划，也才能够实现环境规划的目标。

3. 规范性原则

环境规划指标体系是一个由多项指标构成的体系，由于这些指标的性质和特点不尽相同，这就需要对各项规划指标进行分类和规范化处理，使各类环境规划指标的含义、范围、量纲和计算方法等具有统一性，而且要在较长时间内保持不变，以保证环境规划指标的精确性和可比性。

4. 可行性原则

环境规划指标体系必须根据环境规划的要求来设置，根据具体的环境规划内容来确定相应的环境规划指标体系，在设计和实施环境规划方案时具有可行性。

5. 适应性原则

环境规划指标体系一方面要适应环境规划的要求，另一方面要适应环境统计工作的要求，在尽量满足环境规划工作需要的同时，也要考虑到实际可能的条件。如果片面地强调指标的完整无缺，势必增加了指标统计的工作量，超过统计部门的人、财、物的可能，就会给建立环境规划指标体系带来更加不利的影响。

6. 选择性原则

环境规划指标体系要注意选择具有现实性、独立性和必要性的指标，特别是区域环境综合整治指标要注意代表性和可比性，真正体现区域环境综合整治水平并可以得到客观准确的评价。

5.2.2.3 环境规划指标的类型

关于环境规划指标体系的研究工作虽然在深入进行，但仍没有规范化和标准化。特别是环境规划类型多种多样，环境规划指标由几十个到几百个。从内容上看有数量方面的指标、质量方面的指标和管理方面的指标；从表现形式上看有总量控制指标和浓度控制指标；从复杂程度上看有综合性指标和单项指标；从范围上看有宏观指标和微观指标；从地位和作用上看有决策指标、评价指标和考核指标；从其在环境规划中的作用上看有指令性规划指标、指导性规划指标和相应性指标。

1. 环境质量指标

环境质量指标是表征自然环境要素（大气、水、声音等）的质量状况的指标，是状况指标，一般以环境质量标准为基本衡量尺度。环境质量指标是第一层次的指标，所有其他指标的确定都是围绕完成环境质量指标进行的。

2. 污染物总量控制指标

污染物总量控制指标是压力指标，反映区域或功能区内污染源污染物排放状况，根据一定地域的环境特点和容量来确定，其中又有容量总量控制和目标总量控制两种。前者体现环境的容量要求，是自然约束的反映；后者体现规划的目标要求，是人为约束的反映。我国现在执行的指标体系是将两者有机地结合起来，同时采用。污染物总量控制指标将污染源与环境质量联系起来考虑，其技术关键是寻求源与汇（受纳环境）的输入响应关系，这与目前盛行的浓度标准指标有根本区别。浓度标准指标里对污染源的污染物排放浓度和环境介质中的污染物浓度做出规定，易于监测和管理，但此类指标对排入环境中的污染物量无直接约束，未将源与汇结合起来考虑。

3. 环境规划措施与管理指标

环境规划措施与管理指标是响应指标，由能够控制环境影响因子的主要行动措施的指标构成，包括法规、决策、信息、投资、监测、效果、评估等，是第三层次的规划指标。这类指标是先达到污染物总量控制指标，进而达到环境质量指标的支持性和保证性指标，指标完成与否同环境质量的优劣密切相关。这类指标有的由环保部门规划与管理，有的则属于城市总体规划。

4. 相关指标

相关指标主要包括经济指标、社会指标和生态指标三类。相关指标大多包含在国民经济和社会发展规划中，都与环境指标有密切的联系，对环境质量有深刻影响，但又是环境规划所包容不了的。因此，环境规划将其作为相关指标列入，以便更全面地衡量环境规划指标的科学性和可行性。对于区域来说，生态指标也为环境规划所特别关注，它们在环境规划中将占有越来越重要的位置。环境规划指标类别与内容见表 5.1。

表 5.1　环境规划指标类别与内容

指标类别与内容	应用范围				要求
	省城	城市	行业	流域	
一、环境质量指标					
1. 大气					
TSP（年日均值）或达到大气环境质量的等级		√			√
SO_2（年日均值）或达到大气环境质量的等级		√			√
NO_x（年日均值）或达到大气环境质量的等级		√			选择
降尘（年日均值）		√			选择
酸雨频度与平均 pH 值	√	√			选择
2. 水环境					
饮用水水源水质达标率；饮用水水源数		√			√
地表水达到地表水水质标准的类别或 COD	√	√			√
地下水矿化度、总硬度、COD、硝酸盐氮和亚硝酸盐氮		√			选择
海水达到近海海域水质标准类别或 COD、石油、氨氮和磷					
3. 噪声					
区域噪声平均值和达标率			√		√
城市交通干线噪声平均声级和达标率			√		
二、污染物总量控制指标					
1. 大气污染物宏观总量控制					
大气污染物（SO_2、烟尘、工业粉尘、NO_x）总排放量；燃烧废气排放量、消烟除尘量；工艺废气排放量、处理量；工业废气处理量、处理率；新增废气处理能力	√	√	√		
大气污染物（SO_2、烟尘、工业粉尘、NO_x）去除量（回收量）和去除率（回收率）	√	√			√
锅炉数量、达标量、达标率；窑炉数量、达标量、达标率	√	√	√		选择
汽车数量、耗油量、NO_x 排放量		√			选择
2. 水污染物宏观总量控制					
工业用水量和工业用水重复利用率；新鲜水用量	√	√	√	√	√
废水排放总量；工业废水总量、外排量；生活废水总量	√	√	√	√	√
工业废水处理量、处理率、达标率、处理回用量、回用率					
外排工业废水达标量、达标率					
新增工业废水处理能力					
万元产值工业废水排放量	√	√	√	√	√
废水中污染物（化学需氧量、生化需氧量、重金属）的产生量、排放量、去除量	√	√	√	√	√
3. 工业固体废物宏观控制					
工业固体废物（冶炼渣、粉煤灰、炉渣、煤矸石、化工渣、尾矿和其他）产生量、处置量和处置率；堆存量；累计占地面积、占耕地面积	√	√	√		√

续表

指标类别与内容	应用范围				要求
	省城	城市	行业	流域	
工业固体废物（冶炼渣、粉煤灰、炉渣、煤矸石、化工渣、尾矿和其他）综合利用量、综合利用率；产品利用量、产值、利润；非产品利用量	√	√	√		√
有害废物产生量、处置量、处置率	√	√	√		选择
4. 乡镇环境保护规划					
乡镇工业大气污染物排放（产生）量、治理量、治理率和排放达标率	√	√			选择
水污染物排放（产生）量、削减量、治理量、治理率和排放达标率	√	√			选择
固体废物产生量、综合利用量、排放量等	√	√			选择
三、环境规划措施与管理指标					
1. 城市环境综合整治					
燃料气化：建成居民总户数、使用气体燃料户数、城市气化率		√			√
型煤：城市民用煤量、民用型煤普及率		√			
集中供热："三北"地区采暖建筑面积、集中供热面积、热化率、热电联产供热量		√			
烟尘控制区：建成区总面积、烟尘控制区面积及覆盖率		√			√
汽车尾气达标率		√			√
城市污水量、处理量、处理率、处理厂数及能力（一级、二级）和处理量；氧化塘数、处理能力及处理量；污水排海量、土地处理量		√			√
地下水位、水位下降面积、区域水位降深；地面下沉面积、下沉量		√			
工业固体废物集中处理厂数、能力、处理量	√			√	
生活垃圾无害化处理量、处理率；机械化清运量、清运率；建成区人口、绿地面积、覆盖率；人均绿化面积		√			√
2. 乡镇环境污染控制					
污染严重的乡镇企业数量，关、停、并、转和迁移数目	√	√			选择
污灌水质	√	√			选择
3. 水环境保护					
功能区：工业废水、生活污水、COD、氨氮纳入水量（湖泊总磷、总氮纳入量）	√	√		√	√
监测断面：COD、BOD、DO、氨氮或达到地表水水质标准类别（湖泊区）	√	√		√	√
海洋功能区划：工业废水和生活污水入海量	√				选择
4. 重点污染源治理					
污染物处理量、削减量；工程建设年限、投资预算及来源	√	√	√		
5. 自然保护区建设与管理					
重点保护的濒危动植物物种和保存繁育基地数目、名称	√				√

续表

指标类别与内容	应用范围				要求
	省域	城市	行业	流域	
自然保护区类型、数量、面积、占国土面积百分比和新辟建的自然保护区	√				√
6. 投资					
环保投资总额占国民收入的百分数	√	√	√		√
环保投资占基本建设和更改资金的比例	√	√	√		
四、相关指标					
1. 经济					
国民生产总值：工、农业生产总值及年增长率；部门工业产值	√	√			选择
工业密度：单位占地面积企业数、产值	√	√			选择
2. 社会					
人口总量与自然增长率、分布、城市人口	√	√			选择
3. 生态					
森林覆盖率、人均森林资源量、造林面积	√	√			选择
草原面积、产量（kg/hm^2）、载畜量、人工草场面积	√	√			选择
耕地保有量、人均量；污灌面积；农药化肥污染土壤面积	√	√			选择
水资源：水资源总量、调控量、水资源林面积、水利工程和地下水开采	√	√			选择
水土流失面积、治理面积、减少流失量	√	√			选择
土地沙化面积、沙化控制面积	√				选择
土地盐渍化面积、改良复垦面积					选择
农村能源、生物能源占能源的比重，薪柴林建设					选择
生态农业试点数量及类型					选择

注　省内城市按城市要求，城市内行业按行业要求。

5.3 环境功能区

环境功能区依据区域的社会环境、社会功能、自然环境条件及环境自净能力等确定和划分。在环境管理中，不同的环境功能区执行不同等级的环境质量标准。

5.3.1 环境功能区划的内容

（1）在所研究的范围内，根据各环境要素的组成、自净能力等条件，合理确定使用功能的不同类型区，确定界面、设立监测控制点位。

（2）在所研究范围的层次上，根据社会经济发展目标，以功能区为单元，提出生活和生产布局以及相应的环境目标与环境标准的建议。

（3）在各功能区内，根据其在生活和生产布局中的分工职能以及所承担的相应的环境负荷，设计出污染物流和环境信息流。

(4) 建立环境信息库，以便对生产、生活和环境信息进行实时处理，及时掌握环境状况及其发展趋势，并通过反馈做出合理的控制决策。

5.3.2 环境功能区划的类型

5.3.2.1 按其范围分类

(1) 城市环境规划的功能区。其一般包括：工业区、居民区、商业区，机场、港口和车站等交通枢纽区、风景旅游或文化娱乐区、特殊历史文化纪念地、水源区、卫星城、农副产品生产基地、污灌区、污染处理地（垃圾场、污水处理厂等）、绿化区或绿色隔离带、文化教育区、新科技经济区、新经济开发区和旅游度假区。

(2) 区域（省区）环境规划的功能区。其一般包括：工业区或工业城市，矿业开发区，新经济开发区或开放城市，水系或水域，水源保护区和水源林区，林、牧、农区，自然保护区，风景旅游区或风景旅游城市，历史文化纪念地或文化古城，其他特殊地区。

5.3.2.2 按其内容分类

1. 综合环境区划

城市综合环境区划主要以城市中人群的活动方式以及对环境的要求为分类准则。一般可以分为重点环境保护区、一般环境保护区、污染控制区、重点污染治理区和新建经济技术开发区等。

(1) 重点环境保护区。一般指城市中（或城市影响的邻近地区）风景游览、文物古迹、疗养、旅游和度假等综合环境质量要求高的地区。

(2) 一般环境保护区。主要是以居住、商业活动为主的综合环境质量要求较高的地区。

(3) 污染控制区。一般指目前环境质量相对较好，须严格控制新污染的工业区，这类地区应逐步建成清洁工业区。

(4) 重点污染治理区。主要指现状污染比较严重，在规划中要加强治理的工业区。

(5) 新建经济技术开发区。新建经济技术开发区以其发展速度快、规模大、土地开发强度高和土地利用功能复杂为主要特征，应单独划出。该区环境质量要求以及环境管理水平根据开发区的功能确定，但应从严要求。

2. 部门环境功能区划

一般可分为大气环境功能区、地表水域环境功能区、噪声功能区等。

(1) 大气环境功能区划。所谓大气环境功能区划并不是指对大气环境的区划，而是指为确定研究地区的大气环境规划目标而对这些地区进行的功能区划。一般来讲，城市大气环境功能区通常划分成工业区、商业区、居民区、文化区、交通稠密区和清洁区六种类型。旅游区域环境应按清洁区来看待。广大的农业环境也可按这一体系进行划分，但类型可以少至两个，即居民区和清洁区。功能区的划分对于监测点的布置、监测浓度的统计、对照也都有重要意义。

1) 工业区。工业区以各种工业为主体，由于释放大量的烟尘、SO_2、NO_2 等，这里的大气污染十分严重，一般难以治理清洁，故居民区一般都与工业区之间有一定间隔。

2) 商业区。商业区以经营各种商品为主，但由于流动人口多，解决流动人口的食、宿服务设施也就随之产生，各种饮食摊点的污染源释放就成为商业区的重要污染源。

3）居民区。居民区是居民生活、休息的场所。用餐、取暖等活动也可能释放出大量污染物。

4）文化区。文化区是指文化、教育、科技相对集中的地区。但我国的实际情况往往是文化区也夹杂着居民区。

5）交通稠密区。交通稠密地区由于机动车排放出的大量尾气而使污染十分严重。它包括城市交通枢纽和交通干线两侧。一般把交通干线两侧到以外50m处的范围都划成交通稠密区。

6）清洁区。清洁区要求达到一级标准。它包括国家规定的自然保护区、风景游览区、名胜古迹和疗养地等。

（2）地表水域环境功能区划。

1）源头水。源头水是指各地面水域，特别是江、河的最上游地段的水体。由于源头水要直接流向江、河的上、中、下游，因此源头水质不好对整条河流的水质都有影响。

2）国家自然保护区。国家自然保护区是由国家划定的有重要经济价值或生物多样性等需保护的重要水域。

3）生活饮用水水源地保护区。生活饮用水水源地保护区是指居民通过取水口集中取水的地方。由于地表水饮用水源多为江河，江、河水都是流动水体，同时水体本身还存在回流、分子扩散等现象，所以一般要求取水口上、下游之间一定距离内的水质有较高的标准。根据距离的长短，又可把生活饮用水水源地保护区分为一级保护区和二级保护区。

4）鱼类保护区。又分为珍贵鱼类保护区、鱼虾产卵场和一般鱼类保护区三类。

5）一般工业用水区。一般工业用水对水质要求不高，标准规定一般工业用水区水质执行Ⅳ类水质标准。

6）农业用水区。由于土壤有较强的自净作用，农作物能有选择地吸收各种营养物，因此农业用水区对水质的要求可以更低。

7）一般景观水域。即没有明显的使用功能而又是人们时常接触的地方，如具有航运功能的水体和居民集中区的水体，这些水体不可发臭变色或滋生令人厌恶的水生生物，以免引起人们的不适感。

（3）噪声功能区划。由于噪声也是在空气中传播、扩散的，其污染源也主要来自工业、交通及人们日常生活、工作时发出的声音，因此噪声功能区划和大气功能区划有着较大的相似性。但由于噪声的衰减速率快等特殊性，噪声功能分区又与大气功能分区有所不同。

根据《社会生活环境噪声排放标准》（GB 22337—2008），噪声功能区划可分为五类：

1）0类声环境功能区，指康复疗养区等特别需要安静的区域。该区昼间的等效声级应低于50dB，夜间应低于40dB。

2）1类声环境功能区，指以居民住宅、医疗卫生、文化教育、科研设计、行政办公为主要功能，需要保持安静的区域。该区昼间等效声级应低于55dB，夜间应低于45dB。

3）2类声环境功能区，指以商业金融、集市贸易为主要功能，或者居住、商业、工业混杂，需要维护住宅安静的区域。该区昼间等效声级应低于60dB，夜间应低于50dB。

4）3类声环境功能区，指以工业生产、仓储物流为主要功能，需要防止工业噪声对周围环境产生严重影响的区域。其噪声标准要求昼间应低于65dB，夜间应低于55dB。

5）4类声环境功能区，指交通干线两侧一定距离之内，需要防止交通噪声对周围环境产生严重影响的区域，又分为4a类和4b类两种，4a类为高速公路、一级公路、二级公路、城市快速路、城市主干路、城市次干路、城市轨道交通（地面段）、内河航道两侧区域，4b类为铁路干线两侧区域。该区要求昼间等效声级应低于70dB，夜间应低于55dB。

对其他环境，目前还没有制定相应的功能区划方法和质量标准。因此往往根据污染物对环境的危害情况和研究区的实际情况具体研究确定。

5.4 环境规划方案的设计与优化

环境规划方案的设计是整个规划工作的中心，与确定目标一样都是工作重点。对于不同的规划方案，经过对比分析，确定经济上合理、技术上先进、满足环境目标要求的几个最佳方案作为推荐方案。常用的优化方法有数学优化法、费用效益分析法、线性规划法、多目标决策分析法等。

5.4.1 环境规划方案的设计

5.4.1.1 环境规划方案设计的内容

环境规划方案的设计是在考虑国家或地区有关政策规定、环境问题和环境目标、污染状况和污染削减量、投资能力和效益的情况下，提出具体的污染防治和自然保护的措施和对策。

5.4.1.2 环境规划方案设计的原则

1. 善用信息，紧指目标

环境规划前期工作中获取的信息一定要善加利用，充分了解环境问题和污染状况，明确自身的治理和管理技术，现有设备及可能投入的资金及环境污染削减能力和承载力，对这些信息进行综合考虑和深入分析。同时，在设计中，提出的各种措施和对策一定要考虑是否抓住问题实质、能不能实现、是否对准目标等，要加强信息意识和目标意识。

2. 以提高资源利用率为根本途径

环境污染实质是浪费的资源和能源在环境中积累过多，如从提高资源利用率入手，不但可以减轻污染，而且可减小资源对环境造成的压力。在规划方案设计中，空气污染综合整治、生态保护、总量控制、生产结构与布局规划都要围绕资源利用率这个中心。

3. 遵循国家或地区有关政策法规

要在政策允许范围内考虑设计方案，提出对策和措施，避免与之抵触。

5.4.1.3 环境规划方案的设计过程

（1）分析调查评价结果。其包括环境质量、污染状况、主要污染物和污染源、现有环境承载力、污染削减量、现有资金和技术的调查和评价。明确环境现状、治理能力和污染综合防治水平。

（2）分析预测的结果。摆明环境存在的主要问题，明确环境现有承载能力，削减量和可能的投资、技术支持，从而综合考虑实际存在的问题和解决问题的能力。

（3）详细列出环境规划总目标和各项分目标，以明确现实环境与环境目标的差距。

（4）制定环境发展战略和主要任务。从整体上提出环境保护方向、重点、主要任务和步骤。

（5）制定环境规划的措施和对策。这是规划的主体，在目标与现实之间要采用必要的措施才能解决。重要的是运用各种方法制定针对性强的措施和对策，如区域环境污染综合整治措施、生态环境保护措施、自然资源合理开发利用措施、生产布局调整措施、土地规划措施、城乡建设规划措施和环境管理措施。

1）污染综合整治措施。包括大气污染综合整治、水污染综合整治、固体废物综合整治和噪声综合整治。首先，选用适当的计算公式计算污染削减量，再将污染削减量分配到源，明确削减任务；其次，分析规划区域环境污染的主要原因，明确整治措施的重点与方向；最后，有针对性地制定措施。

2）自然资源的开发利用与保护措施。自然资源的开发利用要遵循经济规律和生态规律，实行开发利用与保护增殖并重的方针，以提高资源能源利用率为根本来保护资源。一般对自然资源的开发利用与保护主要采用管理措施。一方面，下大力气贯彻执行有关资源保护的法律，如《土地管理法》《矿产资源法》等，对土地占用应使用占地许可证制度，并征收使用补偿费，对矿产资源开发利用实行有偿使用制度，防止生态破坏、资源枯竭，同时注意资源恢复工程措施，鼓励资源增殖再生；另一方面，在自然保护区、水源地及其他有特殊生态功能的地区建立统一的经营管理体制，对生产单位实施资源能源指标控制和污染物排放的指标控制，以及实施资源税制、颁布生产经营许可证等措施，实现资源的保护与利用。

3）生产布局调整措施。对已建的城市和经济区主要根据环境的现状和发展目标，考虑能流、物流、信息流，调整经济结构、产业结构和工业布局，对低效益、重污染和分布在居民区、风景区、水源区的污染加工厂限期关、停、并、转、迁。对新开发区根据资源、能源和环境容量，兼顾经济因素，合理划分功能区。兴建工业综合体，形成工业生产链，以提高资源利用率，减轻对其他功能区的污染与破坏。同时，采取措施实行清洁生产，从原材料的选择、产品结构调整到清洁生产工艺的采用，都要有利于清洁生产的调整。

5.4.2　环境规划方案的优化

5.4.2.1　环境规划方案优化的内涵

环境规划方案是指实现环境目标应采取的措施以及相应的环境保护投资，力争投资少效果好。在制定环境规划时，一般要做多个不同的规划方案，经过对比各方案，确定经济上合理、技术上先进、满足环境目标要求的几个最佳方案作为推荐方案，供领导决策。方案优化是编制环境规划的重要步骤和内容。方案的对比要具有鲜明的特点，比较的项目不宜太多，要抓住起关键作用的因素进行比较。对比各方案的环境保护投资和三个效益的统一，达到投资少效果好的目的。值得注意的是，不要片面追求先进技术或过分强调投资，要从实际出发，选择最佳方案。

（1）区域资源合理利用与工业生产链研究。根据区域自然资源的特点，建立合理的工业生产链，提高自然资源的利用率。同时确定重污染工业在区域工业部门中的适当比例。

(2) 区域环境容量与污染工业的合理布局。根据区域环境容量的特点，对重污染工业进行合理布局。

(3) 区域能源合理结构研究。应研究区域内的能源合理结构，以便减少大气污染。

(4) 区域水资源合理利用与环境污染综合防治的研究。应研究区域水资源的合理利用及区域环境污染的综合防治途径。

5.4.2.2 环境规划方案优化的步骤

(1) 分析、评价现存和潜在的环境问题，寻求解决的方法和途径，研究为实现预定环境目标而采取的措施。

(2) 对所有拟定的环境规划草案进行经济效益分析、环境效益分析、社会效益分析和生态效益分析。

(3) 分析、比较和论证各种规划草案，建立优化模型，选出最佳总体方案。

(4) 预测评价区域环境规划方案的实施对社会、经济发展和环境产生的影响。

(5) 概算实施区域环境规划所需的投资总额，确定投资方向、重点、构成与期限，以及评估投资效果等。

5.5 环境规划方案的实施及管理

环境规划的实用价值主要取决于它的实施程度。规划的实施既与规划的质量有关，又取决于规划实施所采取的具体步骤、方法和组织。实施环境规划与管理比编制规划复杂和困难。

环境规划的实施是政府相关部门根据环境目标的要求，建立组织机构，分解规划目标，有效利用人力、物力和信息资源条件下，采取有效手段，使规划目标得以实现的动态过程。

5.5.1 环境规划方案的实施

5.5.1.1 环境规划实施的基本条件

1. 环境规划纳入总体规划

环境规划的编制、审批和下达只是规划工作的一部分，而重要的工作是组织规划的实施。经过审批的环境规划，在一定程度上代表了国家对环境保护前景的意愿，体现了人民的根本利益。环境规划按照法定程序下达后，在环境保护部门的监督管理下，各实施单位根据规划中对本地区、本部门或本单位的要求，有责任组织各方面的力量，促使规划付诸实施。

把环境保护纳入经济和社会发展规划是人类认识客观规律的进步。多年来，我国的环境问题之所以日趋严重，其中一个主要原因就是因为过去的环境保护没有在国民经济中占有一定的比例，违背了社会主义市场经济这一客观规律，以致造成了严重的环境污染和生态破坏。因此，为保证环境规划的顺利实施，各级政府在制定国民经济和社会发展计划时，必须把环境保护作为综合平衡的重要内容。

2. 全面落实环境保护资金

为解决环境问题，防治环境污染和改善生态环境，达到环境规划所确定的目标，可以通过制定有关环境保护政策，强化环境管理和依靠科技进步等措施使环境污染和生态破坏得到一定程度的缓解。但是，关于一个国家的未来环境，不仅取决于目前的环境基础，更主要的是取决于一个国家的财力和物力，也就是取决于一个国家的经济发展水平。尤其是对于我国环境污染欠账较多和自然生态破坏严重的情况来说，要想从根本上解决环境问题，没有或缺少一定比例的环境保护投资是不行的。环境保护投资比例问题是协调环境保护与经济和社会发展之间的一个重要问题。比例多少与规划目标相关，是实现规划目标全部措施中最根本的一环；同时，又是制约规划目标的主要因素之一。

3. 编制年度环境保护计划

环境保护规划的分类，按跨越时间分为长远环境规划（即长期规划）、中期环境规划（如五年计划）和年度环境保护计划。编制的时间顺序为一般先编制长远环境规划，接着编制五年计划，然后在五年计划的基础上，再编制出年度环境保护计划。中期环境规划的实施，必须靠年度环境保护计划层层分解，具体落实到各地区、各部门和各单位逐步实施。因此，各级政府在制定年度国民经济和社会发展计划的同时，要把编制年度环境保护计划作为一项重要的内容。

4. 实行环境保护目标管理

为了实现环境保护的规划目标，仅靠一般化的行政管理模式，已经不能适应目前环境保护工作的需要。把环境保护规划目标和任务与责任制紧密结合起来，实行各级领导的环境保护目标责任制的管理制度，是顺利实现规划目标和任务的重要措施。

环境保护目标责任制是以签订责任书的形式，从各级领导的职责范围出发，具体规定出他们在任期内的环境保护目标和任务这一基本职责，从而理顺各地区、各部门和各单位在保护环境方面的关系，使改善环境质量的规划目标和任务得到层层落实。实行环境规划目标责任制，有利于将纳入国民经济和社会发展计划中的环境保护计划目标和任务具体化；有利于调动各地区、各部门和各单位的力量共同保护和改善环境。

5.5.1.2 环境规划实施的基本措施

1. 采取协调和审议的措施

区域经济、资源、环境协调发展规划包括多方面、多层次的内容，同时也涉及各地区、各团体的局部利益。因此，对于这样一个庞大的规划应有一个反复磋商、质疑、调整的过程。调整阶段是十分重要的，调整的目的是协调各方面的关系，突出中心问题和亟待解决的问题，满足各层次、多样化、复杂化的要求，使各方面对环境规划达成一致意见。

（1）规划部门内部的协调和调整。在规划部门内部有各专项规划单位，因此环境规划应首先和这些专项规划相协调。

（2）与有关部门进行协调和调整。环境规划涉及的部门，包括规划实施部门、政策法令制定部门及投资部门等，要根据本部门的需要对规划提出调整意见。

（3）与区域周围邻近地区间的协调和调整。环境规划的地域性决定了其在实施过程中，必须对环境功能相近或不同的行政区划范围的规划内容进行协调。

（4）与国家办事机构的协调和调整。与这个层次协调的目的在于和国家的规划相统一，以便使国家对该区域的资源分配、经济发展速度和环境质量目标有统筹的安排。

2. 组织管理方面的措施

(1) 制定资源利用开发标准。国家标准化管理委员会同有关部委合作负责有关环境保护和资源利用的规划标准以及名词解释的工作，使资源利用有章可循，使资源管理规范化，提高资源综合利用率，或减少排放量，利于环境规划目标的实现。

(2) 统计报表制度。对污染物治理和生产废物的综合利用实行统计报表制度。表格和指标统一规定，这样为次年的规划提供了依据，并奠定了基础，也可使国家及时掌握资源和环境污染物治理的变动情况。

(3) 依法控制保证规划的实施。环境法规的实施，使协调发展的体系得到了充分的保障，为环境规划的实施铺平了道路。

3. 科学研究方面的措施

(1) 协调发展规划方法的研究。环境规划过程中采用计算机模拟技术以来，给规划方法的开拓提供了广阔的前景。为了保证环境规划的有效实施，应采用综合集成技术把大规模系统优化理论应用于环境协调发展规划，使环境规划更切合实际。

(2) 生态工程工艺的研究。生态工程、工艺方面的研究是制定和实施环境协调发展规划必不可少的基础工作之一。

5.5.2 环境规划方案的管理

环境规划的编制、实施与管理是一个动态追踪的发展过程。环境规划实施与管理要适应区域社会经济发展，规划通过对区域经济社会发展规律和环境质量演化规律的揭示，引导区域社会和经济向更适合人类生产生活需要的方向发展。环境规划既是区域未来预期状态的模拟设想和预先协调行动纲领，同时又是一个不断积累的追踪决策过程。

5.5.2.1 环境规划实施的动态追踪过程

1. 动态追踪管理

在环境规划实施管理过程中，在区域内部各组成要素的协同作用下，通过动态追踪监控行为使规划适应区域经济社会发展的动态变化要求，并在区域发展的某些未曾预测到的环境突发性事件发生的情况下，仍能保证环境规划目标得到顺利实现。

2. 动态追踪干扰因素作用管理

在环境规划实施管理过程中，在各种干扰因素的作用下，环境规划不仅能适应区域经济社会发展的需求，而且通过会诊、会鉴、检讨、纠错、置换等追踪控制行为，使其本身仍能保持完整的科学性和合理性，在发挥环境规划功能与作用的同时，使环境规划本身不断得到更新、完善和发展。

3. 环境追踪技术的可操作管理

在环境规划实施管理过程中，在充分考虑规划实施准则及技术可操作性的前提下，通过动态追踪监控过程，可及时掌握地方政府和规划部门对规划实施的承受能力（可接受能力）和控制能力。根据承受能力和控制能力的动态变化特点，调控规划实施的追踪监控强度，进而调控、修编和校正已编成的环境规划方案，使规划方案得以实施。

4. 动态追踪的定量化管理

在环境规划实施管理的过程中，在规划的战略纲要与宏伟蓝图的指导下，为便于环境规划实施追踪监控行为的顺利进行，要求规划对实施的指导应该落到实处。力求能够从量上予以确定，但这种量的规定性，不能全都是固定且唯一的，应有适当的弹性和较强的适应性，能适应不同环境功能区、不同时间和社会、经济、自然环境条件的变化。

5.5.2.2　环境规划实施的动态控制管理

环境规划实施的动态全过程控制管理，是使环境规划实施与管理相结合，使规划目标及其变化方向符合社会经济发展规律、环境质量变化特点，符合人们的预期目标，并沿正常的轨道运行。

1. 环境规划的空间控制

环境规划实施的全过程由一个集中控制机构来执行。在集中控制基础上，建立相对独立的几个二级机构，对环境规划的数量指标、质量指标进行评估和决策。各个相对独立的二级控制机构之间通过信息传递与反馈行为实现横向协调控制；环境规划的二级控制机构与总控制机构之间通过环境规划信息的传递与反馈实现纵向控制；纵向控制最后通过信息交叉反馈，实现环境规划实施的动态全过程控制管理。

2. 环境规划的时间控制

环境规划的时间控制是指环境规划信息反馈时间和反馈回路控制。其一为闭路控制，指在规划实施管理中具有完整反馈回路的时间控制。规划管理者根据环境规划实施者反馈的情报信息，有效控制和改善规划实施过程。其二为规划过程中具有不完整反馈回路的半闭路时间控制。由于环境规划实施中大量随机因素干扰，用信息反馈适时调节控制。其三为开路控制，即环境规划实施管理，不具备反馈回路控制。在环境规划的时间控制中，一般是要用开、闭路结合控制，闭路、半闭路和开路控制信息反馈实施协调控制管理。

3. 时空耦合的全过程控制

针对环境规划实施的空间和时间控制管理无法沟通的情况，在两者之间架起一座信息桥梁，通过信息反馈、资源共享等协调途径，化解时空控制管理的冲突，达到环境规划实施的动态控制管理。

5.5.2.3　环境规划的组织管理

1. 建立与完善环境规划管理的组织机构

环境规划的实施管理主要依靠现已建立的环境管理组织系统，也可根据需要建立专门的机构来负责规划的组织实施。如按规划的管理范围来设立某流域或某区域的专门环境管理委员会等。专门成立的规划管理机构应由当地分管环境保护的最高行政领导牵头，环境保护部门和政府有关部门及产业部门有关领导共同组成，下设具体办事机构（如办公室），负责处理日常事务。

规划管理机构负责规划的分解、执行、检查、考核、协调和调整。这种机构亦可设在各级环境保护委员会中。

2. 形成完善的环境规划管理手段

（1）环境规划的行政管理。在环境规划实施过程中，行政组织系统要按层次和职能，做到各司其职，各尽其责，密切配合，共同管理。各级人民政府是规划实施的主要领导者、组织者和责任承担者，各产业部门和企事业单位是规划的具体执行者。环境委员会是环境规划实施的主要协调机构，协调规划执行过程中出现的各种跨域问题。

环境保护部及地方环境保护局是政府的职能部门，也是各级环境保护委员会的办事机构，是对规划实施行使监督检查和进行各种组织、沟通、协调和服务的机构。

各级人民代表大会是对本地区环境规划行使决策与监督管理的最高权力机构。人民代表大会下设的资源环境工作委员会负责组织和拟定有关环境保护的议案和法规，审议现有规划和各种环境保护的命令、法规；审议经费预算；调查重大环境问题和环境案件，并提出建议和意见；监督政府对环境规划和其他环境保护计划的执行情况等。

（2）环境规划的协调管理。由于环境规划的广泛性和跨域性特点，在规划实施过程中必须注重各部门、各地区间的行动协调，以解决规划执行过程中上下之间和横向关系中出现的矛盾和冲突。在任务分配、资金筹集与投放、环境保护设施的建设与运行等方面，都有很多协调工作需要做好。

协调的手段包括经济手段、行政手段、法律手段以及必不可少的思想协调工作，要依靠各级环境保护委员会进行组织协调，其总的目的是保证规划目标的实现。

此外，由于事物本身的不断变化和发展，以及人们认识的深化，任何规划在施行过程中都会出现规划与实际情况不符的现象，都会发现规划的不足，因此，对规划做出必要的修正、补充是不可避免的。在规划实施中及时调整规划，是保证规划目标圆满实现的重要工作措施。

思考题

1. 环境规划的基本程序是什么？
2. 简述环境规划的主要步骤和内容。
3. 简述环境功能区划分的意义和内容。
4. 简述环境规划方案的设计流程。

第6章 水环境规划

水环境作为生态系统的重要组成要素之一，对人类社会的存在形式、演变进程、发展方向有着特殊的影响。在把水视为人类赖以生存和发展的环境资源条件的前提下，在水环境系统分析的基础上，摸清水质和供需情况，合理确定水体功能，进而对水的开采、供给、使用、处理、排放等各个环境做出统筹安排和决策称为水环境规划。特别是近年来，城市化的快速发展、工业化水平不断提高以及城市数量不断增加，造就了城市人口的急剧膨胀和水资源消耗量的激增，同时由于人类对水资源的不合理开发和使用，水环境污染、水资源枯竭等问题日趋严重，有限的水资源供给和日益增长的需求之间产生了不可调和的矛盾，水环境问题越来越突出。水环境规划作为解决这一问题的有效手段，受到了普遍的重视，并在实践中得到了广泛的应用。

6.1 水环境规划背景

一般认为，水环境规划包括两个有机组成部分：一是水质控制规划；二是水资源利用规划。这两个部分相辅相成，缺一不可，前者以实现水体功能要求为目标，是水环境规划的基础；后者强调水资源的合理利用和水环境保护，它以满足国民经济增长和社会发展的需要为宗旨，是水环境规划的落脚点。

6.1.1 水资源现状

根据水利部2021年发布的《中国水资源公报》，全国水资源总量为29638.2亿m^3，比多年平均值偏多7.3%。其中，地表水资源量为28310.5亿m^3，地下水资源量为8195.7亿m^3，地下水与地表水资源不重复量为1327.7亿m^3。

2021年，全国用水总量为5920.2亿m^3。其中，生活用水为909.4亿m^3，占用水总量的15.4%；工业用水为1049.6亿m^3（其中火核电直流冷却水507.4亿m^3），占用水总量的17.7%；农业用水为3644.3亿m^3，占用水总量的61.5%；人工生态环境补水为316.9亿m^3，占用水总量的5.4%。地表水源供水量为4928.1亿m^3，占供水总量的83.2%；地下水源供水量为853.8亿m^3，占供水总量的14.5%；其他水源供水量为138.3亿m^3，占供水总量的2.3%。

2021年，全国人均综合用水量为419m^3，万元国内生产总值（当年价）用水量为51.8m^3。耕地实际灌溉亩均用水量为355m^3，农田灌溉水有效利用系数为0.568，万元工业增加值（当年价）用水量为28.2m^3，人均生活用水量（含公共用水）为176L/d，城乡居民人均用水量为124L/d。

整体来看，我国的水资源分布呈现以下特点：

（1）水资源不足。虽然我国多年平均地表水资源总量为27115亿m^3，但按人口平均，每人只有2100m^3，只相当于世界人均拥有量的1/4，美国的1/5。

（2）水资源分布极不均衡。我国幅员辽阔，地形复杂，受季风影响强烈，降水分布极不均衡。总体来看，北方水源不足，南方水源有余。黑龙江、辽河及黄河、淮河、海河流域耕地占全国的58.2%，水资源占全国的14.4%，西南诸河、闽、浙、台及长江、珠江流域耕地占全国的35.9%，水资源总量占全国的81%。

（3）降水量时空变化大。我国降水特点是集中在很短的雨季。通常全年60%～70%的雨量都集中在夏秋的3～4个月内，而且又往往集中于几次连续性的大雨、暴雨。

（4）水土流失严重。我国是世界上水土流失最严重的国家之一。全国水土流失面积达367万km^2，占国土面积的38%。

（5）水资源污染严重。水资源污染有两种：一种是自然污染，即由于降水对大气的淋洗、对地面的冲刷造成水土流失，挟带各种污染物流入水体而形成；另一种是人为污染，也是主要的一种，即工业废水、城市生活污水和农业废水对水体的污染。

6.1.2 水污染现状

根据生态环境部《2021中国生态环境状况公报》，全国地表水劣Ⅴ类断面仅有1.2%，主要江河的国控断面劣Ⅴ类比例仅有0.9%，湖泊水库中劣Ⅴ类湖泊（水库）比例5%，地表水环境质量持续好转，水体中污染物主要是化学需氧量、高锰酸盐指数和总磷。

《2021年中国海洋生态环境状况公报》显示我国海洋生态环境状况稳中趋好。海水水质整体持续改善，典型海洋生态系统均处于健康或亚健康状态，全国入海河流水质状况总体为轻度污染，主要用海区域环境质量总体良好。一类水质海域面积占管辖海域面积的97.7%，同比上升0.9个百分点；近岸海域优良水质（一类、二类）面积比例为81.3%，同比上升3.9个百分点。夏季呈富营养化状态的海域面积30170km^2，同比减少15160km^2。

整体来看，造成我国水污染的主要来源是工业废水、生活污水、面源污染等。

工业废水包括生产废水、生产污水及冷却水，是指工业生产过程中产生的废水和废液，其中含有随水流失的工业生产用料、中间产物、副产品以及生产过程中产生的污染物。工业废水种类繁多，成分复杂。在2015年调查统计的41个工业行业中，废水排放量位于前4位的行业依次为化学原料和化学制品制造业，造纸和纸制品业，纺织业，煤炭开采和洗选业。这4个行业的废水排放量为82.6亿t，占重点调查工业企业废水排放总量的45.5%。

生活污水是居民日常生活中排出的废水，主要来源于居住建筑和公共建筑，如住宅、机关、学校、医院、商店、公共场所及工业企业卫生间等。生活污水所含的污染物主要是有机物（如蛋白质、碳水化合物、脂肪、尿素、氨氮等）和大量病原微生物（如寄生虫卵和肠道传染病毒等）。存在于生活污水中的有机物极不稳定，容易腐化而产生恶臭。细菌和病原体以生活污水中有机物为营养而大量繁殖，可导致传染病蔓延流行。因此，生活污水排放前必须进行处理。

截至2020年，全国城市污水处理厂2618座，处理能力约为2亿m^3/d，污水年排放量近600亿m^3。城市污水处理率为97.53%，城市污水处理厂集中处理处理率为95.78%，全国干污泥产生量为1000万t。

截至2020年，全国县城污水处理厂1700多座，污水处理率为95.05%，其中，重庆、宁夏、河北、山东的县城污水处理率最高，四川、河南、河北等地县城的污水处理厂数量最多；2020年，全国县城污水处理厂集中处理率为94.42%。全国县城污水处理年排放量100亿m^3，污水处理能力3770万m^3/d，年污水处理总量98.62亿m^3。县城干污泥产生量近170万t。

截至2020年，对生活污水进行处理的建制镇为12300个，污水处理比例为65.35%，其中四川、山东建制镇污水处理厂分别超千个。全国建制镇污水处理厂11374座，污水处理能力为2740万m^3/d，污水处理装置处理能力为2157万m^3/d。

6.2　水环境评价和水环境预测

水环境由地表水环境与地下水环境组成，包括河流、湖泊、水库、海洋、沼泽、冰川、泉水、浅层和深层地下水等，水环境是最容易受人类活动影响和破坏的地域，它同其他环境要素如土壤环境、生物环境、大气环境等构成了一个有机的综合体。它们互相影响、互相联系、互相制约。当改变或破坏某一区域的水环境状况时，必然引起其他环境要素的变化。就水体部分而言，水环境是指水体中的水组分、地质组分、水生生物组分和微生物组分的联合体。

水环境评价主要包括两个方面：一方面是针对不同水域进行，如对湖泊、水力、河段的水质评价，也包括对污染源评价和河道行洪能力评价等；另一方面是针对不同用途进行，如饮用水源、灌溉养殖用水源、工业用水源以及娱乐旅游用水源等水环境质量评价。环境影响预测的结果直接影响对策措施和决策的正确性，是环境影响评价中最重要的环节。应预测建设项目对已确定的评价项目产生的影响，预测的范围、时段、内容及方法，根据评价工作等级、工程与环境的特性、当地的环保要求而定，应充分考虑到建设项目可能产生的环境影响。

6.2.1　水环境评价

水环境评价是从环境卫生学角度，按照一定的评价标准和方法对一定区域范围内的水环境质量进行客观的定性和定量调查分析、评价和预测。水环境质量评价实质上是对水环境质量优与劣的评定过程，该过程包括：水环境评价因子的确定、环境监测、评价标准、评价方法、环境识别。因此水环境质量评价的正确性体现在以上五个环节的科学性与客观性。水质评价按水体分为河水质量评价、湖泊（水库）质量评价、海洋质量评价、地下水质量评价等。

水环境质量评价除了一般水质指标，还有溶解氧含量等。

(1) 对于一般水质因子评价用式(6.1)，实测浓度值越低，标准限值越低，水质越好。

$$S_{ij}=C_{ij}/C_{si} \tag{6.1}$$

式中　S_{ij}——标准指数；

C_{ij}——评价因子i在j点的实测浓度值，mg/L；

C_{si}——评价因子i的评价标准限值，mg/L。

(2) 对于溶解氧浓度，溶解氧浓度越低，标准指数就越高。

当 $DO_j \geq DO_s$ 时

$$SOD_j = |DO_f - DO_j| / (DO_f - DO_s) \tag{6.2}$$

当 $DO_j < DO_s$ 时

$$SOD_j = 10 - 9(DO_j / DO_s) \tag{6.3}$$

式中 SOD_j——DO 的标准指数；

DO_f——某水温、气压条件下的饱和溶解氧浓度，mg/L；

DO_j——溶解氧实测值，mg/L；

DO_s——溶解氧的评价标准限值，mg/L。

(3) 对于 pH 值实测值，当 SpH_j 大于 1 时，pH 值实测值已经低于标准的下限值，不能满足水质要求。

当 $pH_j \leq 7.0$ 时

$$SpH_j = (7.0 - pH_j) / (7.0 - pH_{sd}) \tag{6.4}$$

当 $pH_j > 7.0$ 时

$$SpH_j = (pH_j - 7.0) / (pH_{su} - 7.0) \tag{6.5}$$

对于水环境质量的综合评价如下：

均值型综合质量指数

$$I = \frac{1}{n} \sum_{i=1}^{n} I_i \tag{6.6}$$

加权型综合质量指数

$$I = \frac{1}{n} \sum_{i=1}^{n} A_i I_i \tag{6.7}$$

式中 A_i——对应第 i 个因子的权重系数。

对于水环境评价除了水环境质量评价外，还包括水污染源评价，而水污染源评价又可以分为单污染因子评价和综合评价。对于单污染因子评价，见式 (6.8)，排放强度越高，污染越严重。

$$W_i = C_i Q_i \tag{6.8}$$

式中 W_i——排放强度；

C_i——浓度；

Q_i——流量对于水污染源综合评价，包括等标污染负荷与污染负荷比。

1) 对于等标污染负荷，见式 (6.9)，是指把污染物的排放量稀释到相应排放标准时所需的介质量，用以评价各污染源和各污染物的相对危害程度。

$$P_{ij} = (\rho_{ij} / \rho_{oj}) Q_{ij} \tag{6.9}$$

式中 P_{ij}——等标污染物负荷；

ρ_{ij}——第 j 个污染源污染物 i 的浓度；

ρ_{oj}——第 j 个污染源污染物 i 的标准浓度；

Q_{ij}——第 j 个污染源污染物 i 的流量。

2) 对于污染负荷比，它相对于每一种污染物的等标污染负荷之和的比值，即

$$K_{ij}=\frac{P_{ij}}{\sum_{i=1}^{n}P_{ij}}\times 100\% \tag{6.10}$$

式中 K_{ij}——污染负荷比；

P_{ij}——第 i 种污染物的等标污染负荷；

$\sum_{i=1}^{n}P_{ij}$——每一种污染物的等标污染负荷之和。

6.2.2 水环境预测的内容和方法

水环境预测包括水质预测和水污染预测。运用科学手段和方法，推测经济社会活动造成的河流、湖泊、湿地、水库、地下水和海洋等水体质量的变化及其影响。主要内容包括：水资源开发利用预测、污染治理对策和投资效果预测等。可在全球、国家、区域（流域）等不同层次上进行。目的是指导人们有效合理地开发、利用水资源，保护水环境，维持生态平衡。

预防和控制潜在的水环境风险，准确预测水体中污染物的迁移和扩散情况非常必要。在多种预测方法中，数学模型法是风险预测与评价的主要方法。随着水质模型研究的深入，国际上已经有很多成熟的水质模型软件，然而这些模型输入参数多，分析工作量大，对于瞬时发生的污染事故、风险预测较有难度。通过对水体中污染物迁移转化基本方程作合理简化及理论数学推导，可得出鉴别环境危害强弱、描述事故危害情况、估算事故危害区大小和危害期长短的风险评估模式，并结合工程软件实现污染水域的实时状态模拟。

对于河流水质预测模型，通过建立各种数学模型进行模拟研究和预测，常见的水质模型分为零维、一维、二维以及耦合模型。

6.2.2.1 零维水质模型

零维是一种理想状态，把所研究的水体如一条河或一个水库看成一个完整的体系，当污染物进入这个体系后，立即完全均匀地分散到这个体系中，污染物的浓度不会随时间的变化而变化。对于零维河流水质模型只适用于浅窄小河、稳态均匀河段、持久性污染物、定常排污以及废水与河水迅速、完全混合的情况。

$$C=(C_{\mathrm{P}}Q_{\mathrm{P}}+C_{\mathrm{h}}Q_{\mathrm{h}})/Q_{\mathrm{P}}Q_{\mathrm{h}} \tag{6.11}$$

式中 C——河流充分混合点污染物浓度，mg/L；

C_{P}——废水中污染物排放浓度，mg/L；

C_{h}——河流断面污染物现状浓度，mg/L；

Q_{P}——废水排量，mg/L；

Q_{h}——河流流量，mg/L。

6.2.2.2 一维水质模型

一维水质模型是指模拟水质沿水体空间一个方向上变化的数学表达式。河流一维水质模型可由河流的连续方程和质量方程联解求得。一维水质模型在预测、预报较长距离的河段水质变化方面比较实用，在水质规划和水污染综合防治研究方面也有重要意义。

一维均匀河流水质模型基本方程通式可写成

$$\frac{\partial(AC)}{\partial t}+\frac{\partial(QC)}{\partial x}=\frac{\partial}{\partial x}\left(DA\frac{\partial C}{\partial x}\right)+AS \tag{6.12}$$

式中　C——整个断面平均浓度，mg/m^3；

Q——流量，m^3/s；

A——过水断面面积，m^2；

D——纵向弥散系数，m^2/s；

S——各种源和漏的代数和。

而对于一个不太长的河段，常可以假定其水流近似地处于稳定状态，断面沿程均匀。这样，A、Q、D 都可以近似地作为常数处理，上述微分方程可简化为普通对流扩散方程

$$\frac{\partial C}{\partial t}+u\frac{\partial C}{\partial x}=\frac{1}{A}\frac{\partial}{\partial x}\left(DA\frac{\partial C}{\partial x}\right)-kC \tag{6.13}$$

式中　u——断面平均流速，m/s；

k——污染物衰减速率系数，1/d。

此方程是一个抛物线方程，对此微分方程的求解主要是通过有限差分法进行离散，然后定义时间层和初始条件及边界条件，再逐层计算就可以得到相应各个时间点上沿河流各个断面上污染物的浓度值，可以总体上把握污染物扩散动态变化趋势。

6.2.2.3　二维水质模型

二维水质模型主要用来描述水质污染物的浓度在两个方向上的变化规律。水体的二维水动力模型是基于数值解的二维浅水方程，沿水深积分的不可压缩的雷诺平均 Navier - Stokes 方程，其在平面上采用非结构化网格，采用的数值解法是单元中心的有限体积法。有限体积法中心法向量通过在沿外法向建立单元水力模型并求解一维黎曼问题而得到。平面二维水流的连续性方程和 X、Y 方向运动方程为

$$\frac{\partial h}{\partial t}+\frac{\partial h\bar{u}}{\partial x}+\frac{\partial \bar{v}}{\partial y}=hS \tag{6.14}$$

$$\frac{\partial h\bar{u}}{\partial t}+\frac{\partial h\bar{u}^2}{\partial x}+\frac{\partial h\overline{uv}}{\partial y}=f\bar{v}h-gh\frac{\partial \eta}{\partial x}-\frac{h\partial p_a}{\rho_0\partial x}-\frac{gh^2}{2\rho_0}\frac{\partial \rho}{\partial x}+\frac{\partial \tau_{sx}}{\partial \rho_0}-\frac{\partial \tau_{bx}}{\partial \rho_0}-\frac{1}{\rho_0}\left(\frac{\partial S_{xx}}{\partial x}+\frac{\partial S_{xy}}{\partial y}\right)$$
$$+\frac{\partial}{\partial x}(hT_{xx})+\frac{\partial}{\partial y}(hT_{xy})+hu_sS \tag{6.15}$$

$$\frac{\partial h\bar{v}}{\partial t}+\frac{\partial h\bar{v}^2}{\partial y}+\frac{\partial h\overline{uv}}{\partial x}=f\bar{v}h-gh\frac{\partial \eta}{\partial y}-\frac{h\partial p_a}{\rho_0\partial y}-\frac{gh^2}{2\rho_0}\frac{\partial \rho}{\partial y}+\frac{\partial \tau_{sy}}{\partial \rho_0}-\frac{\partial \tau_{by}}{\partial \rho_0}-\frac{1}{\rho_0}\left(\frac{\partial S_{yx}}{\partial x}+\frac{\partial S_{yy}}{\partial y}\right)$$
$$+\frac{\partial}{\partial x}(hT_{xy})+\frac{\partial}{\partial x}(hT_{yy})+hv_sS \tag{6.16}$$

式中　t——时间；

x、y——笛卡儿坐标系坐标；

h——总水头，$h=n+d$，其中 n 为底床高程，d 为静水深；

u、v——x、y 方向上的速度分量；

g——重力加速度；

ρ——水的密度；

S_{xx}、S_{xy}、S_{yy}——辐射应力分量；

S——源项；

u_s、v_s——源项水流流速。

T_{ij} 为水平黏滞应力项，包括黏性力，紊流应力和水平对流，这些量是根据沿水深平均的速度梯度用涡流黏性方程得出的。

6.2.2.4 三维水质模型

对于三维水质模拟，常用美国国家环保署开发的 WASP 水质模型。其中 EUTRO 模块主要用于模拟水体中与富营养化相关的水质指标，是 WASP 模型中应用最广泛的模块。EUTRO 可模拟的水质变量包括：溶解氧、氨氮、硝酸盐氮、有机氮、无机磷、有机磷、碳生化需氧量、叶绿素 a。上述 8 个状态变量之间的相互影响和转化归属于四个反应系统：溶解氧平衡、氮循环、磷循环和藻类生长动力过程。根据物质输运方程，水质模型中的任一水质变量 C_i，σ 坐标系下描述该变量的迁移转化规律的控制方程为

$$\frac{\partial C_i}{\partial t}+\frac{\partial HuC}{\partial x}+\frac{\partial HvC}{\partial y}+\frac{\partial Cw'}{\partial \sigma}=\frac{\partial}{\partial x}\left(\mu_c^h\frac{\partial C_i}{\partial x}\right)+\frac{\partial}{\partial y}\left(\mu_c^h\frac{\partial C_i}{\partial y}\right)+\frac{1}{H}\frac{\partial}{\partial \sigma}\left(\mu_v^c\frac{\partial C_i}{\partial \sigma}\right)+L_i+S_i \quad (i=1,2,\cdots,8) \tag{6.17}$$

式中 L_i——外源污染负荷；

S_i——反映水质变量 C_i 内源性源或汇的函数。对不同的水质变量而言，S_i 具有不同的形式，体现了不同水质变量之间的相互作用关系。

6.2.2.5 BOD-DO 耦合模型

BOD-DO 耦合模型是一维稳态河流可降解有机物（BOD）和溶解氧（DO）变化规律的一种常用水质模型。1925 年斯特里特（Streeter）和菲尔普斯（Phelps）对水质处在不随时间变化的稳定状态下的河流，假定河流中的 BOD 衰减和 DO 的复氧属于一级反应；反应速度是恒定的；河流中耗氧是由 BOD 衰减引起的，而河流中的溶解氧来源则是大气复氧。由一维稳态河流 BOD、DO 两个基本方程，在起始断面（$x=0$）BOD 和 DO 分别为 L_0 和 O_0 的边界条件下，积分求解出两个相互耦合的 BOD－DO 解析方程如式（6.18）：

$$\left.\begin{aligned}&L=L_0 e^{-K_1x/u}\\&O=O_s-(O_s-O_0)e^{-K_1x/u}+\frac{K_1L_0}{K_2+K_1}\times\\&\quad(e^{-K_1x/u}-e^{-K_2x/u})\end{aligned}\right\} \tag{6.18}$$

式中 L、O——x 处河水的 BOD 和 DO 浓度；

O_s——河水饱和溶氧浓度；

u——河段平均流速；

x——河水流经距离；

K_1——BOD 降解系数；

K_2——河水复氧系数。

6.3 城市水环境功能区的划分

水环境功能区划分是对水域及其污染物作出结构和功能上的划分和规定，以便于规划管理中明确控制目标和控制要求。开展水环境功能区划工作是为了促进国民经济可持续发展、全面贯彻《水法》，加强水资源保护，切实履行水行政主管部门的职责。

6.3.1 水环境功能区划分目的与原则

进行城市水环境功能区划分的目的是确定城市中各类、各级水体的主要功能，然后按其功能的重要性，正确划分出水体等级，依据高、低功能水域划分不同标准进行保护；然后按拟定的水域保护目标，科学地确定水域允许纳污量，达到既充分利用水体自净能力，又能有效地保护城市水环境的目标。同时，科学地划分功能区，并计算允许纳污量之后，可以制定入河排污口排污总量控制方案，并对输入该水域的污染源进行优化分配和综合整治，提出入河排污口布局，治理期限和综合整治的意见，从而保证水域功能区水质目标的实现。

为科学合理地划分城市水环境功能区，需坚持以下原则：

（1）可持续发展的原则。水环境功能区划分应结合城市水资源开发利用规划及社会经济发展规划，并根据水资源的可再生能力和自然环境的可承受能力，科学合理地开发利用水资源，并留有余地，保护人类赖以生存的水生态环境，保障人体健康和水环境的结构与功能，促进社会经济和生态环境的协调发展。

（2）综合分析、统筹兼顾、突出重点的原则。水环境功能区划分应将水环境作为同一整体考虑，分析城市河流上下游、左右岸及流域中的位置，近、远期社会发展需求对水域保护功能的要求。上游水环境功能的划分，要考虑保障下游功能要求；支流功能的划分，要考虑保障干流水域的功能要求；当前功能区的划分，不能影响长远功能的开发；对于有毒有害物质，必须在功能区中杜绝。

（3）合理利用水环境容量原则。根据河流、湖泊和水库的水文特征，合理利用水环境容量，保证水环境功能区划中水质标准的合理性，既充分保护了水资源质量，又能有效利用环境容量，节省污水处理费用。

（4）结合水域水资源综合利用规划，水质与水量统一考虑的原则。水环境功能区划分将水质和水量统一考虑，既要考虑水资源的开发利用对水量的需要，又要考虑对水质的要求。

6.3.2 城市水环境功能区的分类

城市水环境功能区划分应按照新修改的《水法》的要求来进行，划分的分级分类由水利部提出方案，并遵照实施。水资源具有整体性的特点，它是以流域为单位，由水量与水质、地表水与地下水这几个相互依存的组分构成的统一体，组分的变化影响其他组分，河流上下游、左右岸、干支流之间的开发利用也会相互影响。水资源还有多种功能，在国民经济各部门中广泛应用，可用于灌溉、发电、航运、供水、养殖、娱乐及生态等方面。但在水资源的开发利用中，各用途间往往存在矛盾，有时除害与兴利也会发生矛盾。水环境功能区划可以实现宏观上对整个城市乃至区域水资源利用状况的总体控制，合理解决有关水的矛盾，并在整体功能布局确定的前提下，有重点地进行区域水资源的开发利用。

我国水环境质量按功能分区管理，功能区按水质用途划分为6类。各类功能区有与其相应的各种用水水质标准和水质基准。

（1）自然保护区。自然保护区指国家和各级政府规定的自然资源、自然景观和珍稀动植物等重点保护的区域，生物基准是制定该功能区水质标准的主要依据。

（2）生活饮用水水源区。生活饮用水水源区指城镇集中和分散的生活饮用水水源及其保护区，包括牧业基地的人畜共用集中饮用水水源。要保证水源地水质经水厂处理后符合《生活饮用水卫生标准》（GB 5749—2022）的规定，饮用水卫生标准是制定该功能区水质标准的主要依据。

（3）渔业用水区。渔业用水区指各种鱼、贝类等水产资源的产卵场、越冬场、养殖场和洄游通道等水域，要使重要经济鱼、贝类水体的水质符合《渔业水质标准》（GB 11607—1989）的规定，水生生物基准是制定该功能区水质标准的主要依据。

（4）游览、娱乐用水区。游览、娱乐用水区指国家重点保护、划定的风景区和地方一般的风景游览、游泳、水上运动等水域。水质应符合《地表水环境质量标准》（GB 3838—2002）中Ⅳ类水质要求的规定，娱乐和感官的水质基准是制定该功能区水质标准的主要依据。对于游泳用水水质标准，还要考虑保护游泳者健康的卫生基准。

（5）工业用水区。工业用水区指各类工业用水的供水区，各行业的生产要求是制定该功能区水质标准的主要依据。

（6）农业用水区。农业用水区指农田灌溉、林业及牧业的用水区。处理后的城市污水及与城市污水水质相近的工业废水用于农田灌溉的水质应符合《农田灌溉水质标准》（GB 5084—2021）。保护植物、土壤、家畜的农业基准是制定该功能区水质标准的依据。

6.3.3　城市水环境规划原则与方式

6.3.3.1　规划原则

城市水环境规划应重视城市河、湖的多种功能，尊重河、湖的自然规律，以环境生态建设为中心，恢复其生命活力和环境自净能力，使之自然化、生态化、人文化。为实现这些目标，应在城市水环境规划观念、河湖工程技术、管理模式上进行创新。城市水环境规划应遵循以下主要原则：

（1）保持水环境自身自然性的原则。河畔空间属于水陆交汇地带，在野生河流中，原本具有很高的生物多样性和形态各异的自然地形，由此形成了丰富多变的自然景观和季节特点。但是，在我国城市河流管理及生态环境治理中，河滨自然地形被整平，植被单一化、人工化及草坪化。生态结构和自然景观被大大地简单化，致使河流在很大程度上失去了作为城市系统自然廊道、城市水生态系统中的生物多样性和自然保留地价值。城市河滨地带的生态建设不能简单地视为"绿化"和"美化"，而要从整体上保护和恢复原有的自然生态结构和天然景观，尽量减少对自然河道水系的改造，避免过多的人工化。特别是要禁止填河围湖工程，应保持水系的自然风貌。

（2）保障城市河、湖水系用地原则。由于认识和管理方面的原因，在我国许多城市，河湖用地难以保障。城市河湖空间受挤，导致河流水文特性、生态环境质量受损。为此，应在城市土地利用规划中明确划定河流用地，在有关法规中规定市政建设和房地产开发中不得侵占河湖土地；城市中的小型河流、沟渠不得随意占用和填埋；在旧城区的改造中，应有计划地恢复历史上被占用的河流用地。

（3）与区域或流域水系协调的原则。城市河湖水系是流域水系的重要组成部分，城市水系水环境的改造和建设必须与流域水系相协调，流域性或区域性主要河道在城市范围内必须保持水流的畅通和行洪的安全。

（4）统筹考虑和均匀布局的原则。城市水环境组合应做到统筹考虑，合理布置河道、洼陷结构、湖泊和水库等，在水生态系统良性循环的城市中，应有河道、坑塘、湖泊和湿地等不同的水环境形式。

(5)“以人为本”成为城市水环境规划设计理念。现代城市水环境规划应当体现“以人为本”的设计理念，充分满足人们回归自然、亲河近水的情感要求。水的魅力主要通过视觉、听觉、触觉而为人所感受，因此河湖空间设计应以安全性、开放性和舒适性为原则，应提供更多场所满足人群直接欣赏水景、接近水环境的要求。

(6) 引入多自然河流治理法来恢复城市河流水体自净能力的原则。城市河流的治理基本在沿用传统的河道工程技术。这类工程往往使河流成为一条冷冰冰的人工渠：三面衬砌，线条生硬，水生生物缺乏，河流水体自净能力低下，居民难于接触水环境。从现代河流治理理念看，对城市河流进行“渠化”和“硬化”已是一种落后的观念。近年来，我国很多城市在城市河流建设中积极研究并大力推广多自然河流治理法。实践经验表明，在保证河流综合功能的前提下，多自然河流治理法的运用对恢复水质、维护河流自然生态和自然景观具有良好的效果。

(7) 有利于社会经济发展的原则。城市水环境组合应考虑城市的社会经济发展，应有利于提升城市品位，促进相关行业经济的发展，活跃水经济，特别是旅游经济和房地产经济。

(8) 有利于景观生态和文化建设的原则。城市水环境组合形式应有利于城市景观生态系统的建设，特别是河道和湖泊周边沿岸的景观布置以及水环境的景观浮岛建设。同时，城市河流不仅是一种自然景观，更蕴涵着丰富的文化内涵。它既是自然要素也是一种文化遗产，城市河流景观建设应注重提升城市河流的文化价值，促进水文化的继承和发展。

6.3.3.2 城市中的河流规划

城市中的河流规划是城市水生态系统建设和管理中的重要性规划工作。城市河流担负着城市排洪、蓄洪、供水、纳污、景观、生物多样性等重要作用，科学合理地规划城市河流，能有效地解决城市防洪排涝、生态用水、水环境质量和水景观建设等问题，并有助于维护河流生态系统的组织结构和生态稳定性。

1. 城市河流走势规划

河流走势规划就是确定河流在城市区域内的空间位置。一般来说，河流走势首先必须考虑其自然走势，按照河流多年形成的走势进行分析确定；其次要考虑城市河流防洪排涝的设计标准，要求汛期洪水尽可能低于排口位置，以便缩短排洪历程。河流裁弯取直后，缩短了河走势的情况下，进行局部裁弯取直或改造，以便缩短排洪历程。河流裁弯取直后，缩短了河流的长度，使水流滞留时间缩短，使城市河流生态环境质量下降；河流渠道工程的建设破坏了岸边生态环境，造成岸滩人工化，使城市河流生态环境质量下降；河流渠道化造成水流多样性减少，降低了河流的生物多样性；河流自然性、多样性的丧失，造成了河流生态系统的严重退化。因此，城市河流走势规划必须慎重考虑保持自然走势和进行改道。

2. 河流干、支流规划

城市河流干、支流规划是城市水环境规划中的具体体现，只有统筹考虑、利用干支流网络与湿地共同阻滞、固流和减缓流速的作用，才能充分发挥城市河流系统的行洪和排涝作用。对支流水系的合理规划可使每一条支流洪峰的到来时间错开，从而减弱了干流的洪水压力。因此，支流水系在蓄积洪水、提供行洪空间、调节洪水等方面起到重要作用。

3. 城市河流功能规划

城市河流在城市水安全保障、水环境保护、水景观建设、水文化构建中具有重要作用，河道对城市的自然特征、生态功能和社会经济价值进行功能定位规划是十分重要的。城市河流功能通常包括行洪、排涝、供水、排水、纳污、造景、观赏、娱乐、航运、渔业等促进人类社会经济发展和安居乐业的功能，还包括提供水生动物活动繁殖和水生植物生长场所以及实现生态系统生物多样性和其他自然生态作用的功能。在城市河流规划中必须根据具体城市状况确定河流的功能，以便按功能进行建设和管理。

4. 河流纵向尺度规划

河道纵向形态变化规律是河道规划的重要内容，河流的纵向主要指河流纵坡比和纵向形态变化规律。河道纵坡比是影响河流行洪、排涝等功能的主要参数。河道纵坡比主要受地形地貌影响，地表高差越大，纵坡比也就越大；河道纵坡比越大，河流流速越快，对河床冲刷力越大，有效断面的排洪流量越大；相反，地表高差越小，纵坡比也就越小，河流流速越慢，河道排洪越困难。因此，在河流规划中必须合理地确定河道纵坡比。河道纵向形态，如弯曲程度等对河流水动力特性、行洪能力及水生动物栖息和水生植物生长等都有重要影响。一般来说，河道弯曲程度越大，水动力特性越复杂，行洪能力越低，对水生动物栖息和水生植物生长越有利；顺直河道排洪快，但对水生动物栖息和水生植物生长不利。

5. 河道横断面规划

城市河流横断面形式很多，常见的形式有梯形断面、矩形断面、复合梯形断面、复合矩形断面、U形断面、V形断面、自然断面等，其中梯形和矩形断面是最常用的。在城市河道中，矩形断面占地面积小，有利于城市建设用地，矩形断面为满足行洪要求，河道堤岸修建较高，而在枯水期河道水位较低，造成洪水期高水位和枯水期低水位的很大落差，不仅形成严重的枯水期人水分离现象，而且高混凝土或浆砌石墙也严重影响城市景观。梯形断面占地面积比矩形大，但过水断面较小，因此具有与矩形断面相类似的缺点，故梯形断面和矩形断面都不是城市河道理想的断面形式。从行洪、景观和人水相亲的理念等多种因素考虑，复合形断面是城市水生态系统建设中较理想的断面形式，但这种断面形式占地面积较大，在很多城市中难以实现，特别是在老城区河道整治中更难做到。综上所述，城市水生态系统建设中，河道最终采用何种形式必须进行综合分析比较后确定。

6. 河流生态环境规划

河流生态环境规划主要包括河道水生动物、水生植物、水环境质量等规划。这种规划使我国城市开始重视河流生态环境规划和建设工作，但总体上还算探索阶段，成功的经验不多。

6.3.3.3 城市中的内湖规划

城市中的内湖规划主要是指对城市水生态系统中自然湖和人工湖的空间布局、湖面大小及形态所做的规划。

城市内湖在城市水生态系统中具有重要的作用，它不仅具有蓄积洪水、调控地表水量、补充地下水等资源性作用，而且具有较大的水环境容量，对改善城市人居环境和局地气候有重要意义。同时，城市内湖又是城市水景观和水文化最耀眼的亮点，是水经济开发空间最有利的水域。但随着城市化进程的加快，长期以来，我国城市围湖造地现象十分严重，致使湖面面积日渐减少，湖水和干流失去联系，调蓄作用消失，水质明显下降，沿岸垃圾堆积和景观破碎，水经济开发盲目、过度和混乱。为扭转这种状况，必须切实加强城市内湖规划和建设，确保城市内湖水生态系统的良性循环。

1. 城市的自然湖泊保护规划

城市自然湖泊规划的主要任务是保护，规划的主要工作是保持自然湖泊的水环境面积和相应水位，禁止围湖造地和水资源的过度利用；保持或提高湖水水质状况，保持湖水中的湖泊生物多样性，确保水生动物的活动区域与栖息场所以及水生植物的生长空间，特别是保持或提高可以适合鱼类生存、适合游泳和其他亲水活动的水质；加强水土保持工作，减少建筑物对自然湖泊生态系统的人为破坏和干扰。

2. 城市的人工湖规划

城市人工湖建设是城市为增加水环境形态，提高水环境面积，进而改善城市生态系统的重要措施。城市人工湖规划主要是根据城市总体规划确定的城市水环境面积比例要求，确定城市人工湖空间布置位置、水环境面积和容量大小以及平面形态，构建人工湖水生态系统及沿岸景观格局，为人工湖设计和建设提供依据。城市人工湖建设应纳入城市水系之中，湖体应设有进水口和出水口，要求湖内水体能更新轮换，确保水质达标和水环境优良。根据人工湖的容积大小，规划确定是否具有调蓄洪水功能。当湖体本身不具有调洪作用时，应注意洪水期和枯水期水位的变化幅度，两者相差不宜太大，以免造成不利的水景观。考虑到人工湖在城市生态景观功能中的重要性，人工湖平面形式应多种多样，各个城市可根据自然条件、土地资源和美学要求，设计符合城市特点的平面形态。人工湖规划还要重视水生动物和水生植物的建设内容，力求实现人工湖水生态系统良性循环。

6.4 水环境容量

6.4.1 水环境容量的概念

通常将水环境容量定义为“水体环境在规定的环境目标下所能容纳的污染物量”。环境目标、水体环境特性、污染物特性是水环境容量的三类影响因素。水环境容量的大小不仅取决于自然环境条件以及自身的物理、化学和生物学方面的特性，而且与水质要求和污染物的排放方式有密切关系。它是以环境目标和水体稀释自净规律为依据的。以环境功能区划目标作为环境目标是自然环境容量；以环境管理标准值作为环境目标是管理环境容量。

在理论上，水环境容量 W 可以分为两部分，即

$$W=K+R \tag{6.19}$$

式中 K——稀释容量，指水体通过物理稀释作用使污染物达到规定的水质目标时所能容纳的污染物的量；

R——自净容量，指水体通过物理、化学、物理化学、生物作用等对污染物所具有的降解或无害化能力。

6.4.2 水环境容量的特征

水环境容量具有资源性、区域性和系统性三个基本特征。

(1) 资源性是指水环境容量是一种有限的可再生自然资源，其价值体现在对排入污染物的缓冲作用，即容纳一定量的污染物也能满足人类生产、生活和生态系统的需要。但污染负荷超过水环境容量时，其恢复将十分缓慢与艰难。

(2) 区域性是指一般的河流、湖泊等水域又处于大的流域系统中，流域之间又形成大生态系统，因此，在确定局部水域水环境容量时，必须从流域的角度出发，合理协调流域内和水域的水环境容量，同时要兼顾流域整体性特征。

(3) 系统性是指一般的河流、湖泊等水域又处于大的流域系统中，流域之间又形成生态系统，因此，在确定局部水域水环境容量时，必须从流域角度出发，合理协调流域内各水域的水环境容量，同时要兼顾流域整体特征。

6.4.3 水环境容量的影响因子

影响水环境容量的因素很多，概括起来主要有以下四个方面：

(1) 水域特性。水域特性是指确定水环境容量的基础，主要包括：几何特征（岸边形状、水底地形、水深或体积）；水文特征（流量、流速、降雨、径流等）；化学性质（pH值、硬度等）；物理自净能力（挥发、扩散、稀释、沉降、吸附）；化学自净能力（氧化、水解等）；生物降解（光合作用、呼吸作用）。

(2) 水环境功能要求。目前，我国各类水域一般都划分了水环境功能区，对不同的水环境功能区提出了水质功能要求。不同的功能区划，对水环境容量的影响很大，水质要求高的水域，水环境容量小；水质要求低的水域，水环境容量大。

(3) 污染物质特性。不同污染物本身具有不同的物理化学特性和生物反应规律，不同类型的污染物对水生生物和人体健康的影响程度不同。因此，不同的污染物具有不同的环境容量，但其之间存在一定的相互联系和影响，提高某种污染物的环境容量可能会降低另一种污染物的环境容量。

(4) 排污方式。水域的环境容量与污染物的排放位置和排放方式有关，因此，限定排污方式是确定环境容量的一个重要因素。

6.4.4 水环境容量的计算

水环境容量的计算是环境污染总量控制和水环境规划的重要环节和技术关键。只有了解和掌握水域的水环境容量，才能求得水域的容许纳污量，才能分配允许负荷总量和应削减量，实施总量控制。计算水环境容量所使用的方法是建立各类水质模型，再根据模型进行反推求得。

水环境容量计算要在水环境功能分区的基础上，以达到水环境功能区划要求为目标，划定控制单元，通过选择适当的水质模型，建立基于控制单元的污染物排放与水环境质量的输入响应关系，在一定的排污条件下对各控制单元的理想水环境容量进行计算，结合环境管理需求，确定水环境容量，并以此作为确定最大允许排放量、进行总量控制的基础。

水环境容量计算的基本原则：一般以一年中排污量最大、水量最小（最枯月）和扩散条件最差的情况为条件；容量计算时要确定目标水域的自然条件、排污状况和水质目标；对于单项指标的选择要科学合理。

国内常用的水环境容量计算方法有五类，分别是：公式法、模型试错法、系统最优化法（线性规划法和随机规划法）、概率稀释模型法和未确知数法。

6.4.4.1 公式法

中国最初的水环境容量计算方法之一是从定义出发而直接建立其计算公式的，可以称这种计算方法为公式法。水环境容量的计算模型（计算公式）很多，但其基本形式均为：水环境容量＝稀释容量＋自净容量＋迁移容量。随着研究的逐步深入，水环境容量计算公式逐步完善，且根据不同的污染物、不同的水体而建立不同的计算公式。

公式法可以认为是各类方法中最基本的方法，其他各类方法的计算也可以以水环境容量计算公式为基础。常用的水环境容量计算公式见表6.1（引自董飞《地表水环境容量计算方法回顾与展望》）。

表6.1　常用水环境容量计算公式

污染物类型	计算公式	符号含义	适用条件
可降解污染物	$W=86.4Q_0(C_S-C_0)+0.001kVC_S+86.4qC_S$	C_S 为污染物控制标准浓度；C_0 为污染物环境本底值；V 为区域环境体积；k 为污染物综合降解系数	零维公式，适用于均匀混合水体（河段）或资料受限、精确度要求不高的情况
可降解污染物	$W=\sum_{j=1}^{m}Q_jC_S-\sum_{i=1}^{n}Q_iC_{0i}+kVC_S$	Q_i 为第 i 条湖（库）河流的流量；C_{0i} 为第 i 条河流的污染物平均浓度；Q_j 为第 j 条出湖（库）河流的流量；其余符号意义同前	零维公式，适用于均匀混合湖库
可降解污染物	$W=86.4[(Q_0+q)C_S\exp(kx/86400u)-C_0Q_0]$	Q_0 为河道上游来水流量；q 为排污流量；u 为河水平均流速；x 为给定混合区长度；其余符号意义同前	一维公式，适用于资料较丰富的中小河流
可降解污染物	$W=\frac{1}{2}(C_S-C_0)(u_xh\sqrt{4\pi D_yx^*/u_x})\exp(-u_xy^2/4D_yx^*)\exp(-kx/u_x)$	u_x 为河流纵断平均流速；h 为平均水深；D_y 为横向离散系数；x^* 为给定混合区长度；其余符号意义同前	二维公式，适用于污染物在河道横断面非均匀分布，污染物恒定连续排放的大型河段
营养盐	$W=\frac{C_ShQ_aA}{(1-R)V}$	Q_a 为湖（库）年出流流量；A 为湖（库）水面面积；R 为营养盐滞留系数；其余符号意义同前	基于狄龙（Dillon）模型，适用于水流交换条件较好的湖库
重金属	$W=C_SQ_S+C_{SQ}(q_1+q_2)$	C_{SQ} 为底泥质量标准，q_1 为底泥推移量；q_2 为底泥表观沉积量；其余符号意义同前	适用于一般河流，考虑了水体及底泥的重金属容量
重金属	$W=C_Sh\sqrt{\pi D_yxu}$	符号意义同前	适用于污染物连续排放的宽浅河流，只考虑水体的重金属容量

6.4.4.2 模型试错法

模型试错法求解水环境容量的基本思路为：在河流第一个区段的上断面投入大量的污染物，使该处水质达到水质标准的上限，则投入的污染物的量即为这一河段的环境容量；由于河水的流动和降解作用，当污染物流到下一控制断面时，污染物浓度已有所降低，在低于水质标准的某一水平（视降解程度而定）时又可以向水中投入一定的污染物，而不超出水质标准，这部分污染物的量可认为是第二个河段的环境容量；以此类推，最后将各河段容量求和即为总的环境容量。

模型试错法本质上同公式法类似，计算中仍需以水环境数学模型为工具。其最大的缺点在于计算过程中需要多次试算，计算效率低，最初一般只适用于单一河道或计算条件简单的其他类型水体的计算；后期随着计算机计算能力的提高及高效数学方法的引入，也在河网等复杂水体得到应用。但相对其他方法而言，模型试错法的研究及应用较少。

6.4.4.3　系统最优化法

环境科学中所采用的系统最优化方法有线性规划、非线性规划、动态规划及随机规划等。水环境容量计算中所采用的主要是线性规划法和随机规划法。方法的基本思路是：①基于水动力水质模型，建立所有河段污染物排放量和控制断面水质标准浓度之间的动态响应关系；②以污染物最大允许排放量为目标函数（或基于其他条件建立目标函数），以各河段都满足规定水质目标为约束方程（或增加其他约束条件）；③运用最优化方法（如单纯形法、粒子群算法等）求解每一时刻各污染物水质浓度满足给定水质目标的最大污染负荷；④将所求区段各污染源在不超标的条件下所能排放的污染物的最大量求和即可得到该区段水环境容量总量。

系统最优化方法的优点在于：自动化程度高、精度高、对边界条件及设计的适应能力强；方法适用范围广，无论是非感潮的河流、湖库，还是感潮河网、河口均有广泛应用。缺点在于：与公式法相比，系统最优化法计算复杂；在不增加约束条件的情况下，经常会出现某些排污口被“优化掉”的现象，亦即某些排污口的允许排放量为0，这在数学上可以取得极值，但与客观实际不符；优化的结果可能不可行，如忽略了公平问题、效率问题等。由于系统最优化法具有的优点，再加上计算机计算能力的提高和大型综合水环境数学模型的出现，该方法得到了长足的发展，并成为计算水环境容量最主流的方法。

6.4.4.4　概率稀释模型法

概率稀释模型（probabilistic dilubion model）法最早由美国环境保护署在1984年提出，中国学者在1989年引入并加以改进。概率稀释模型法是根据来水流量、排污量、排污浓度等所具有的随机波动性，运用随机理论对河流下游控制断面不同达标率条件下环境容量进行计算的一种不确定性方法，是目前从不确定性角度计算河流水环境容量的主要方法之一。方法的基本思路是：①基于特定的基本假设，建立污染物与水体混合均匀后下游浓度的概率稀释模型；②利用矩阵近似解法求解控制断面在一定控制浓度下的达标率；③利用数值积分求解水体在控制断面不同控制浓度、不同达标率下的水环境容量。

概率稀释模型法的优点有：与确定性方法相比，概率稀释模型法直接考虑了河流流量、背景浓度、排污量、排污浓度等输入项的随机波动过程，从而使水质达标率和水环境容量等输出项目也具有随机波动过程，这无论在理论上还是在实践中都更接近于水体的真实情况；可以避免一般单一设计水文条件下，利用稳态水环境容量计算方法得出的计算结果的“过保护”问题，从而更加充分地利用水环境容量。

概率稀释模型法目前的应用存在如下问题：方法提出之初，仅考虑了单污染源（单排污口）的情况，未设计计算区段内多个排污口情况；只考虑了水环境容量中的容量部分，亦只考虑了水体的稀释作用，而未考虑水体的自净作用，也未考虑污染物的降解过程；方法仅用于小河或大河的局部河段的计算，而未用于湖库、河网、流域的计算；方法只考虑了点源污染情况，未考虑非点源的处理；概率稀释模型法是基于对数正态分布建立的，存在固有缺陷，即当流量较小时将造成错误传递，这将导致流量较大时的计算值偏大。

6.4.4.5 未确知数学法

采用未确知数学法计算水环境容量是一种较新的方法。未确知数学法计算水环境容量是在将水体水环境系统参数（流量、污染物浓度、污染物降解系数等）定义为未确知参数的基础上，结合水环境容量模型，建立水环境容量计算未确知模型，然后计算水环境容量的可能值及其可信度，进而求得水环境容量。

未确知数学法是近些年发展起来的计算水环境容量的最新方法。其优点在于：可以更加充分考虑水环境系统中各类参数的不确定性；与概率稀释模型法相比，无须对水环境系统参数做服从对数正态分布的假设，故计算相对简便；对少资料情况适应期较强。然而迄今为止未有应用此方法进行潮汐河流、大型湖泊等水动力情况复杂水体的报道。

综上所述，水环境容量计算方法特征比较见表6.2。

表6.2 水环境容量计算方法特征比较

计算方法	应用水域	污染物类型	数学方法
公式法	河流、湖泊、水库、（感潮）河网、流域、河口	可降解有机物、营养盐、重金属	确定性方法
模型试错法	河流、河网、海湾、湖泊	可降解有机物、营养盐	确定性方法
系统最优化法	河流、湖泊、水库、（感潮）河网、流域、河口	可降解有机物、营养盐、酚类	线性规划、随机规划
概率稀释模型法	河流	可降解有机物、营养盐、重金属、石油类、酚类	随机数学、数值积分
未确知数学法	河流、湖泊、水库	可降解有机物、营养盐	未确知数学

6.5 水污染总量控制

污染物排放总量控制，简称总量控制，是在污染源集中的区域或重点保护的区域范围内，通过有效措施，把排入这一区域的污染物总量控制在一定的数量内，使其达到预定环境目标的一种手段。它主要是从定量的角度，把水域看作一个整体，根据水体的功能要求和污染源的分布情况，预先推算出达到该环境目标所允许的污染物最大排放量，然后通过优化计算确定分配到各污染源的排放量及其削减量，并由此确定治理措施，以达到改善水质、满足水环境质量标准的目的。

6.5.1 水污染总量控制类型

总量控制一般分为三种类型：容量总量控制、目标总量控制和行业总量控制。

（1）容量总量控制是把允许排放的污染物总量控制在受纳水体给定功能所确定的水质标准范围之内的总量控制方法。这种方法总量的确定是基于受纳水体中的污染物不超过水质标准所允许的排放限额，其特点是把水污染管理目标与水质目标紧密联系在一起，用水环境容量计算方法直接推算受纳水体的纳污总量，并将其分配到污染控制区及污染源上。

(2) 目标总量控制是把允许排放污染物总量控制在管理目标所规定的污染负荷削减范围内的总量控制法，该方法是基于污染源排放的污染物不超过认为规定的管理上能达到的允许限额来满足总量的，其特点是目标明确，用行政干预的方法，通过对控制区域内污染源治理水平所投入的代价及所生产的效益进行技术经济分析，确定污染负荷的适宜削减率，并将其分配到污染源上。

(3) 行业总量控制是从行业生产工艺着手，控制生产过程中的资源和能源的投入及控制污染物的产生，使排放的污染物总量限制在管理目标所规定的限额之内的总量控制法。这种方法总量的确定是基于资源、能源的利用水平以及“少废”“无废”工艺的发展水平，其特点是把污染控制与生产工艺的改革及资源、能源的利用紧密联系起来，通过行业总量控制逐步将污染物限制或封闭在生产过程之中，并将允许排放的污染物总量分配到污染源上。

其中，目标总量控制是从污染出发规定排污削减率，一般适用于排污负荷较大、水质较差，而限于技术经济条件的制约近期内又达不到远期水质功能目标的水污染控制区域；容量总量控制法是从水体出发推算出允许纳污总量，一般适用于水质较好、污染源治理技术经济条件较强、管理水平较高的控制区域；行业总量控制是从生产工艺出发，规定资源和能源的投入量以及污染物产出量，考虑到现阶段我国一些生产工艺比较落后，资源和能源利用率偏低、浪费现象较突出的现实，所有实施水污染总量控制的区域或部门，应首先从改革生产工艺入手，减少投入和污染物的产出，努力提高行业总量控制的水平。

总量控制除了按总量控制确定方法划分外，还可以按地理类型划分为城市区总量控制、水流域总量控制、区域总量控制；以污染物类型的物理形态划分的有是环境总量控制、大气环境总量控制、声学环境总量控制等。

6.5.2 水污染总量控制原则及步骤

总量控制的原则是：水质安全保障区的现状污染物入河量大于其纳污能力，则控制污染物入河量等于其纳污能力；当水质安全保障区现状污染物入河量小于或等于其纳污能力，则控制污染物入河量等于现状污染物入河量。

水污染总量控制步骤如下：

(1) 选择需要核算纳污能力的水质安全保障分区，按照国家有关水质标准和水质安全保障分区中确定的水质安全等级，确定其污染物控制浓度值。

(2) 根据水体的自然条件和水文生态情势等，选择合适的水质模型，确定相应的模型参数，计算各水质安全保障区的纳污能力。

(3) 根据收集到的排污口现状污染量，计算各水质安全保障区的现状削减量，从而制定总量控制方案。

6.5.3 水污染总量分配方法

水污染总量分配是总量控制能否落地实践的基石，但国内实施的水污染总量分配一直是一个有争议的话题。虽然国内针对水污染总量分配开展了大量研究，但是相关研究仍然难以应用实践，总量分配方案制定实施过程中更多的还是充分听取各地区意见后由相关主管部门直接搞定；而国外针对总量控制分配研究大多采用多目标优化方法，达到多重目的。

目前常用的水污染总量控制和分配的方法众多，均有着各自的优缺点。

6.5.3.1　水污染总量基尼系数分配法

基尼系数最早是意大利经济学家基尼（Gini）于1912年根据洛伦兹曲线（Lorenz curve）提出的经济学中的一个重要概念，广泛被用来衡量居民收入分配的差异程度。作为评价分配公平性的有效方法，其逐渐地成为国内外环境研究者进行环境污染物总量分配公平程度评价的重要方法之一。

环境基尼系数在水污染总量分配中可进行区层次（行政区或辖区）的总量分配，其理念为：①在众多自然、社会、经济影响因素中选取具有典型代表性的指标作为环境基尼系数指标；②计算研究流域各行政区或辖区水质污染物现状排放量与某一环境基尼系数指标的比值，并将计算值按升序排放方式排序；③分别计算经排序后的各行政区或辖区的环境基尼系数指标累计比重、水质污染物排放量累计比重；④以水质污染物排放量累计比重为 Y 坐标，以某一环境基尼系数指标累计比重为 X 坐标，绘制环境洛伦兹曲线；⑤根据式（6.20）计算各指标的环境基尼系数，根据此对按该指标计算比重进行水污染物总量分配的公平性做出评价。参照经济基尼系数对公平区间划分的有关规定，将环境基尼系数的公平区间设定为：①系数＜0.2，分配合理；②0.2～0.3，分配比较合理；③0.3～0.4，分配相对合理；④0.4～0.5，分配不合理，应调整至合理范围内；⑤系数≥0.6，分配非常不合理，应调整至合理范围内。

$$\mathrm{Gini}=1-\sum_{i=1}^{n}(X_i-X_{i-1})(Y_i-Y_{i-1}) \tag{6.20}$$

式中　n——水污染总量分配对象个数（取值1，2，3，…，n）；

X_i——某一环境基尼系数指标累计比重（若 $i=1$，则 $X_{i-1}=0$）；

Y_i——某一水质污染物排放量累计比重（若 $i=1$，则 $Y_{i-1}=0$）。

6.5.3.2　水污染物总量TMDL法

TMDL全称total maximum daily loads，即最大日污染负荷总量，该方法最早是在1972年修订后的《清洁水法》中提出的，是一种典型的基于水环境容量的总量控制和分配方法，可进行区层次或污染源层次的总量控制分配。该方法的理念体现为：在满足水质标准的前提下，水环境能够容纳某种污染物的最大日负荷总量，并将安全临界值和季节性影响考虑在内，采取合理的控制和分配手段保障水质达标，整个过程包括水质问题的识别、水质指标制定、排放污染负荷确定、排污负荷的分配和污染总量控制方案的实施和后期评估。为了更充分利用水体纳污能力，美国从最大日污染负荷总量衍生出了可适应不同水质标准要求随季节和用途变化的季节总量控制和分配概念等。

以水质污染物总量概化河段间的分配为例，若推算出的某一概化河段某一水质指标的污染负荷大于其相应的水环境容量模拟计算值，则表示该控制单元河段的这一水质指标的污染负荷需要削减，削减量为上述提到的差值（负值），反之则表示仍有纳污容量（正值），此时，各概化河段水质污染物的最大日污染负荷总量即为一次分配到各概化河段的总量，其符合各概化河段相应的水质目标。

这些水污染物总量分配方法均有着各自的优缺点，任一方法均不能独立获得兼顾各分配原则的完美的总量分配方案。在实际操作过程中，可在综合分析研究流域实际环境、经济、社会、技术等特征的前提下，综合几种或多种方法对研究流域需削减水污染物量或还可容纳水污染物量进行分配，尽可能使总量分配方案趋于最优。

6.6 水环境规划方法

水污染系统控制规划是从环境系统工程、区域水污染控制系统分析等理论出发而提出的。它结合排水工程规划设计、污水处理厂规划设计，将传统的排水工程方案加以比较，使之与水环境目标模拟、技术经济优化相结合。这种为控制水体污染服务的规划，为城建、环保部门解决城市水污染控制问题时广泛采用。水污染系统控制的核心内容在于将工程规划与水质目标相结合，用环境、技术、经济优化的方法选择方案，其重点是水处理工程如何优化确定处理量、排放地点与方式。它是以水处理工程规划为前提的。

本章中水环境规划是指以水污染总量控制为实质的水环境综合整治规划。其任务与城市建设、经济发展规划相结合，通过定性分析、定量计算、行政决策及优化组合，提出一种满足一定环境目标的、可供实施的水环境综合整治方案。其主要内容包括：水环境问题分析与水环境目标确定；水环境功能分区，水污染控制单元划分；水污染控制路线分析；水环境容量及容许纳污量计算；水污染控制单元解析归类；污染源可控制性技术经济评价；形成综合整治总量削减方案；环境目标可达性分析；行政决策与优化方案组合；制定综合整治分期实施方案；排污许可证制度的建立及许可证发放建议；实施排污许可证制度的配套政策与监督管理制度。

6.6.1 系统分析法

水资源、水环境规划与管理对工农业发展规划是不可忽视的重要问题。规划与管理的主要任务是合理与充分地利用和保护水资源，这关系到丰水期防涝、灌溉调配多余水量及枯水期缺水量计算。在充分利用水体自净能力的基础上，合理安排控制污染排放，以尽量小的代价取得合格的水质也是重要的规划管理问题。

近年来出现的负轮特性频率分析法，为水质规划研究提供了具有更大更灵活及更多信息的工具。

对于某一给定流量 Q_i，每年日流量低于 Q_i 的持续天数 N 中最大值 $N_{max}(Q_X)$ 定义为负轮长，在 $N_{max}(Q_i)$ 天中相对 Q_i 累积缺水量 $S_{max}(Q_i)$ 定义为最大负轮和，可以假设在长水文系列中 $N_{max}(Q_i)$ 及 $S_{max}(Q_i)$ 均为随机变量，因而分别存在相应的概率分布对于不同的 Q_i 可以得到相应的一组 $N_{max}(Q_i)$ 及 $S_{max}(Q_i)$。每一水文年都有 i 组 N_{max} 及 S_{max}，进而可得到它们相应的经验概率分布。此外，为防洪排涝需要，可用高于设计流量天数和盈余水量为随机变量做正轮特性频率分析图，也可用同法以低于设计水位的持续天数为负轮长进行统计分析，得出负轮特性频率。

研究这些随机变量的概率特征可以提供出不同设计流量，河流亏盈水的时间及水量的重要信息，这就是水文特性频率法的基本思想，此外不仅物理概念清楚，而且方便灵活，应该得到各方面的广泛应用以积累更多的使用经验。

6.6.2 层次分析法

层次分析法是20世纪70年代由美国运筹学家萨蒂（Saaty）提出的，经过多年的发展现已成为一种较成熟的方法。基本结构包括目标层、指标层和准则层，是客观方法与主观方法的结合。客观性是指通过赋权，每个指标的权重不同，根据权重计算，可以做到相对的公平。主观性是指由于采取专家打分制度，不可避免地会带有个人主观判断。层次分析法应用十分广泛，除了在环境规划方面的应用，在水环境容量、水资源承载力、水环境承载力等方面也有着广泛的应用。但单一使用此方法具有一定的局限性，所以常和其他方法联合使用。

在流域环境质量评价中，为相对精确地比较不同断面污染程度，必须对其不同污染物的超标情况加以评价并得出综合性结论，然后根据各断面所在水域的保护类别，确定其重要性，最后对流域各断面环境质量状况进行排序。因此根据层次分析法的基本原理，按照如下步骤对流域水环境质量进行评价：建立层次结构模型；构造判断矩阵并求最大特征值和特征向量；计算判断矩阵一致性指标，并检验其一致性；层次总排序。在水环境规划和污染防治中，通过层次分析法进行断面和水质的综合评价，可以得出优先治理的次序并提供可靠依据。

6.6.3 混沌优化方法

近年来对水环境中不确定性规划方法的研究日益广泛，其中，灰色系统规划法由于其独特优势，在水环境系统规划中得到了广泛应用。目前常规解法有线性化法、系统分解协调法等，但这些解法存在一定缺陷，要么只能得到局部最优解，要么数学条件严格，解法烦琐。用混沌优化方法求解水环境灰色非线性规划问题可以相对简便。

混沌是存在于非线性系统中的一种较为普遍的现象，混沌并不是一片混乱，而是存在精致的内在结构规律性。混沌运动具有遍历性、随机性、规律性及对初值敏感性等特点，混沌运动能在一定范围内按其自身的规律不重复地遍历所有状态。因此，利用混沌变量进行优化搜索无疑会比随机搜索更具有优越性。目前混沌研究最为典型的 Logistic 方程可以很好地体现上述混沌特点，即

$$x_{i+1}=\lambda x_i(1-x_i) \tag{6.21}$$

式中 λ——控制参数，当 λ 取值为 4.0 时，系统处于混沌状态，任意取初始点，可以得到在 [0，1] 区间遍历的点列。

混沌优化方法就是用 Logistic 方程来构造混沌序列，经过尺度变换和平移，将其转化成在优化问题解空间中作混沌遍历的变量，通过搜索寻找规划问题的全局最优解。

根据有关资料可查得混沌优化方法的基本解题步骤如下：

(1) 由于式 (6.21) 具有对称性，初值关于 0.5 对称，故取 0.51～0.99（或 0.01～0.49）间 n 个随机数，作为变量初值，根据式 (6.22) 得到 n 个混沌变量（即 n 个按混沌规律变化的序列）。

(2) 混沌变量变换到优化问题的允许解空间。对于实际的约束优化问题，需要先对变量取值范围有一个合理估计。

$$x_i',k=o_i+s_i,\ k(i=1,2,\cdots,n) \tag{6.22}$$

式中 s_i——第 i 个变量的取值范围大小；

o_i——第 i 个变量的取值端点。

(3) 用混沌变量进行迭代搜索。如果当原点函数值小于已有最优值，$f(x_k')<f$，则

当保留当前点和相应最优函数值 $f=f(x_k')$，$x=x_k'$；否则 $k=k+1$，这里，$x_k'=(x_1', x_2', \cdots, x_k', \cdots, x_n')$。如果 f' 经 m 步搜索后保持不变，则终止搜索；否则转步骤（2），取步骤（1）中 n 个混沌序列下一组作为下一个搜索点继续搜索。

这种方法不涉及灰导数等一些复杂的数学运算，亦不要求优化问题具有连续性或可微性的特点，同样可以遍历求解，数学条件要求不严格，操作方便，实用性较强，在水环境规划领域具有广泛的应用价值。

6.7 水环境规划方案评估

水污染控制单元排污总量的削减目标，是由环境目标反推确定的；但是，污染源的可控性，区域范围内各主要污染源排污总量削减方案的取舍与决策，均需按照区域排污总量控制目标进行技术、经济评价。对总量控制削减方案做技术、经济评价的目的在于避免浓度达标方案，核定总量控制方案，为制定综合整治分期实施计划和实行水环境综合整治定量考核提供依据。评价方法是通过建立各控制方案的削减量与投资、效益的关系曲线，比较不同控制方案组合后的成本效益比值，以确定不同控制方案的优劣。

6.7.1 容量总量控制方案技术、经济评价

容量总量控制方案是从水环境质量出发，根据水域允许纳污量制定的。方案的技术、经济评价包括以下四个方面。

6.7.1.1 污染源可控性技术经济评价

（1）对控制单元内每一个主要污染源，按照欲控制的污染物，分别开列总量削减方案清单。

（2）优化计算控制单元内排污总量削减与投资的关系曲线。

（3）讨论控制单元内投资与削减率的优化目标。

（4）初步确定本控制单元的目标总量控制建议值。

如一条河流上有多个控制单元，则可先将各小单元集中考虑，视为一个大控制单元，再进行目标总量控制的建议值评价。

6.7.1.2 污染物分区削减分担率分配

污染源可控性技术经济评价为总量控制目标的决策提供了依据。各控制单元之间，或控制单元内的若干工业小区之间，还应排列优先削减顺序，对小区分担率进行优化分配。

（1）将欲考虑的各小区分别建立小区内污染物削减率、投资曲线。

（2）将每一个小区视为一个污染源，自小区污染物削减率、投资曲线上截取一个个削减方案及相应的投资，列出清单。

（3）近心区域或控制单元的总体优化，建立大区削减率与投资关系曲线。

（4）确定每一个区域或控制单元削减目标，列出各小区对应的优化分担削减率及投资表。

（5）初步确定不同总量控制目标下，各控制单元或小区优先削减顺序，从而进一步获得需优化终点控制的小区或控制单元信息。

6.7.1.3　形成综合整治总量削减方案，负责分配到源

削减目标与小区削减分担率的确定是建立在点源治理方案基础上的，还需要结合集中治理做优化分析。

（1）将小区内集中处理方案、改变排放方式方案与点源治理方案相结合，建立点源加小区集中处理削减率与投资关系曲线。

（2）将大区内集中处理、截留工程方案，改变排放方式方案等，与点源治理方案相结合，建立点源加大区集中处理削减率与投资关系曲线。

（3）综合区域削减优化目标、小区削减分担率、点源加小区集中处理及点源加大区集中处理的优化信息，初步形成综合整治总量削减的不同方案建议，列出投资与治理项目细目，将污染负荷分配至污染源。

6.7.1.4　环境目标可达性及技术、经济论证

在上述三步污染源可控性研究的基础上，进行环境目标可达性论证。

（1）建立不同环境目标的允许排污量关系曲线（有条件的话，还可建立同一环境目标、不同达标率的允许排污量曲线）。

（2）以允许排污量为结合点，建立环境目标与投资关系曲线。

（3）根据不同投资水平，确定可实现的环境目标和达标率。

（4）行政决策，方案优化组合。

6.7.2　目标总量控制方案技术、经济评价

目标总量控制方案是从污染源可控制性出发，根据削减目标来制定的。因此，其方案的技术经济评价与容量总量控制方案评价不同，只需从技术、经济条件上进行环境目标可达性分析、论证。

6.7.2.1　环境目标可达性及技术、经济论证

（1）针对每一项污染物，列出总量控制的源强表和投资方案表，进行优化精算、分析。

1）源强表。见表 6.3，说明统一污染源不同控制方案某污染物（如 COD）的排放量。

表 6.3　不同控制方案 COD 源强　单位：kg/d

方案号	源号			
	1	2	3	4
1	0	1		
2	200	10		
3		70		
4		90		
5		100		

如源 1，方案 1 为搬迁，零排放；方案 2 为不治理，现状排放 200kg/d。

源 2，方案 1 为三级处理，排放 1kg/d；方案 2 为二级处理，排放 10kg/d；方案 3 为二级处理，排放 70kg/d；方案 4 为简单沉淀处理，排放 90kg/d；方案 5 为不处理，现状排放 100kg/d。

源3、源4，……源强由小到大排列。

2）投资方案表。如表6.4所示，说明不同方案的投资情况。

表6.4　　不同控制方案的投资　　单位：万元

方案号	源号			
	1	2	3	4
1	3800	1000		
2	0	800		
3		300		
4		50		
5		0		

投资方案表与源强表一一对应。

如源1，方案1为搬迁方案，投资3800万元；方案2为不处理，投资0万元。

源2，方案1为三级处理，1000万元；方案2为二级处理，800万元；方案3为一级处理，300万元；方案4为简单处理，50万元；方案5为不处理，0元。

源3、源4，……费用由小到大排列。

两个表是反顺序填写。如果实际方案不符合此顺序，例如投资大，排放量亦大，那么直接可判断这是一个费用高而收益低的方案，不可取，则将它去掉，无须再进行优化计算。

在这两个表的基础上，依据同一原理可以改造表中的内容进行多种分析。例如：考虑运转费及回收效益，在投资方案表中，投资额$+x$年运转费$-x$年回收效益，再进行填表，检查由大到小顺序是否符合，以去除不合理方案；考虑连片治理方案，则将需要连片的若干个源强合并为一个源强，拟做一个源，讨论不同控制方案。

总之，针对每一种污染物，每一种投资方法，每一类区域治理方向，都应该单独列表进行计算，然后根据计算结果进行综合分析。

（2）目标总量控制负荷分配计算。

（3）绘出削减率与投资费用的关系曲线。

（4）列出不同污染物，以及相应应采取的削减措施。

（5）比较厂区与区域削减负荷量的措施。

由上述分析可以得到：投资费用与削减率最佳之比，对各污染物削减都适用的优先治理措施，厂内与区域同时或分别采取的治理措施。

（6）得出相对于某一目标、某一投资的优化削减分配方案。

6.7.2.2 目标总量控制与浓度控制的并行管理

凡实行目标总量控制的水污染控制单元，由于没有建立源与环境质量间的输入响应关系，仍属于以排污口控制为基点的体系，因而与浓度控制标准的实质相同。在目标总量控制方案中，可能会出现如下情况：

（1）按浓度标准乘污水量得污染源排放量，再将各重点污染源排放量相加得到总排放量，去核算是否达到总量控制目标。这种做法只能体现对排水量的控制，却不能体现总量控制的其他优点。这是一种无负荷、技术经济分配的非真正的总量控制。

（2）按总量控制目标，基于超标倍数和已投资额，分担削减量。这种做法只能体现浓度达标、超标评价基础上的分配概念。由于先用浓度标准衡量，再进行分配，那么标准本身的不合理性、污染源布局的重要性则被浓度标准给掩盖了。仅从过渡过程考虑，这是一种总量控制。

（3）逐个分析污染源可控性，将可能投资与可行技术结合起来，形成各污染源总量控制目标，再相加为区域控制目标。这种先布局后整体的做法，是对治理措施总量控制方案的优化分析，能体现投资方向的优化和可操作性，也有分配概念。尽管在可行性分析技术时，要参考浓度控制要求，但在总量控制方案的决策，治理工程的取舍上，体现了总量控制的思想。

上述三种情况都是在总量控制中由浓度控制在起作用，从实用的角度来说，这种并行情况是可行的。当然，一个控制单元是浓度控制，另一个控制单元是总量控制，或一个控制单元内，某一污染物实行总量控制，其他污染物实行浓度控制，这些均属于并行管理。

6.7.3 行业总量控制方案技术、经济评价

行业总量控制方案是从行业污染源的生产工艺和可行性处理技术两个方面进行排放量的削减，并不存在水环境容量及总量负荷技术、经济的分配。方案的技术、经济评价重点在于处理技术、措施的可行性分析。

6.7.3.1 制定行业总量控制方案的主要过程

1. 分析行业工业状况（国内外），选择试点企业

同一行业下属企业较多，各企业生产产品及技术水平不同，污染物排放的种类和数量也不尽相同，因此要选择有一定代表性的企业作为试点。试点企业选择的原则为：

（1）生产工艺及产品在本行业具有一定代表性。

（2）污染物排放量较大并对环境的影响较大。

（3）具有较强的环保技术力量。

（4）具有废水处理措施。

2. 企业现状调查及计算

现状调查包括企业产品产量、生产工艺、原材料、能源消耗、水质水量的监测与计算等；计算内容包括主要污染车间污染量分配测算，应考虑污染工艺、污染原因等。

3. 论证控制单元及控制目标选择的正确性

可以从以下几个方面进行论证：

（1）绘制主要产品生产工艺流程图、物料流失图和水平衡图。

（2）对重点排污部位进行水质水量验证。

（3）分析有代表性生产周期的污染物、水量变化规律。

（4）分析排污量与水质现状的定量关系，绘制排污曲线。

（5）与同行业（国内外）进行对比，提出控制措施。

4. 确定企业污染物削减目标

污染物削减目标由企业提出，由环保主管部门审定。其主要内容包括：

（1）近期、中期、远期削减规划。

（2）排放口位置，排放方式、规律和去向。

（3）限制条件。

（4）主要削减措施及落实情况，形成削减方案。

6.7.3.2 行业总量控制污染物削减原则

污染物的削减应考虑如下原则：

（1）受纳企业排污水体的功能，企业排污对水体功能区贡献的大小，削减目标与环境目标协调问题。

（2）本地区行业的环境保护规划目标。

（3）企业产品在社会上的经济地位、对国民经济的影响。对国家急需发展的企业，环保部门下达的指挥既要保证对环境没有不良影响，又要考虑生产的发展。

（4）企业现有的污染治理状况及同行业的排污水平。已采取治理措施的企业，可在提高运转率和处理效率上考虑削减量；无治理措施的单位，按可供选择的优化措施考虑削减量。

（5）削减措施在技术上先进、经济上可行。

（6）污染源限期治理的迫切性及削减量对区域综合整治计划的影响。

6.7.3.3 控制方案技术、经济可行性分析

行业总量控制方案技术、经济评价主要是分析采用某种控制技术措施后，行业污染物排放量的削减程度如何，能否取得较好的经济效益，并通过分析得出最佳生产工艺的原始排放浓度和最佳生产工艺原始排放浓度条件下的最佳处理技术。

行业控制技术措施有：

（1）资源、能源综合利用，降低原材料消耗，较少排污。

（2）改革工艺和设备，实现污染的闭路循环。

（3）提高设备运转率，重视节水措施。

（4）加强宏观调控和管理。

（5）选择最佳治理技术。

（6）调整产品结构，控制发展规模。

6.7.4 总量削减方案汇总决策与优化组合

对水污染控制单元削减方案进行技术、经济评价后，还需要汇总在技术、经济上可行的方案进行行政决策，组合优化方案形成区域综合整治规划方案。

当地行政部门根据方案的技术、经济评价结果，结合实施条件，从实际出发，组合各控制单元优化方案形成满足不同目标的若干方案。这些组合的方案并不可能在各个方面都是“最优”，必然是有的以环境质量为重，有的以整治某一工业区为重。

对于方案的决策，若没有复杂的优化问题，可以直接决策。例如，在众多控制方案中，首选无废水工艺方案，次选综合利用、简单处理方案，三选改进污水处理运行指标方案，四选单元处理方案，五选使用可行处理技术方案。对于重大污染源应列为控制重点，重大集中控制工程作为骨干工程，重大生产工艺改造优先实施，这些优先方案都可以直观地判断出来。对于无法直接决策的方案，应依据控制单元分布特征，依据保护目标的空间、时间特征，以及投资费用与效益分析的需要，按照优化决策的具体目标，汇总方案，

并选择合适的优化方法进行计算、分析，然后按分析结果作出决策。

思考题

1. 我国水资源现状如何?
2. 水质模型如何分类?
3. 什么是水环境评价?
4. 简述城市水环境功能区划分目的与原则。
5. 简述水环境容量定义及特征。
6. 影响水环境容量的因素有哪些?
7. 简述水污染总量控制的定义和类型。

第7章 流域水环境规划与管理

近年来，我国水生态环境质量明显改善，然而，我国水生态环境保护结构性、根源性、趋势性压力尚未根本缓解，高耗水发展方式尚未根本转变，水生态破坏现象依然普遍，水生态环境依然呈现高风险态势，治理体系和治理能力现代化水平与新阶段发展需求尚不匹配，流域生态环境监督管理能力有待加强。以流域为单元，明确流域水环境控制与保护的范围与界限是流域水环境保护的关键和重点，从流域可持续发展的视角关注人类与流域的关系开展流域综合管理已被认为是实现流域水环境管理和生态经济系统可持续发展的最有效途径。流域规划（watershed planning），是以江河流域为范围，研究水资源的合理开发和综合利用为中心的长远规划，是区域规划的一种特殊类型，国土规划的一个重要方面。主要内容为：查明河流的自然特性，确定治理开发的方针和任务，提出梯级布置方案、开发程序和近期工程项目，协调有关社会经济各方面的关系。

7.1 国家级流域总体规划

国家级流域包括三河三湖（淮河、海河、辽河和太湖、巢湖、滇池）、松花江、黄河中上游、三峡库区及其上游、南水北调东线、南水北调中线水源地的11个国家级重点流域。国家级流域水环境保护总体规划（以下简称《流域总体规划》）是基础性规划，是明确规划之间关系，促进部门之间、地区之间合作的纲领性文件。与水相关的规划和行政决策必须和流域总体规划一致，其他各部门、各区域制定规划时都要以总体规划为依据和纲领。

我国自20世纪50年代开始，对黄河、长江、珠江、海河、淮河等大河和众多中小河流先后进行了流域规划。其中一些获得成功，取得了良好的经济效益，积累了可贵的经验。但也有一些流域规划，因基础资料不够完整、可靠、系统，审查修正不够及时，未起到应有的作用。70年代末以来，对一些河流又分别进行了流域规划复查修正或重新编制的工作。

7.1.1 流域总体规划的必要性及定位

流域中的水、土壤和空气是相互关联的环境要素，进行流域综合管理有利于提高管理的效率。从流域综合管理的角度，流域水环境保护既包括水污染防治，还应包括水生生态、景观等与水环境保护相关的其他要素的改善和保护。流域水环境保护涵盖的管理要素多，涉及多部门的职责，单靠任何一个部门难承流域水环境保护之重。国家级流域具有跨行政区的特点，存在外部性，需要制定合适级别的流域规划，协调中央政府与地方政府，以及地方政府之间的关系。因此，流域水环境保护需要多部门、多地区的统一管理，需要一个总体规划统揽全局。

流域总体规划是战略性规划，是确定一个流域与水有关活动的性质、规模、发展方向的纲领性规划，是流域各相关利益方就流域社会经济发展与水环境保护达成的决策。流域总体规划综合考虑涉及流域各个领域的问题，涉及环保、水利、社会经济等多个方面，与国民经济社会发展规划、土地利用规划等密切相关，比目前国家环境保护规划中水污染防治部分更具科学性，同时又不过多涉及具体的水污染控制工程。流域总体规划可以指导地方层次开展小流域和城市水环境保护规划的编制，协调与相关部门规划之间的关系，是其他所有规划制定的基础和依据。

流域总体规划为流域水环境保护划定红线，提高环境规划的刚性约束。流域水环境系统具有不可逆性，决定了流域污染控制与生态环境系统保护刻不容缓，否则将造成无法估量的后果。因此流域总体规划要将人类对环境质量的要求转化成对人类生产生活活动的刚性约束，保证规划目标的强制性地位。

流域总体规划确定流域未来的发展方向，保障流域社会经济的可持续发展。根据社会经济发展规划和外部环境条件，从全局和长远的利益出发，对流域水环境各要素做出合理的安排。作为总体规划，从整个流域的层面，根据区域功能对水环境质量的要求，提出水环境保护的总体目标，其他级别的规划和专项规划等所有相关规划，都必须按照总体规划所提出的目标制定。

流域综合保护和管理是一项长期的任务，可以分阶段逐步达成。但每个阶段都需要制定具体的目标和行动计划。目标的表达不能含糊其词或是过于笼统，如“水质明显改善”，而“用 20 年的时间，使水质达到 1970 年的状况”就是相对比较明确的目标表达方式。目标的制定还必须具有可实现性，时间安排合理。流域水环境保护规划实施后，随着流域水环境状况的变化和人们价值观和环境意识的提高，规划目标可以进行调整，使流域水环境保护行动计划不断完善，并可以持续改进。

7.1.2 流域总体规划的特性

7.1.2.1 流域总体规划是目标导向的规划

流域总体规划的核心是目标确定，并在规划体系内部理顺与小流域规划、城市规划的接口，并通过战略环评与其他相关规划进行衔接。总体规划的目标分主题目标与指标体系两大部分，主题目标是整个流域发展的方向与原则，进而转化为具体指标与相关规划进行衔接，明确相关规划的责任分工。于是，总体规划的目标通过指标体系将环保要求渗透到各地区、各部门的规划决策当中。因此，国家应通过立法保障这一规划的权威性，使其具有法律效力，具有普遍的约束力，从而有效指导相关规划的编制和实施。

7.1.2.2 流域总体规划是流域综合管理的决策平台

流域水环境保护总体规划是从战略角度，综合考虑涉及流域的各个领域的问题，整合流域的基本数据和信息，确定一个流域的性质、规模、发展方向的纲领性规划。流域总体规划是流域各相关利益方就流域社会经济发展与水环境保护达成的综合决策。流域总体规划为干系人共同制定总体目标提供了决策平台，干系人按照决策标准、决策程序对规划目标及行动方案进行充分论证，最终形成一致认可的规划决策。

7.1.2.3 流域总体规划是流域综合管理的信息平台

流域总体规划的编制给部门提供了信息共享平台，具体体现在干系人的共同参与和流域信息的广泛收集上。各部门上报信息，促进了信息的交流和共享。建立信息的收集、交流、公示制度，各部门数据应统一单位，统一测度标准，便于数据之间的对接，如监测数据要统一监测标准，如地点、时间、手段。另外，相似信息应尽量统一，避免重复建设。

7.1.3　流域总体规划的一般模式

7.1.3.1　基本内容

流域水环境保护总体规划的基本内容包括主题目标与指标体系、规划目标确定机制、主要规划行动方案筛选及系统设计三大部分。

1. 主题目标与指标体系

人类活动与流域水环境的相互作用机制，可比照可持续发展的 PSR 模型即“压力-状态-响应”模型指标框架表征。具体针对流域总体规划来说，指标体系应符合“状态-压力-行动及结果-次态”的构建原则。流域总体规划主要任务是制定总体目标，因此，指标体系以目标为先导，按照理想状态、现实情况、如何做这三个层次设计指标体系。其中，状态指标是流域总体规划的总体目标和最终目标，一般可表述为：在时间和空间上持续和连续地保护水体的物理、化学和生态完整性，实现流域的可持续发展。压力指标主要指污染排放，是管理行动方案设计的现实基础。反应指标是根据设定目标与实现情况制定的管理行动，包括信息反馈、信息可靠性的核查及主要治理行动等。

国家级流域水环境保护总体规划体系共包含五个指标：社会经济指标、水质状态指标、生态和景观指标、污染排放控制指标和管理行动指标。基于目标设计的社会经济指标、水质状态指标、生态和景观指标是流域的状态指标。这些指标反映了流域的状态，确定水体应达到的质量标准和社会经济发展水平，从而确定流域污染控制目标和管理行动目标。污染排放控制指标是压力指标，表征对流域状态造成影响的原因。而管理行动指标则是在了解状态和原因后，人类采取的水环境保护行动及其结果，又直接影响污染物控制，并最终影响流域水体保护目标的实现，如图 7.1 所示。

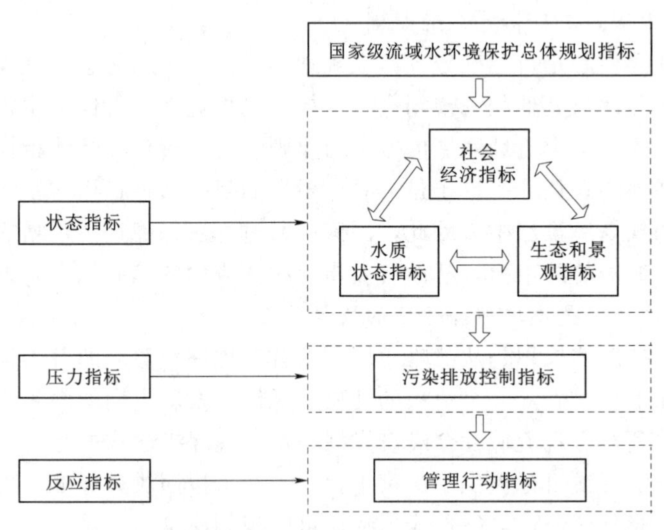

图 7.1　国家级流域水环境保护总体规划内容框架

表 7.1 的指标体系更详细地表述了流域总体规划的指标体系与相关规划的关系。流域

总体规划的目标转化为具体指标与小流域规划及相关规划进行衔接，在指标上建立接口。如流域总体规划的可持续发展原则需要流域上下游之间的均衡发展，减少收入差距，于是可持续发展目标应转化为人均收入等指标，对应国民经济与社会发展规划的详细指标。流域总体规划确定基本的原则与标准，具有长期性、稳定性，具体的治理措施需要一定的灵活性，由小流域等相关规划制定。如流域总体规划确定以边际治理成本为标准决定优先序，哪个城市的边际治理费用最低，哪块水域需要优先改善，为小流域提供控制目标。这样的目标、指标体系能够兼顾规划的刚性与弹性。

表 7.1　国家级流域水环境保护总体规划的指标体系及与其他规划的关系

主题	主题目标	指　标	与指标相关的其他规划
社会经济	流域可持续发展	流域上下游城市人均可支配收入、农村人均纯收入	国民经济与社会发展规划
		流域上下游 GDP、工业产值占总产值的比例、第三产值占总产值的比例、第三产业增长率	
		水体污染损失	
地表水	改善流域水环境质量，持续和连续地保护流域水体的物理、化学和生物完整性	饮用水源地达标水质人口覆盖率	水资源利用规划、水资源保护规划
		水环境功能区水质达标率	
		重点控制断面超标污染物浓度	
		干流和一级支流水体水质类别	
		生态需水量、小流域水资源开发利用率	
		人均生活用水量、万元产值新鲜用水量	
地下水	保护流域地下水水质，维持地下水水量的平衡	地下水水质类别	
		地下水水位、地下水开采率	
生态和景观	维持流域生态系统功能，保护流域景观	自然状态河道比例	生态建设规划、水土利用规划、水土保持规划
		生物多样性指数、濒危水生生物栖息地保护面积	
		湿地保护面积	
		天然林覆盖率、水土流失率	
		农业用地土壤环境质量达国家二级标准的比例	农业发展规划、防洪规划
		河道生态防洪防涝标准	
污染排放控制	实现污染物达标排放，减少污染物入河量	许可证执行受处罚率	—
		城镇污水二级处理人口覆盖率、污水处理厂污泥处置率	城市总体规划
		城镇生活垃圾无害化处理率	
		流域农药（化肥）使用量	农业发展规划
		节水灌溉率	
		一级支流进入干流时污染物通量、二级支流进入一级支流时污染物的通量	—

续表

主题	主题目标	指　标	与指标相关的其他规划
管理行动	信息、决策、执行、监督、问责五个方面的管理行动，提高流域水环境保护的管理效率	水环境信息公开情况、国家级流域环境信息网站建设情况	—
		公共参与的比率、公众对水环境的满意度	—
		流域水环境监管能力建设情况	—
		流域水环境保护投资占 GDP 比例	国民经济和社会发展规划
		高耗水行业排放限额制定情况	
		排污许可证、建设项目环境影响评价实施的情况、对违法企业的处罚情况、生态补偿制度实施情况	—

（1）流域总体规划不能脱离社会经济发展，而应当为实现流域可持续发展服务，需要与流域国民经济和社会发展规划相协调。人均 GDP 作为衡量经济发展的重要指标，对比上下游可以衡量发展是否协调。人均可支配收入反映居民实际可用于消费的资金，反映居民基本生活质量，也可间接体现居民对环境保护的支付意愿。工业、第三产业产值占流域总产值的比例，以及第三产业增长率反映了流域经济持续发展的能力和经济结构优化的能力。

（2）水环境保护要综合考虑地表水和地下水、水质和水量、生态和景观。水质主要通过水体中污染物超标情况衡量，如水环境功能区水质达标率、重点控制断面超标污染物浓度、干流和一级支流水体水质类别、地下水水质类别。水量的保护与水质保护密切相关，如生态需水量是流域水环境保护的基础。水资源开发利用率、人均生活用水量、万元产值新鲜用水量等都与污染物的排放相关。因此，流域总体规划应与水利部的水资源利用规划或水资源保护规划相协调，维持水资源利用在水体可承受的范围，并保障基本的生态需水。生态和景观的保护包括河道生态环境、生物栖息地、湿地、生物多样性的保护和水源涵养、水体循环功能的维持。这方面涉及农业、林业、渔业、国土资源等部门的规划。

（3）污染排放控制和管理行动是实现水环境保护的关键。流域总体规划通过许可证管理排入天然水体的工业和市政点源。流域总体规划管理的是干流和一级支流，通过监测一级支流进入干流或二级支流进入一级支流时污染物的通量反映污染物的入河量。

2. 规划目标确定机制

总体规划是一个纲领性规划，为其他规划提供决策依据，重点是协调各干系人之间的利益关系，因此制定与实施过程中应充分体现综合决策与规划协调，重点是目标确定机制，如图 7.2 所示。

流域水环境保护总体规划的目标确定机制应充分体现综合决策，以综合决策平台（例如太湖省部级联席会议）为载体，结合干系人意愿确定规划目标草案，然后征求政府部门意见，考虑承受能力对目标进行调整。具体流程是由各部门、各地区上报对规划目标调整的提案，并提供调整方案决策的依据，由专家组审核各项提案，并通过费用效益分析，根据议题的优先性提出筛选意见。然后将筛选出的议题进行公开论证，由各部门、各地区的规划专家在公开论证前首先共同制定决策标准，根据决策标准对各方的决策依据进行论证，最终制定规划目标。这样一种自上而下、自下而上相结合的目标确定机制，既照顾到

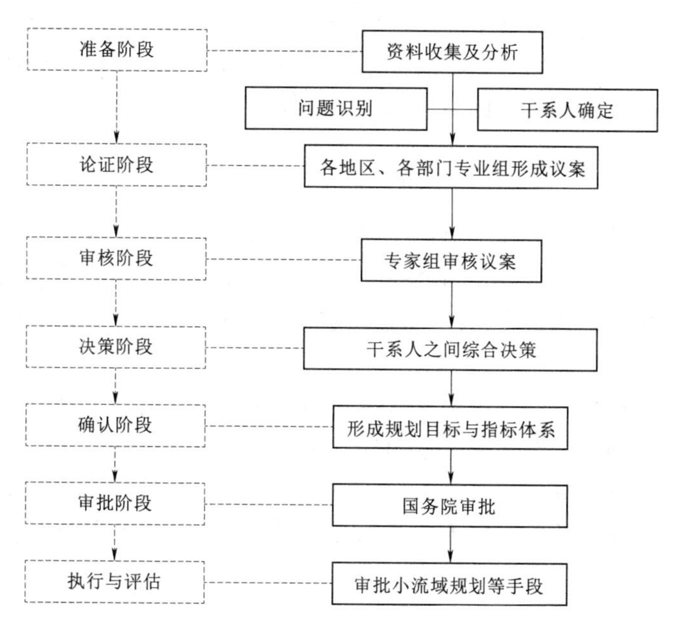

图 7.2 流域水环境保护总体规划的目标确定程序

流域整体的环境效益，又顾及各地区、各部门的切身利益与执行能力，有利于制定切实可行的目标。

3. 主要规划行动方案筛选及系统设计

流域总体规划的行动方案外部性较强，因而需要中央政府出面组织的大型水利工程、生态修复工程、水土保持、景观保护等。这些流域内的大型工程涉及面广，相互之间联系紧密。例如防洪工程中的河岸固化对湿地修复与河水净化能力有负面影响，饮用水工程规划中的深水井项目会影响地下水资源的保护等。流域范围内的重大行动需要系统衡量，以水质改善为导向，综合考虑行动方案的社会、经济、环境方面的影响。

行动方案筛选的方法是根据干系人意愿和需求、目标可达性，政策、法规可行性，技术、资金可行性，以及费用有效性等进行分析筛选和优先性排序。对流域经济的发展规模、发展速度与流域环境的保护程度、流域污染的治理力度进行充分论证，从而确定跨省断面与大河段的环境区划、水质目标与管理行动。涉及的主要干系人有环保、水利、国土、城建、发展改革委、林业、农业等部门。

在流域水环境保护总体规划方案的筛选和确定上，必须遵守国家和当地的法律法规和政策。采用政策分析方法，分析各种方案在国家和当地政策下，哪种方案可行，或者更加容易实现。在现有的生产技术和资金水平下，检验总体规划中的计划方案能否实现。从环境经济角度估算与流域有关重大工程项目的费用效益，进行不同行动计划的费效比计算和方案的优先性评估，选择费效比小、优先性高的方案。

7.1.3.2 规划的实施

流域水环境保护总体规划由国务院审批。在总体规划的实施阶段，将制定好的行动计划落实到具体的干系人，确定实施的目标、时间、验收指标及资金保障等，作为今后验收、问责、处罚的依据。

总体规划实施的主要手段是审批小流域规划。流域水环境保护总体规划的目标必须经过小流域、城市等较低级别和污染防治等专项规划的细化和具体化，才具有可操作性，并最终逐项落实和实现。因此，总体规划的实施方案也应逐层分解，由各部门、各地区分别执行。为保障实施效果，实施控制的主要手段是审批小流域规划，保障小流域规划遵守总体规划的目标。

为监督总体规划的进展情况，促使规划合理实施，及时纠正各种重大的偏差，保证规划保质保量按时完成，应将总体规划的目标与战略环评、规划环评等水污染防治政策的指标对接，监督总体规划的执行。另外通过发放许可证对点源进行管理，确保点源连续达标排放，保证规划目标的实现。

总体规划的实施评估与问责主要通过声誉制度对干系人进行激励与约束。根据西方声誉理论，声誉作用的前提是对未来利益明确的预期、有效的声誉信息传播渠道和共同的排斥行为。因此，总体规划的评估与问责应注重信息公开，畅通声誉信息传播渠道。同时与目标责任制度紧密衔接，通过奖惩方面的规定让干系人对未来利益有明确的预期，排斥机会主义行为。

7.2　小流域水环境规划

小流域通常是指二级、三级支流以下以分水岭和下游河道出口断面为界，集水面积在 $50km^2$ 以下的相对独立和封闭的自然汇水区域。水利上通常指流域面积小于 $50km^2$ 或河道基本上是在一个县属范围内的流域。小流域的基本组成单位是微流域，是为精确划分自然流域边界并形成流域拓扑关系而划定的最小自然集水单元。小流域水环境保护规划在国家级流域水环境保护规划指导下确定目标，目标包括水质、景观生态、污染排放控制和管理行动目标。

7.2.1　小流域水环境保护的必要性

从目前国内的研究现状看，多数学者以大流域或地区水污染防治为出发点探讨解决方案和对策，少数从小流域层面探讨水污染防治，且目前我国以小流域为单元的研究多用于水土流失治理、水质模型和非点源污染控制，多数没有从流域综合管理的角度考虑生态保护、土地利用等方面。根据目前我国重点流域及区域水污染防治规划实施情况和国外流域规划的经验，仅靠大流域规划和区域规划无法实现我国水环境保护的目标，还应当重视小流域水环境保护规划的作用。

虽然我国实行流域管理与行政区域管理相结合的环境管理体制，但流域管理主要体现在跨省的国家级大流域层面，在地方则仍以区域规划为主，即省、市水环境保护规划。对于跨行政区域的小流域，其水环境保护很少从流域的整体性、综合性、流动性考虑，这使小流域水环境保护出现了很多问题：①地方政府在制定规划时从本地利益出发，容易与国家级流域水环境保护规划统筹全局的要求发生冲突；②在地方规划与上级流域规划冲突时，往往倾向于实行地方保护主义，使上级流域规划目标难以实现；③我国在七大流域设有流域管理机构，一定程度上协调了不同地区、不同部门的关系和矛盾，但小流域没有设立统一的管理机构。小流域上下游和不同部门间协调成本较高，水环境保护效率较低。因此，应考虑从小流域层面协调不同部门、不同地区的干系人的利益，综合考虑水质问题和生态问题，共同协商制定并实施小流域水环境保护规划。

7.2.2 小流域水环境保护规划的界定

小流域水环境保护规划是指政府或组织从小流域的系统特征出发，以水质和生态保护为最终目标，根据水环境保护法律和法规所做出的，今后某一时期内控制污染排放、修复生态环境、合理利用水资源和进行水环境管理的系列行动计划。

小流域水环境保护规划的内容包括对水质、水土资源和景观生态的保护，其中水质保护是重点。通过工业点源控制、城镇生活污水处理、非点源污染治理和生态修复工程等减少污染物排放，改善水环境质量，保护水生生态和景观。排入天然水体的城市大型工业点源，根据排放规模由国家级或小流域水环境保护规划管理，城市内排入天然水体的其他工业点源和生活污水由城市水环境保护规划管理。因此，小流域规划水质保护的管理要素也可看作城市规划、企业减排规划、非点源污染治理和景观生态保护。

由于流域的整体性，小流域水环境保护规划的空间尺度包括河水环境、河岸环境和河流沿岸社会经济环境三个方面。不同于国家级流域水环境保护总体规划只管理到干流或主要支流，小流域水环境保护规划的管理具体到受污染的河段，通过控制污染物的排放量、入河量，减少污染物通量，改善水环境质量。

时间尺度上，相较于国家层面规划的长期性，小流域水环境保护规划空间范围小，水环境问题容易发生变化。针对环境问题的复杂程度，规划期一般为5～10年。如环境问题较复杂期限相对较短，问题简单则期限可相对较长。规划期限应当尽量与当地国民经济与社会发展规划、土地利用规划的时间协调。

7.2.3 小流域水环境保护规划的一般模式

小流域水环境保护规划的一般模式是为了保障规划科学性、可实施性和高效性而对其制定的一般程序、一般内容的归纳。一般模式分为六个部分：问题界定、干系人确定、目标确定、行动清单筛选、规划实施计划、实施控制和评估。在实际规划中，六个部分并不是严格按照先后顺序进行，有些步骤可能存在交叠和反复，具体情况如图7.3所示。

7.2.3.1 问题界定

掌握小流域经济、社会和文化背景，包括流域城镇和农村人口数量、人均GDP、流域面积等，说明小流域水环境保护的价值，以及当地经济可负担情况。这种说明不一定要将各种价值货币化，只需用语言描述其各种价值就可以在宏观层次上把握规划的方向。可量化的信息则可通过流域统计数据或部门数据获得。掌握小流域土地利用情况，包括小流域内耕地、林地、草地、农用土地、居住工矿用地、交通用地、水域等的面积及其变化情况。

在小流域水环境保护规划中，主要识别四个方面的问题：水质问题、景观生态问题、污染排放控制问题和管理行动问题。

（1）水质问题。从环保、水利、渔业部门和自来水厂等机构获取河流断面和水质信息，了解主要污染河段、受污染时间、超标污染物、不同水环境功能区受污染情况等。同时，根据居民、企业、农民等受体情况，考虑水质问题的优先性。

（2）景观生态问题。景观生态问题包括水生生物种类减少，尤其是当地珍稀物种的消

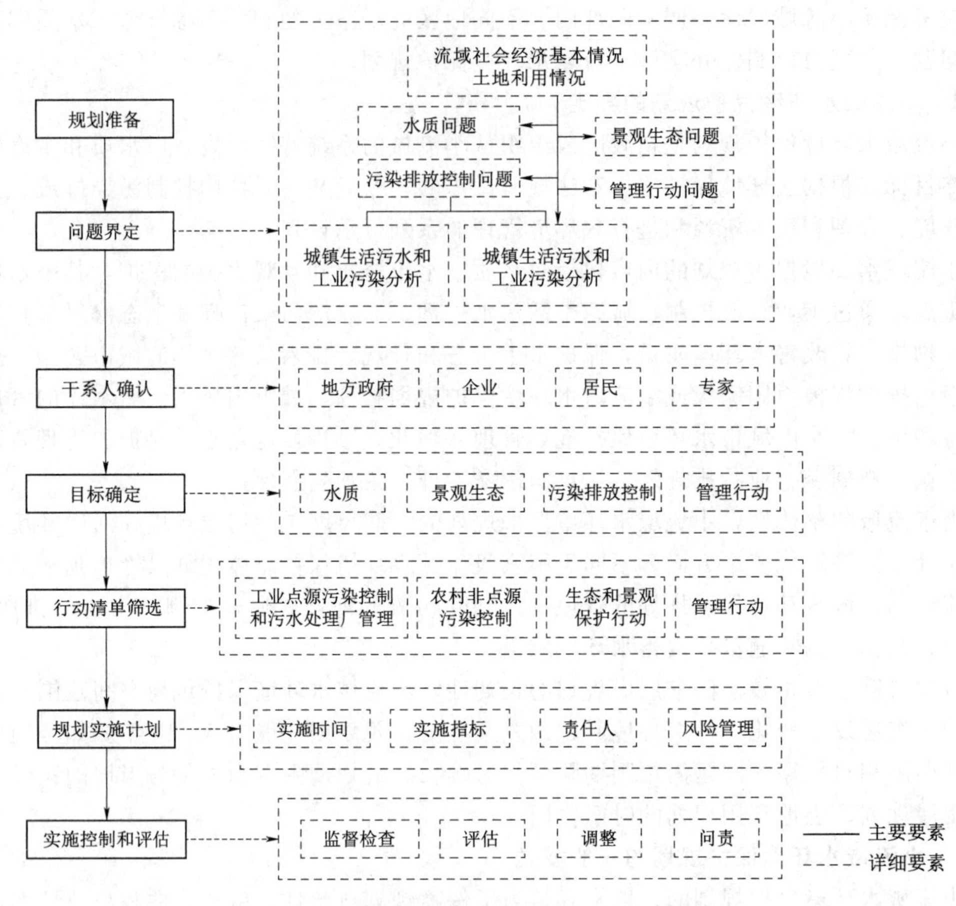

图 7.3　小流域水环境保护规划的一般程序和内容

失；河道淤积，自然环境受到人类行动破坏；湿地、水源涵养林和自然保护区面积减少，影响水体纳污能力。

(3) 污染排放控制问题。了解排入天然水体的主要污染源，主要污染行业，主要污染物及其控制程度，确定有待改进和可以改进的问题。其中工业和城镇废水排放造成的污染问题，主要利用相关部门数据进行分析。农村和农业非点源污染问题，通过比较工业点源入河量和河水中污染物的通量进行判断和估算，并利用访谈、问卷调查等掌握农村地区非点源污染和没有监测信息河段的情况，对估算情况进行验证，并识别污染具体原因，如禽畜养殖污染、农田径流污染。

(4) 管理行动问题。从监测信息、检查核查、评估问责三方面查找问题，如监测能力建设投入不足，缺乏信息公开、信息共享平台，缺乏检查、问责机制等。

7.2.3.2　干系人确认

小流域水环境保护规划的干系人主要是市县级政府，以及排污企业和居民，需要协调的关系基本是地方层次的。

1. 市县级政府

小流域水环境保护规划中政府分为两种：①规划制定的组织者；②规划制定的参与者

和实施的执行者。对于跨行政区域的小流域，规划由上级政府（省、市、县政府）组织编制，流域内各行政区政府（市、县、镇政府）参与编制并执行。对处于同一个行政区内，且基本覆盖该行政区的小流域，规划由该行政区政府进行编制，各相关的政府部门参与编制并执行。相关的政府部门主要是流域内市级或县级的环保、水利、经贸、财政、科技、建设、农业、林业、渔业、交通等部门。在规划制定过程中，各部门要提供掌握的信息，以及相关问题的解决建议，如农业部门提供化肥、农药使用信息，减少使用的建议；林业部门提出水源涵养林建设、水土保持的建议。

在规划执行阶段，各部门根据自己的职责配合环保和水利部门，提供技术和资金支持，落实水环境保护中涉及本部门的工作，包括污水处理厂等城镇基础设施建设、禽畜养殖业污染治理、化肥和农药使用管理、水土保持、防护林建设等，并相互交流沟通，加强部门协作。

2. 排污企业

参与小流域水环境保护规划的企业主要是污染物直接排入天然水体的大型点源，可分为两种类型：①向天然水体排放废水和污染物的工业企业。结合流域产业结构，对主要用水和排污行业进行具体分析，如电力、煤炭、石油、化工、造纸、食品高用水和高污染行业，并对其污水治理水平进行分析，筛选出对该流域水环境保护影响较大的企业，作为规划重要干系人。②污水处理厂、垃圾填埋场等污染治理企业或环保技术、环保服务企业。这些企业是小流域水环境保护的支持者和协助者，在解决水环境污染中具有重要作用。

3. 居民

小流域水环境保护中的居民是指农民、养殖业者、渔民等，在水环境保护中具有多重身份。作为排污者，居民排放的生活污水、农业产生的非点源污染物、养殖业排入水体的营养物质，以及渔民在用水过程中直接排入水体的污染物等是小流域水污染的重要来源。作为受益者，水环境保护规划的实施保障水环境功能的实现，保证居民对水资源质和量的需求，将提高居民的生活质量。作为监督者，由于居民能时刻注意水体的变化，居民信息的反馈将是监测的有力支持。居民的参与对点源污染是一个监督的作用，对面源污染则甚至可能起决定性作用，如农业面源污染中，农民所采用的农药化肥科学施用的技术方法，是农业面源污染控制的主要手段。

7.2.3.3 目标确定

1. 目标体系

小流域水环境保护规划目标是包括水质、景观生态、污染排放控制和管理行动四类目标组成的体系。其中，水质目标和景观生态目标是水环境保护的最终目标，指在规划时空范围内，干系人期望达到的一个标准。根据水环境功能分区，不同功能水体的水质目标要求不同，小流域规划应将水质目标具体到河段，明确何处水体何时达到何种标准。景观生态目标分水生生物、河道环境、湿地、自然保护区、水源涵养和水土保持等，根据前面识别的问题有针对性地设定，通常可用定性与定量描述相结合。污染排放控制是实现水质目标的主要手段，需明确控制哪些排入天然水体的污染物、排放量和入河量控制到多少，分工业点源、城镇生活、农业和农村面源等几方面描述。管理行动目标包括监测信息、检查核查、评估问责等，用来反映规划执行情况和小流域水环境管理能力。

目标的确定过程是一个在掌握现状的基础上，运用水质模型、污染排放预测等科学技术，并考虑社会经济条件，征求干系人的意愿和需求，在上级规划指导下设定的过程。

除了总体目标，规划还应当设定中期目标或年度目标，用来评估规划的执行情况，进行规划调整。

2. 指标体系

对应于目标体系，规划应当有相应的指标体系，包括水质指标、景观生态指标、污染排放控制指标和管理行动指标四类。根据指标体系筛选的有效性、规划相关性、敏感性、可靠性、精简性、可获得性等原则，筛选相关指标，形成小流域水环境保护规划指标体系，见表 7.2。

表 7.2　小流域水环境保护规划指标体系

目标层	主题层	指　标　层
水质	地表水	月超标河长比例、流域水环境功能区水质达标比例、控制断面水质类别、各控制断面主要污染指标等
	地下水	地下水受污染面积、地下水水位
景观生态	—	流域耕地（水田、水浇地、旱地）面积、水生生物种类、河流每年断流天数、湿地面积、自然保护区面积、天然林面积、水土流失率、植被覆盖率等
污染排放控制	工业点源	规模以上企业工业点源年排放量、工业废水达标排放率、工业废水处理利用率、河段污染物入河排放量等
	城镇生活污水	城镇生活污水年排放量、城镇污水管网覆盖率、城镇生活污水集中处理率等
	农村和农村面源	断面污染物通量、单位农产品农药（化肥）使用量、有机肥使用比例、节水灌溉率等
管理行动	监测信息	入河排污口监测频率、河流断面水质自动监测比例、断面水质监测频率、水环境信息公开程度、规划中公众参与程度等
	检查核查	城市水环境保护规划制定比例、大点源减排规划制定比例、流域水环境保护投资占流域 GDP 的比例等
	评估问责	各类工程项目完成情况、公众对水环境质量的满意度、对未实现减排目标企业的处罚等

3. 情景分析

水环境质量是刚性约束，不能因经济发展的需求而放宽约束，恶化水质。因此，情景分析的主要内容应是根据水质目标推测应达到的治理能力。例如，随着经济发展压力的增加，在既定水质标准下，应加大多少环保投入，将环境治理能力提高到何种程度。应根据流域水环境保护的要求转变经济增长方式，而不是根据经济发展的要求改变环境保护的程度。

7.2.3.4　行动清单筛选

1. 行动清单

小流域水环境保护规划的行动清单包括对工业企业污水、城镇生活污水、农村非点源污染的治理行动，流域生态和景观的保护行动，以及政府对水环境采取的政策手段和管理行动。

（1）工业企业污染和城镇生活污水治理：主要通过城市水环境保护规划、企业减排规划和许可证制度进行治理。小流域规划制定流域内城市河段水环境保护的目标，并对水环境进行监测，具体治理措施由城市实施。对于直接排入天然水体的大点源，小流域直接管辖，要求制定污染减排规划，并进行监测和监督。没有城市规划的城镇生活污水根据小流域规划采取治理行动，主要措施是修建城镇污水处理厂，完善城镇管网配套设施，进行生活污水集中处理。

(2) 农村非点源污染治理：分为农村生活污水处理、农村生活垃圾处理、禽畜养殖场污染治理、农业种植污染治理等行动，实施主体主要是镇、村一级政府和村民。小流域水环境保护规划对各村镇情况进行识别，应用面源污染的治理经验，确定各村镇可以采取的行动。农村生活污水处理行动主要是建立人工湿地、人工氧化塘，利用河岸缓冲带，降低污染物浓度。农村生活垃圾处理行动主要是进行农村环境整治，由政府设立统一堆放地点，及时清运、安全填埋，防止垃圾随处堆放，随雨水进入水体污染水环境；建立沼气池，进行废气物资源化。禽畜养殖场污染治理主要是建立畜产环境治理设施、畜产废物利用设施，如沼气池、堆肥工程，禁止禽畜粪便直接排入天然水体。农业种植污染治理行动主要有推广生态农业，促进节省化肥栽培技术的普及，减少化肥施用量，推广病虫害生物防治技术及高效低残留农药，削减农药使用量；整治灌溉渠道，农业用水反复利用，污泥、有机废弃物堆肥利用，维护水田土壤与农用水的多种机能，减少负荷。

(3) 流域生态和景观保护行动：分为河道环境保护、水源涵养和水土保持对策、湿地保护、水生生物资源保护、自然保护区和风景名胜的保护等行动，实施主体主要是河流沿岸居民。河道环境保护行动包括河道淤泥、垃圾处理，河畔植被保护，以及周边居民保护意识的培养。水源涵养和水土保持对策主要有保护森林和农地等浸透域面积，维持流域自然水循环能力；整治市政雨水设施、农村水利设施，提高人工储留机能，减少人工水循环过程对水环境的影响；合理开发土地资源，开展治山、防沙、造林、坡地整治等工程治理水土流失。湿地保护行动主要是维持现有湿地面积和质量，修复被破坏的湿地，保护以湿地为栖息地的物种资源。水生生物资源保护行动主要是禁止过度捕捞，通过濒危物种项目和物种管理规划保护当地特有物种等。

(4) 水环境管理行动：包括：①政府为实现水环境保护采取的经济、法律和教育手段，如对排污收费、水价的规定，制定流域内更严格的排放标准，为减排企业提供优惠政策，鼓励公众节水；②监测信息、检查核查、评估问责等对规划实施的管理，如设计流域内水质和排放监测方案，公开水环境信息，建立水环境保护公众参与平台，确保对水环境保护的投入。

2. 行动清单筛选

行动清单中的各种方案要根据目标可达性，政策、法规可行性，技术、资金可行性及费用有效性等因素，进行分析筛选和优先性排序。

(1) 小流域水环境保护目标可达性分析。规划师利用水质模型，通过对各方案的流域水质模拟，检验规划方案是否能达到预定的水质保护目标。

(2) 政策、法规可行性分析。小流域水环境保护规划方案的筛选和确定，必须遵守国家和地方法律法规。采用政策分析方法，分析各种方案法律法规层面上的可行性。

(3) 生产技术、资金可行性分析。在现有的生产技术和资金水平下，检验小流域水环境保护规划中的计划方案能否实现。

行动方案通过可行性分析后，还必须采用费用-效益（效果）等分析方法，对一系列行动方案的优先性进行比较，选择费用有效性相对较高的行动并案。最终筛选出最优的行动清单。

7.2.3.5　规划实施计划

根据流域总体规划实施计划方法，即考虑各项行动的紧迫性程度、近远期工程效果的联系性、上下游之间的关系，对规划行动计划进行更具体的安排，确定何人（或何部门）何时何地把何种指标完成到何种程度，明确各项行动实施单位、监督单位和责任主体。例如，优先安排解决公众反响较大、对生态系统造成较大危害，或严重威胁人体健康的环境问题。

7.2.3.6　实施控制和评估

小流域水环境保护规划由流域涉及各行政区政府部门共同制定，报环保部审批后实施。在实施过程中，不断进行控制、评估和调整。将环境监测所取得的数据与规划的既定目标相比较，纠正执行过程中的偏差，对规划进行调整，评估规划的执行效果，并对责任人进行问责。监测包括了水情监测、污染物和污染源排放监测、水质监测、水生生态监测和水土流失监测等。监测点的设置，监测的项目、频率等都应当通过具体的监测方案予以确定，并通过核查和评估保证监测数据的质量。

公众参与是规划评估的重要手段，参与的对象包括各级政府及相关的政府部门、非政府组织机构、企业及居民。政府应定期将规划实施情况、水质状况、重点污染源状况、新建工业项目的审批情况（如环评报告），以及污染源的达标排放情况和违规处罚情况等向社会公告，并建立公众参与的信息反馈制度，通过专门渠道收集公众意见。收集公众水质改善的满意度、水环境投诉事件发生率、水污染影响健康造成的发病率等信息作为规划效果评估的重要依据。

7.3　城市水环境保护规划

城市水体作为重要的自然要素，是城市生态环境建设以及景观多样性和物种多样性维系的基本要素，也是公众亲水娱乐、亲近自然的重要场所，具有重要的景观价值、娱乐价值和生态价值；同时，在洪涝灾害防治方面也发挥着重要作用。随着经济发展和居民对优美生态环境需要的日益增加，城市水体已成为城市公共空间不可或缺的重要部分，水域空间和水体质量决定了城市环境的舒适感和宜居程度。与此同时，城市水体大多为静止或流动性差的封闭型浅型水体，具有水环境容量小、水体自净能力弱、易污染等特点，往往面临较高的水质恶化和水华风险等问题。

城市水环境保护规划是流域水环境保护规划体系中的重要组成部分。城市水环境保护规划的一般模式，包括问题识别、干系人确认、目标确定、行动清单筛选、规划实施和控制。城市水环境保护规划的目标主要包括水质保护和污染源排放控制，其中污染源排放控制是重点。工业点源排放控制、建设城市污水处理厂和进行城市非点源控制是城市水环境保护规划中的重要内容。

7.3.1 城市水环境保护规划的概念

城市水环境保护规划是指对流域范围内位于一个地级市的河流、湖泊、沟渠、水库等水体保护进行的规划，其中也包括大流域和小流域河流流经该市的部分。规划范围为本市行政区域内的河流、湖泊、沟渠、水库等地表水体和地下水体，规划内容为水污染防治、水环境保护，以及水生态、水景观保护。滨海城市的流域水环境保护规划还包括海洋污染防治。

城市流域水环境保护规划是流域水环境保护规划体系中的一个组成部分。城市水环境保护规划是在小流域水环境保护规划的指导下，针对流域内城市的河段水环境保护而制定的。城市区域污染排放控制，城内河段河道生态环境保护是规划的重点。城市水环境保护规划是城市范围内规模以上重点污染源减排规划制定的依据。

城市人口集中，工业水平相对发达，是工业废水和生活污水排放相对集中的区域，城市水环境保护对于流域水环境保护有重要的意义。同时城市水环境保护与居民用水安全和生活环境有最直接的关系，因此从保护受体健康的角度看，城市水环境保护同样非常重要。城市作为流域水环境保护的一个特殊的控制单元，需要有专门的城市水环境保护规划对城市范围内污染物排放进行控制，减少城市范围内的入河排放量。与城市总体规划中对于水环境保护概略指导的作用不同，城市水环境保护需要形成完善和协调的体系，根据城市水体的总体特征进行各辖区内的保护治理权责分配，并配合上级流域总体规划目标，以环境质量为主导目标，确保整个城市水体得到完整的保护。

7.3.2 城市水环境保护规划的一般模式

城市水环境保护规划的基本框架纵向包括问题识别、干系人确定、目标确定、方案筛选、实施计划和行动几大部分；横向包括水体水质达标规划和污染源排放控制规划，其中污染源排放控制包括点源排放控制和非点源排放控制。

7.3.2.1 问题识别

城市水环境保护规划应主要识别水质和污染物排放情况，其中以污染物排放控制为重点。需要识别各种类型的污水处理和排放问题，鉴别城市水体的重点污染物，有针对性地确定规划目标。同时，对于污染源的准确识别和排放状况的分析是解决水环境问题的关键，通常应对影响城市水环境质量的污染源按照点源和非点源进行分类。

（1）水资源利用方面，需要明确城市供水和用水现状，进行水平衡分析，其中供水现状包括供水量现状、用水量现状和损耗量情况；明确城市的可利用水资源量，尤其是饮用水资源量。对于水资源相对匮乏的城市，应该对城市节水方面的问题进行界定，并制定专项节水规划，提高水资源的利用效率。

（2）水质方面，分为城市河道水体水质状况和城市饮用水安全两方面。根据城市环境保护主管部门和水利部门提供的水质数据，分析河道水体的污染现状，以及水体水质可满足的城市居民用水需求，如是否能直接接触，还是只能用于景观用水。根据城市自来水厂提供的数据识别城市居民的饮用水安全问题。

（3）污染物排放方面，包括工业点源排放、城市污水处理厂排放和城市非点源排放。

1）工业点源排放。根据城市环保部门、企业申报数据和城市污水处理厂监测数据，分析工业大点源的达标排放情况。流域内直接排向天然水体的重要污染源由小流域直接控制，这些大点源不是城市水环境保护规划的重点。城市水环境保护规划中要对未列入小流域环境保护规划污染源清单，但是对于城市水污染物排放控制具有显著影响的较大规模工业点源重点管理。排向城市污水处理厂的工业污染源也是城市流域水环境保护规划中的重要内容。

2）城市污水处理厂建设和运行情况。根据城市环保部门、城建部门和城市污水处理厂提供的数据，结合城市人口、经济发展状况，分析城市生活污水的收集率、处理率、连续达标排放情况、污水收集管网覆盖范围、管理、节水、中水回用情况，以及城市污水处理厂能否满足需求。

3）城市非点源排放。根据环保部门、城建部门等相关部门提供的信息，分析城市非点源排放控制状况，包括对城市不透水地面面积、分布等非点源污染性质、污染水平、城市暴雨管理等的分析。

7.3.2.2　干系人确定

理想状况下，城市水环境保护规划的目标应当在广泛征求公众意见的基础上确定，因此需要在规划制定的过程中保证各个主要干系人群体的参与。城市水环境保护规划中的干系人最重要的是政府和公众。

1. 政府

政府部门是规划最主要的决策者和推动实施者。具体包括政府环境保护相关负责人和机构，以及地方、省和中央各个级别，涉及城市发展改革委员会、环保局、国土局、工业管理部门、建设局、农业局、林业局、财政部门和旅游局等各有关部门人员。

其中，城市政府是城市水环境的主要负责方，城市的环境保护主管部门直接处理城市环境问题，提供相关公共服务，是水环境保护行动的主要执行和实施方。城市建设部门也是非常重要的干系人，尤其在城市污水处理基础设施建设、地下管网建设、城市非点源控制方面发挥重要作用。此外，省和国家上级流域主管部门通过相关政策和环境标准的制定、对于规划的审批等过程，对水环境规划的制定和实施产生影响。

2. 公众

普通公众的健康和生活质量受环境的直接影响，其环境需求是城市水环境规划服务的对象。作为生活污水的排放主体，公众的用水行为也对城市水环境有直接影响。分散的公众一般难以直接参与规划制定，因此作为公众代表，与水环境相关的环保NGO（非政府组织）及一些倡导环保的公众人物，可能在政府决策和普通公众决策中发挥倡导和宣传等作用，他们也是公众类干系人的一部分。此外，公众还是规划实施的重要监督者。

3. 企业

参与城市水环境保护规划的企业主要包括两类，分别为排向污水处理厂和排向天然水体的各类大小点源所在的企业。企业是城市水环境保护规划的重要执行者；点源排放对于城市水环境质量影响显著，是城市水环境保护规划的重点。

7.3.2.3　目标确定

根据对城市地表水体水质、污染源排放和水资源利用的各个环节的评估，以及对影响水环境质量和水资源有效利用各个因素的分析，结合实际管理能力，为城市水环境保护制定具体的规划期目标值，常用主要指标见表7.3。

表 7.3 **常用城市水环境保护规划指标**

环节	指标	
水质	集中式饮用水水源地水质达标率	
	安全饮用水普及率	
	城市水功能区水质达标率	
	地表水监测断面劣Ⅴ类水体比例	
	城镇生活污水再生利用率	市辖区
		县
	市界断面水质达标率	
	建成区段控制断面水质达标率	
	万元工业产值新鲜水耗	
	工业用水重复率	
排放	重点工业污染物排放稳定达标率	
	重点工业企业污染物排放口自动监控率	
	工业企业排污申报登记执行率	
	城镇生活污水集中处理率（按人口）	
	化学需氧量排放强度	
	城市工业废水排放达标率	
	化学需氧量排放总量	
	氨氮排放总量	
管理效率	城市污水处理厂负荷率	

7.3.3 城市水环境保护数据核查

7.3.3.1 基于ET管理理念的水平衡分析

将整个城市看成一个水平衡系统，其下可以分为城市供水、城市用水（耗水）、城市排水三个子系统。根据得到的城市供水、城市用水（耗水）、城市排水数据核算城市的水平衡状态。

需要强调的是，这里的“城市用水”不仅包括实际生产、生活中的用水量，还应包括生产、生活过程中通过蒸发、蒸腾等形式消耗的水量。在水平衡分析中，往往出现城市供水量、用水量与排水量不一致的情况，排除统计数据的问题外，还有一个重要的因素就是被蒸发、蒸腾的耗水量没有计入用水量中。因此，如果不考虑生产、生活中通过蒸发、蒸腾导致的耗水量，将为水平衡方面的问题识别带来障碍。例如在对某市的水平衡分析中发现，该城市工业用水量大于排放量，而工业用水的重复利用率较高，因此很难判断是污染排放统计数据的问题还是工业水资源利用的问题。经过进一步调查发现，工业用水量与排放量之间的缺口相当一部分是由于火电行业生产过程中蒸发的水量导致的，其蒸发量占全厂总用水量的30%左右。

按照供水水源，将城市总供水分为两个部分：城市自备水源供水和城市供水厂供水。城市总供水量＝城市自备水源供水量＋城市供水厂供水量。

根据《中国城市建设统计年报》，“城市总用水量＝生产运营用水量＋公共服务用水量＋居民家庭用水量＋消防及其他用水量”，其中：①生产运营用水是城市范围内的农、林、牧、渔业、工业、建筑业、交通运输业等单位在生产运营中的用水，现在主要考虑工业企业用水；②公共服务用水量＋居民家庭用水量＝(人均日生活用水量×城市用水总人口×报告期日历天数)/1000。

根据城市污水排放的去向，将城市总排水也分为两个部分：截流进入污水处理厂的污水和未截流直接排入河沟的污水。

城市总排水量＝截流进入污水处理厂的水量＋未截流河沟的实测排水量

理想的城市水平衡状态应当是城市供水、城市用水、城市排水满足一定的系数关系。考虑产销差率（由于城市管网漏失和蒸发等问题的存在），城市用水量为城市供水量70%～80%。

在考虑城市排水量时，首先考虑作为使用者的工业和生活排水量。工业污水排放量为工业用水量的60%～90%。生活污水排放量为生活用水量的60%～70%，则进入城市排水系统的排水量为城市用水量的70%～80%。而在供水工程中漏失的那部分水最终还是经过城市排水系统外排入河或进入污水处理厂，因此，整个城市最终排水量为供水量的70%～80%。

进行水平衡分析的主要目的是找出城市供水（尤其是自备水源供水）及城市排水系统中存在的问题。

7.3.3.2　基于水平衡的主要污染物排放量核查

1. 核查目标和技术

污染物排放信息是水污染控制管理和环境决策的基础和依据，排放信息的质量直接影响决策质量，进而影响环境管理的效果。当前工业点源排污申报尚缺乏有效的审核手段，管理者与被管理者之间存在信息不对称，而城镇生活源排放则根据排污系数法估算，难以保证排放信息的质量。流域水污染排放控制中，企业排放控制存在外部性，企业缺乏污染治理和提供可靠排放信息的积极性。同理，城市政府同样缺乏提供城市可靠排放信息的积极性。因此，需要进行城市水污染物排放信息的核查，评估信息的质量。污染物排放评估路线如图 7.4 所示。

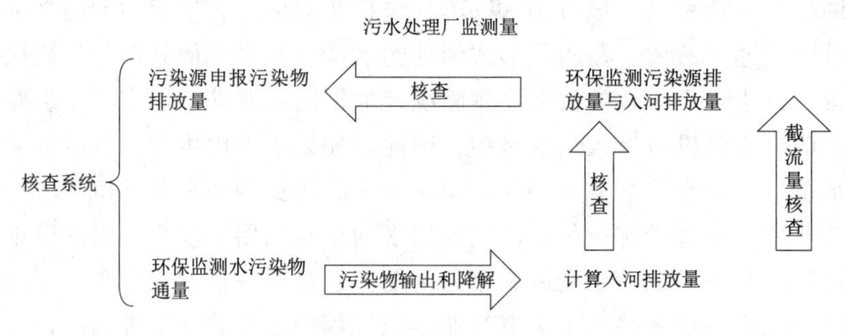

图 7.4　污染物排放评估路线

根据一致性原则，关于城市水污染物排放的各种来源的数据应当能够相互验证。目前的数据来源主要有：企业申报数据、环保监测数据和污水处理厂连续监测数据。根据水污染物排放的三个层次，主要进行以下一致性核查：①污染源申报的污染物排放量与环保监测的污染源污染物排放量是否吻合；②通过对目标河流污染物监测上下游断面的通量的计算，估算入河污染物的量，推断规模以上污染源统计数据的代表性，并与环保部门监测的入河污染物的量比较，核查污染源管理行动的有效性；③通过对受体的调查判断水质变化及污染源的连续达标排放情况。

通过对污染物排放的核查，找到影响水质的主要污染源，针对主要的超标污染物和超标时段，确定相应的行动方案。

2. 核查思路

城市区域水污染物污染源分为点源和非点源，其中点源包括工业点源和城镇生活源，市政污水处理厂也是构成入河排放量的点源。城市区域水污染物点源排放分为工业企业和居民生活两大类。其中，按照排污方式的差异，将工业点源分为排入排污沟进入市政污水处理厂的工业Ⅰ型，排入排污沟进入目标河流的工业Ⅱ型和直接排入目标河流的工业Ⅲ型；城镇生活源分为排入排污沟进入市政污水处理厂的生活Ⅰ型和排入排污沟进入目标河流的生活Ⅱ型。无组织排放等城市非点源也构成排污沟的污染物来源。城市区域水污染物排放情况如图 7.5 所示。

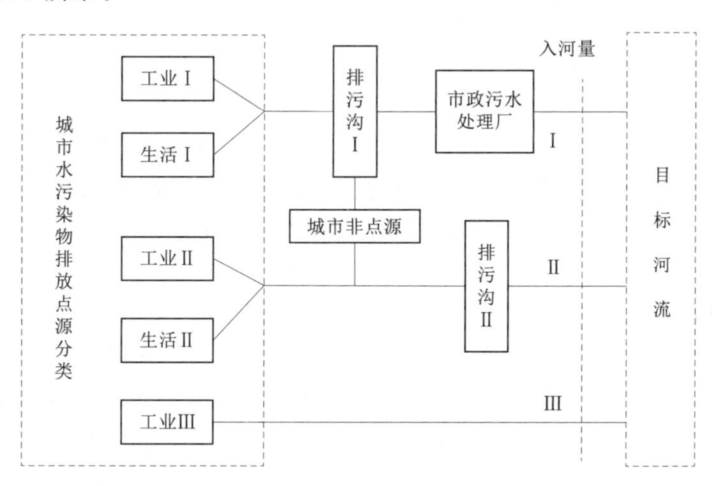

图 7.5 城市区域水污染物排放情况示意

根据入河量定义，城市区域水污染物入河排放量由市政污水处理厂排放量Ⅰ、排污沟直接入河量Ⅱ和工业源直排目标河流的排放量Ⅲ构成。

城市区域水污染物排放信息核查的基本思路是通过质量较高的入河排污口监测数据核算城市区域水污染物入河量，然后核算基于工业污染源排放申报数据及城镇生活源产排污系数等环境统计数据的城市区域污染物入河量。下面以 COD 为例，介绍城市区域污染物入河量的核查方法。

3. 城市区域 COD 排放信息核查方法

(1) 基于监测数据的 COD 入河量核算方法。基于监测数据的 COD 入河量核算步骤包括：①确定城市目标河流和目标区域；②识别区域内入河排污口，包括市政污水处理厂排污口、排污沟排污口、工业企业排污口等；③监测数据整理与 COD 入河量核算。

目标区域入河排污口总数计为 m。其中，市政污水处理厂排污口数计为 m_1，排污沟入河排污口数计为 m_2，企业直排目标河流的排污口数计为 m_3，有 $m=m_1+m_2+m_3$。基于监测数据的 COD 入河量核算公式如下

$$\begin{cases} Q_{入河}=Q_{入河\mathrm{I}}+Q_{入河\mathrm{II}}+Q_{入河\mathrm{III}} \\ Q_{入河\mathrm{I}}=\sum_{i=1}^{m_1} c_i q_i \\ Q_{入河\mathrm{II}}=\sum_{i=1}^{m_2} c_i q_i \\ Q_{入河\mathrm{III}}=\sum_{i=1}^{m_3} c_i q_i \end{cases} \tag{7.1}$$

式中　$Q_{入河}$——目标区域 COD 入河量；

$Q_{入河\mathrm{I}}$——市政污水处理厂 COD 入河量；

$Q_{入河\mathrm{II}}$——排污沟 COD 入河量；

$Q_{入河\mathrm{III}}$——企业直接入河量；

c_i——第 i 个入河排污口的 COD 平均排放浓度；

q_i——第 i 个入河排污口的平均流量。

基于监测数据的 COD 入河量核算需要所有入河排污口的监测数据，现有的监测体系不能满足核算要求。一般而言，市政污水处理厂入河排污口为日测数据，入河排污沟排污口的监测频率偏低，企业直接入河排污口的监测尚不到位，监测数据缺乏。要准确核算 COD 入河量，需要对工业企业入河排污口进行监测，并适当加大入河排污沟排污口监测频率。

（2）基于排污申报与排污系数的 COD 入河量核算方法。基于排污申报与排污系数的 COD 入河量核算步骤包括：①识别目标区域内所有排污沟，并根据排放方式，分为排污沟Ⅰ型和排污沟Ⅱ型；②列出目标区域内排污申报的工业企业名单，按照工业Ⅰ型、工业Ⅱ型和工业Ⅲ型分类，其中，考虑工业企业环境统计申报中，排入市政污水处理厂的工业企业 COD 排放量=企业排污口废水量×市政污水处理厂 COD 平均排放浓度，为提高核算精度，将工业Ⅰ型中 COD 申报平均浓度小于市政污水处理厂最高允许排放浓度的企业划归工业Ⅱ型；③根据排污沟的位置和人口分布特征，分析估算每条排污沟的纳污人口，并分为生活Ⅰ型和生活Ⅱ型；④利用环境统计中规模以上工业企业排放占工业排放总量的比重及城镇生活污水产污系数等参数，计算基于统计申报与排污系数的排入污水处理厂 COD 量、排污沟直接入河 COD 量和企业直接入河的 COD 量；⑤利用市政污水处理厂监测数据，计算污水处理厂 COD 处理效率，得出污水处理厂处理后入河的 COD 量，与排污沟直接入河 COD 量和企业直接入河 COD 量加总，计算出基于统计申报与排污系数的 COD 入河量。

目标区域排污沟总数计为 n。其中，排入市政污水处理厂的排污沟数计为 n_1，直排目标河流的排污沟数计为 n_2。第 i 条排污沟的纳污企业数目计为 U_i，第 i 条排污沟的纳污人口数计为 P_i。基于统计申报与排污系数的 COD 入河量核算公式如下：

$$
\begin{cases}
Q_{入河}=Q_{入河\mathrm{I}}+Q_{入河\mathrm{II}}+Q_{入河\mathrm{III}} \\
Q_{入河\mathrm{I}}=(1-\eta)\left(\sum_{i=1}^{n_1}\sum_{j=1}^{U_j}\dfrac{Q_{ij}}{\delta}+\sum_{i=1}^{n_1}p_i\lambda\right) \\
Q_{入河\mathrm{II}}=\sum_{i=1}^{n_2}\sum_{j=1}^{U_j}\dfrac{Q_{ij}}{\delta}+\sum_{i=1}^{n_2}p_i\lambda \\
Q_{入河\mathrm{III}}=\sum_{j=1}^{m_3}Q_0 j
\end{cases}
\tag{7.2}
$$

式中 $Q_{入河}$——目标区域 COD 入河量；

$Q_{入河\mathrm{I}}$——市政污水处理厂 COD 入河量；

$Q_{入河\mathrm{II}}$——排污沟 COD 入河量；

$Q_{入河\mathrm{III}}$——企业直接入河量；

η——市政污水处理厂 COD 处理率；

δ——环境统计中规模以上工业企业 COD 排放量占工业企业排放总量的比重；

λ——城镇生活人均 COD 产污系数；

Q_{ij}——排入排污沟 i 的第 j 个工业企业的 COD 排放量，当 $i=0$ 时，表示企业直接排入目标河流。

由于统计申报与排污系数未考虑城市区域非点源排放，故基于统计申报与排污系数的 COD 入河量核算中做相同处理。

7.4 流域水环境综合管理

流域水环境是一个综合的系统，需要从全流域的角度实施综合管理和保护，把流域的上、中、下游各区域作为一个整体，充分考虑不同地区的基础和条件，强调地区间的协同合作，共同实现流域水环境综合管理目标。流域水环境综合管理包括流域水资源管理和生态系统保护、流域水质管理、流域水环境信息管理、流域水环境保护规划管理，以及对污染源的管理几部分。

7.4.1 流域水资源管理和生态系统保护

7.4.1.1 水资源保护政策的范围和目标

根据联合国教科文组织（United Nation Educationnel，Scientific and Cultural Organization，UNESCO）的定义，水资源是指“可利用或有可能被利用的水源，这个水源应当具有足够的数量和可用的质量，并能在某一地点为满足某种用途而可被使用”。而在《水法》中，水资源被认为是地表水和地下水。本节分析的水资源，是指我国境内能够满足生产、生活、生态功能的地表水与地下水。

水资源保护政策的总目标是保护与涵育地表水和地下水，维持其一定的水质和水量以满足生产、生活、生态功能用水。其具体目标包括以下三个方面：①保护陆地植被与生态以涵养水源；②管理生产和生活用水，以满足生态用水的需求；③保护河道以维持水体生态。具体行动领域包括森林保护、水土保持、饮用水水源保护、取水管理、河道保护、湿地和生物保护。

7.4.1.2　水资源保护政策框架

水资源保护包括水源涵养、用水管理、河道保护三个领域。水源涵养方面，包括森林保护行动建设植被、水土保持减少土壤水蚀、饮用水源保护维持水源水质；用水管理方面，包括取水许可监督核准取水量、节水行动推行节约用水的技术措施；河道保护方面，包括河道管理保证河道行水通畅、湿地保护区与鱼类水禽保护区保护水生生境。

目前并没有一部专门保护水资源的法律。水资源保护的规定散布于各种资源法中，水资源保护的政策框架包括《水法》《水土保持法》《草原法》《森林法》《农业法》《渔业法》《土地管理法》《野生动物保护法》及其管理条例等。其中，《水法》和《水土保持法》是最主要的涉及水资源保护的法律；而《草原法》《森林法》《土地管理法》《野生动物保护法》《渔业法》也在对草原、森林、土地、野生动物、渔业资源的保护中对水资源保护有所涉及。

7.4.1.3　饮用水源保护

饮用水源保护是指通过控制地表、地下水体中的活动，以及渗井、裂隙灌注等活动，保证城市集中供水的饮用水地表水源和地下水源的水质符合标准。

1. 干系人责任

政府划定饮用水源保护区，以控制保护区内污染行为；保护区内的居民和企事业单位必须遵循当地保护区管理办法。

2. 决策机制

饮用水源保护区的管理是一项多部门参与的工作，由各级环保部门主管，会同水利、地质矿产、卫生、建设部门等共同实施。首先，由各地环保部门会同有关部门制定饮用水源保护的具体管理制度；其次，各级环保部门会同水利、地质矿产、卫生、建设部门划定保护区范围，经当地县级以上政府批准后生效。跨省、市、县的保护区，具体位置划定和管理办法由保护区范围内政府商定，报上一级政府批准。

3. 管理机制

对于地表水源，饮用水保护区包括一定的水域和陆域，以取水口附近划定一定范围为一级保护区，一级保护区外一定范围作为二级保护区，必要时可增设准保护区。一级保护区的水质要达到地面水环境Ⅱ类标准，并符合生活饮用水卫生标准的要求。一级保护区内，禁止新建或扩建与供水设施和保护水源无关的建设项目；禁止向水域排污水，已有排污口拆除；不得设置与供水无关的码头，禁止停靠船舶；禁止堆放和存放工业废渣、城市垃圾、粪便和其他废物；禁止设置油库；禁止从事种植、禽畜放养，严格控制网箱养殖；禁止可能污染水源的旅游。二级保护区的水质要达到地面水环境Ⅲ类标准。二级保护区内，不得新建、扩建向水体排放污染物的建设项目；改建项目必须削减污染物排放量；原有排污口必须削减污水排放量；禁止设立装卸垃圾、粪便、油类和有毒物品的码头。准保护区内，排放废水必须符合排放标准；总量不能保证满足标准时，必须削减排污。各级饮用水地表水源保护区内，禁止破坏水源林、护岸林；禁止倾倒工业废渣、城市垃圾、粪便等废弃物；禁止车船运输有毒有害物质、油类、粪便，必须进入者经批准登记并设置防护设施；不得使用剧毒和高残留农药，不得滥用化肥；不得使用炸药、毒药捕杀鱼类。

对于地下水源，保护区内的水质均应达到生活饮用水卫生标准。保护区范围要保证开采规划水量时能达到水质标准。一级保护区位于开采井周围，二级保护区位于一级保护区外。一级保护区和二级保护区的范围要保证集水有足够的后滞时间，防止污染。准保护区位于二级保护区外的主要补给区，保证补给水源的水量和水质。一级保护区内禁止建设与取水设施无关的建筑物；禁止从事农牧业活动；禁止倾倒、堆放工业废渣及城市垃圾、粪便等有害废弃物；禁止输送污水渠道、管道及输油管道通过本区；禁止建设油库；禁止建立墓地。二级保护区内，对于从潜水层取水的水源地，禁止建设化工、电镀、皮革、造纸、制浆、冶炼、放射性、印染、染料、炼焦、焦油、炼油及其他有严重污染的企业，已建的要限期治理，转产或迁移；禁止设置城市垃圾、粪便和易溶、有毒有害废弃物堆放场和专运站，已有的限期搬迁；禁止利用未经净化的污水灌溉农田，已有的限期改为清水灌溉；化工原料、矿物油类及有毒有害矿产品的堆放场所必须有防雨、防渗措施。对于从承压层取水的水源地，禁止承压水和潜水的混合开采，做好潜水止水措施。准保护区内，禁止建设城市垃圾、粪便和易溶、有毒有害废弃物的堆放场站，必须要建的须经批准并采取防渗漏措施；当补给源为地表水体时，其水质不得低于地面水环境Ⅲ类标准；灌溉用水要符合农田灌溉水质标准，合理使用化肥；保护水源林，禁止毁林开荒，水源林只准进行更新性质的砍伐。各级保护区必须遵循下列规定：禁止利用渗坑、渗井、裂隙、溶洞等排放污水和其他有害废弃物；禁止利用透水层孔隙、裂隙、溶洞、废弃矿坑储存石油、天然气、放射性物质、有毒有害化工原料、农药等；人工回灌地下水时不得污染地下水源。

7.4.1.4 取水管理

取水管理可以从取水许可证制度、水资源费制度和节水措施三方面分析。取水许可证制度，是指直接从江河、湖泊或地下取水的单位和个人，在取水前须向有关部门提出申请，经批准后方可按计划取水。上述取水行为应当缴纳水资源费。节水措施包括改良灌溉效率的农业节水措施和淘汰落后工艺的工业节水措施，农业节水目前实行大型灌区节水建设项目。

1. 干系人责任

政府制定水资源开发利用规划，审批取水申请，制定水资源价格，制定行业用水定额，组织建设大型灌区节水项目与节水型社会试点。中央政府为大型灌区建设预算资金，地方政府提供配套资金。向江河湖泊等自然水体取水的企事业单位要提出取水申请，建设合理的取水、排水、节水设施，缴纳水资源费。

2. 决策机制

各级水利部门依据水量分配方案和行业用水定额审批所辖区域内的取水申请。水量分配方案确定了一个地区可以批准的取水总量，行业用水定额为不同行业的适宜用水量提供参照。尚未制定水量分配方案或签订协议的省、自治区、直辖市，由流域机构制定其取水许可总量；尚未制定水量分配方案或签订协议的市、县，由省、自治区、直辖市的水利部门制定其取水许可总量。协议一般是指相邻行政区域对共同流经河段水量分配的协定。行业用水定额由省、自治区、直辖市人民政府水行政主管部门和质量监督检验管理部门制定，尚未制定的地区参照国务院有关行业主管部门制定的行业用水定额。

灌区管理单位、计划部门和水利部门参与大型灌区建设项目的确立：由灌区管理单位向省级计划部门和水利部门提出灌区建设的年度可行性研究报告，省级计划部门和水利部门审查后上报国家发展改革委和水利部，国家发展改革委和水利部根据各省上报的项目申报材料和资金可能，下达年度项目投资计划。工业节水淘汰落后的工艺、设备的具体名录，由国务院经济综合主管部门会同国务院水行政主管部门和有关部门制定。

3. 管理机制

取水许可管理机构为流域管理机构和县级以上政府水利部门。地质矿产部门协助地下水取用管理，城市建设部门协助城市规划区内地下水取用管理。取水人应每年向水利部门申报下一年度的用水计划，包括取水的起始时间、取水量、取水方式、计量方式、节水措施、退水地点和退水中所含主要污染物，以及污水处理措施，并且对用水计划做出合理性分析。新建、改建、扩建的工程在开始取水前 1 个月，应向当地水利部门提出该年度用水计划。水利部门收到年度用水申请后，对其进行审查，以书面形式向取水人下达下一年度取水计划。审查取水计划以地方的水量分配方案和行业用水定额为标准，考虑取水和退水对水功能区、地下水的影响。对取用城市规划区地下水的取水申请，审批机关应当征求城市建设主管部门的意见。取水设施竣工后，项目单位向水利部门递交有关运行情况材料。验收合格后，审核机关发给许可证。取水人每季度报送用水报表，每年 1 月报送上一年度用水总结。取水许可证实行年度审验制度，由发证机关对取水人本年的取水情况进行总结，审批下一年的取水计划。取水许可证有效期限为 5 年。

新建、改建、扩建项目在申请取水申请时需要提交水资源论证报告书，由发放许可证的水利部门受理。论证报告书应当包括取水水源、用水合理性及对生态与环境的影响等内容。报告书的编制由业主委托有水资源论证资质的单位进行，主管的水利部门组织具有审查资质的单位和专家进行审批。水资源论证的审批意见是批准取水申请的技术依据。计划主管部门在审批建设项目可行性研究报告时，负责核实项目的水资源论证报告和取水申请已获批准。业主单位在报送建设项目可行性研究报告时，必须同时提交项目取水申请的书面审核意见，附具经审定的水资源论证报告。未提交许可证审核意见及经审定的水资源论证报告的，计划主管部门不予批准。

从江河、湖泊和地下取水的单位和个人要缴纳水资源费。水资源费征收标准由省、自治区、直辖市政府价格主管部门会同财政部门、水利部门制定，报本级人民政府批准。各省、自治区、直辖市划定农业生产用水限额，限额以下农业用水不需缴纳水资源费，限额以上对超限额部分交费。水资源费由取水审批机关负责征收。征收的水资源费应当分别上缴中央和地方国库，全额纳入财政预算，由财政部门统筹安排，主要用于水资源的节约、保护和管理，也可以用于水资源的合理开发。

大型灌区续建配套节水改造项目，灌区管理单位负责组织实施，计划主管部门和水利部门负责审查项目申报、对项目进行检查监督和验收。建设资金由中央、地方和灌区多渠道筹集，其中中央与地方配套比例为：东部地区 1∶1.5，中部地区 1∶1，西部地区 1∶0.5。2000 年以来，国家推行节水型社会建设试点工作，以健全用水管理制度为核心，逐步实现减少用水量的目的。节水型社会建设的资金来源以地方为主，多渠道筹措。

对于工业节水，国家逐步淘汰落后的、耗水量高的工艺、设备和产品，生产者、销售者或者生产经营中的使用者应当在规定的时间内停止生产、销售或者使用列入名录的工艺、设备和产品。淘汰落后设备的具体名录由国务院经济综合主管部门会同国务院水行政主管部门和有关部门制定。同时，新建、扩建、改建项目，应当制定节水措施方案，配套建设节水设施，节水设施应当与主体工程同时设计、同时施工、同时投产。

7.4.1.5 河道管理

1. 干系人责任

河道管理机关管理河道范围内建设项目，审批入河排污口设置申请，维护河岸和堤防，建设护堤护岸林。企事业单位提出入河排污口设置申请。

2. 决策机制

河道管理的决策包括对入河排污口设置的审批。入河排污口在新建、改建和扩大时必须向有关部门提出申请。申请时应提交入河排污口设置论证报告，包括所在水域水质情况、排污口位置、排放方式、污水主要污染物种类及其浓度和总量、相应水域水质要求，水质保护措施及效果分析、有利害关系的第三方所受影响等。受理部门根据有关依据对入河排污口的申请进行审批：饮用水水源保护区内水域、省级以上人民政府要求削减排污总量的水域，禁设排污口；排污口可能使水质不能满足水功能区划的、可能影响合法取水户用水安全的，以及不符合防洪要求的，禁止设置。

3. 管理机制

依照河道管理条例规定，由水利部门实施河道整治与建设、河边清障和河道保护。事实上，水利部门负责的水工程建设和交通部门负责的航道整治也进行对河道的建设。

河道管理条例规定的河道管理包括三方面内容：河道整治与建设，河道清障，河道保护。其中，河道整治与建设是指开发水利、整治河道的各项工程和穿河、邻河、穿堤的桥梁码头等必须符合防洪标准和通航标准，并在建设前必须征求河道管理机关的同意；城镇建设发展不得占用河道滩地，城镇规划的临河界限，由河道主管机关会同城镇规划等有关部门确定；河道岸线的利用与建设，须服从河道整治规划，河道岸线的界限由河道主管机关会同交通等有关部门报县级以上地方人民政府划定。河道清障是指河道管理范围内的阻水障碍物，按照“谁设障，谁清除”的原则实施限期清除；壅水阻水严重的桥梁、引道、码头和其他跨河工程设施，督促原建设单位在规定的期限内改建或者拆除。河道保护包括管理河道范围内水域、土地和滩地的利用，水域和土地的利用要符合行洪、输水和航运需要，滩地利用由河道主管机关会同土地管理机关制定规划，经政府批准后实施；禁止损毁水工程和监测设施；禁止阻水设施的建设与废物堆放；禁止在堤防和护堤地从事建设、堆放、考古和集贸活动；在河道管理范围内采砂、取土、弃置砂石、爆破、钻探、堆放物料、开采地下资源、进行建设和考古活动的，必须经河道管理机关批准；禁止围湖造田；加强水土保持；建设护堤护岸林木；监测山体滑坡、崩岸、泥石流等自然灾害；审批排污口设置和扩大；进行水质监测等。

水利部门是河道管理的主管部门，交通部门是航道管理的主管部门。国务院水利主管部门是全国河道的主管机关，各省、自治区、直辖市的水利行政主管部门是该行政区的河道主管机关。长江、黄河、淮河、海河、珠江、松花江、辽河等大江大河的主要河段，跨省、自治区、直辖市的重要河段，省、自治区、直辖市之间的边界河道及国境边界河道，由流域管理机构实施管理，或者由上述江河所在省、自治区、直辖市的河道主管机关根据流域统一规划实施管理。其他河道由省、自治区、直辖市或者市、县的河道主管机关实施管理。

河道管理，资金需求方面主要是河道清淤及堤防、护岸、水闸、排涝工程等河道工程的维护。资金供给方包括中央和地方财政，采砂、取土、淘金的单位，以及受益群众和单位。河道堤防的防洪岁修费，中央和地方财政共同负担。收益明确的河道工程维护，向受益的工商企业和农户收取修建维护管理费。在河道范围内采砂、取土、淘金的单位须缴纳管理费。保护区域内的单位和个人汛期义务出工，维修加固河道堤防工程。

4. 管理行动

我国的河道管理在维持利用功能和初步恢复的阶段。河道管理条例包括三个层次：①保持河流的使用功能，保护水工程，保护水域和土地利用符合行洪、通航和输水的功能；②禁止破坏活动，维持河流的现有状态，保持原有的水面面积和滩地面积，不允许阻碍输水、毁坏河床、污染河水的行为；③实施一些积极的保护，建设水土保持、建设护堤护岸林木和河流清障。但在我国，一些常见的生态恢复措施并未施行，河流的形态是自然弯曲还是人工改直，河岸和河床是自然土体还是人工材料，都没有进行具体的规定。

在实际工作中，河道清淤等保护工作在一定程度上以工程形式进行，依靠政府的决策。农村的河道保护更是依靠地方政府的财力。在一些富裕的地区，省或市政府实施农村河道清淤和河岸垃圾清理工程，如江苏实施的六清六建试点工程。

7.4.2　水环境保护规划管理

水环境规划也是水环境管理的重要内容，是水环境保护各项政策目标和管理行动方案的具体体现和落实。具体的流域水环境规划必须通过环境管理体制和管理机制的具体设计和建设才能有效实施，包括信息机制、资金机制、监督核查机制和处罚问责机制。

7.4.2.1　流域水环境保护规划管理体系

流域水环境保护规划制度是指围绕规划全过程的一系列规则体系，主要包括体制和机制，通常以基本法、专项法、实施细则的形式颁布与实施。在制度框架中，中心是规划体系，是整个制度框架的核心；底端是实施机制，为规划体系的运行提供激励；顶部是法规体系，为规划体系执行机构之间权责划分提供法律支撑，明确机构的权威地位，各级机构的权责及相互关系，并对运行规则进行指导。这样，各构成要素之间形成稳定的结构，使干系人形成明确、详细的预期，保障流域水环境保护规划制度的顺利实施。

7.4.2.2　流域水环境保护规划管理体制设计

1. 权责划分

环境部门应拥有审批权和环评审议权，以加强规划和环评的权威性。流域水环境保护规划制度需要一个强有力的组织保障，从国家层面讲，需要一个能统揽全局、代表流域整体利益的规划机构。该规划机构由中央授权，全权负责流域水环境保护规划的制定与实施，直接管理国家级重大工程项目和跨省断面的监测等。为保证其权威性，这个机构应具有规划审批权、环评审议权和规划执行的督导权。相应地，地方规划机构也应拥有以上权力，以提高环保规划对纵向部门的控制力与横向部门的约束力。

2. 建立四级规划体系

建立一个由国家级、小流域、城市、大点源四个级别构成的规划体系，厘清上下级规划关系，使不同级别的规划实施机构之间分清权责。国家级别的规划负责宏观上的规划目标、资金分配和大型治理项目；地方级别的规划负责具体的事物，制定具体措施，既保证环境质量改善目标的实现，又体现经济效率原则。

7.4.2.3 流域水环境保护规划管理机制设计

规划制度实施过程中，信息、决策、资金、监督和问责机制共同发挥约束和激励作用。其中，信息机制是核心。信息既是决策、资金分配的依据，又是监督、问责的手段。信息使决策更科学，使资金分配更合理，使监督、问责更有效。信息为决策提供依据，制定详细的资金分配方案、责任分工、措施等，所有这些决策信息反过来又作为监督与问责的手段，通过信息公开、舆论监督的方式进行评估与奖惩。这五项机制环环相扣，从约束和激励两个角度实现激励相容。

信息机制的重点是打破当前部门之间的信息沟通障碍，建立多主体、多渠道、全方位的信息共享平台；决策机制设计的重点是建立“自上而下、自下而上”的综合决策平台，形成干系人广泛参与、制定者充分论证、实施者普遍认同的规划目标制定模式；资金机制需要在充分论证的过程中提出明确的资金分配方案；在规划监督方面，规划实施绩效评估应该是立体的，将日常监督与随机抽查相结合。规划没有后续的监督与问责，等于一纸空文，因此问责机制至关重要。通过行政处罚这样的显性激励与舆论压力这样的隐性激励相结合的手段设计奖惩分明的问责机制。

7.4.3 城市生活污水管理

7.4.3.1 城市生活污水管理目标

市政污染源主要包括污水处理厂和垃圾填埋场，直排天然水体的排污沟在城市排水管网不健全时部分承担了收集和排放污水的功能，因此也应当视为市政污染源。虽然一些污水处理厂和垃圾填埋场不直接由政府投资建设和营运，而是部分或者全部委托私人负责，但是鉴于这些市政源在城市水污染物处理方面的作用，以及对城市水环境保护的重要性，其性质与其他工商业点源仍有很大区别。

城市污水处理厂主要接收来自居民和商业污水。较大的污水处理厂也接收和处理部分工业（间接排放者）废水。处理的污染物类型一般是常规污染物，也可能有非常规污染物和有毒污染物。城市污水处理厂在我国很多城市属于事业单位或国有企业，其自身的特殊性导致在实际的环境管理中往往不被当作一个污染源。环保部每年公布的环境公报中，也只有工业企业的污水排放达标率，并不考虑污水处理厂的排放达标率。另外，城市污水处理属于具有自然垄断性质的准公共物品。作为公共物品，企业和私人供给往往不足而需要由政府直接提供或补贴生产；作为自然垄断行业，无论是政府直接运营还是委托私营企业运营，如果不加以监管，都可能会产生不利于社会福利改进及资源最优配置的结果。如政府直接运营可能会由于缺乏控制成本的动机导致效率低下；私营企业可能会倾向于制定垄断高价，掠夺消费者或通过不正常运行降低成本。随着城市化的不断发展，城市生活污水排放量不断增加，市政污水处理厂的污水排放已经成为威胁城市水环境质量的重要因素，因此必须保证其连续达标排放，同时需要提高污水处理效率，降低污水处理成本。

城市生活污水管理可以分为三个环节：①源头管理，即用户污水的产生和排放的管理；②对污水收集的管理，即污水排入管网并汇集进入污水处理厂的管理；③进入污水处理厂后经过处理最终排放到河流的管理。针对这三个环节，城市生活污水管理的目标可以概括为：少用水，多循环，少排放；全收集，全处理；全达标，低成本。具体包括：①保障居民正常生活用水的情况下，尽量减少新鲜用水量，并尽力提高处理后污水的再利用率；②生活污水 100%收集并进入污水处理厂；③污水处理后全部达到国家排放标准，以日为尺度实现连续达标排放；④污水管理的成本得到控制；⑤成本得以公平分配。

7.4.3.2　城市生活污水排放管理手段

实施规范的排污许可证制度，将污水处理厂达标排放应遵循的所有要求，包括执行的排放标准、排放监测方案、达标的判别标准、排污口设置管理等各项制度要求及违法处罚等方面的规定明确在排污许可证中，以许可证作为对市政源实施监管的主要手段。城市政府作为市政源排污许可证的持有者，按对排污单位的监测核查程序和标准对其进行核查。

7.4.3.3　城市生活污水管理绩效评估

城市生活污水的管理绩效评估主要考查城市生活污水管理目标的实现程度、所付出的社会成本及管理过程中的公平性和可持续性。绩效评估是以结果为导向的管理方法的组成部分，通过对效率、效果等指标的考核，为实施更好的管理提供信息。绩效评估会促进管理者将精力集中在要优先处理的问题上，提高管理效率；通过绩效标杆的建立，使被评估者看到与其他地区的差距，更加努力地工作；同时通过评估系统，将评估结果向利益相关者公开。污水管理绩效的评估是监管的重要方式，目的是要追求公平与效率。激励政府部门和运营单位提高管理绩效。同时，依据城市污水处理效率的评估结果，作为该城市在未来一定时期政府投入污水处理资金的依据。

7.5　流域水环境规划与管理案例

渭河流域重点治理是一项十分迫切和艰巨的任务，对加快渭河流域及其相关地区经济社会发展，促进西部开发战略顺利实施，具有十分重要的意义。渭河流域近期重点治理措施主要包括防洪减淤、水资源配置、水资源保护、水土保持生态建设和前期工作五大项目，涉及流域内陕西、甘肃、宁夏三省（自治区），2010 年以前投资规模 229 亿元，其中陕西省部分流域投资大约为 160 亿元。实施后将使渭河流域面临的水资源短缺、水污染严重、下游防洪形势严峻和水土流失等突出问题得到初步解决，保障渭河流域经济社会可持续发展。《渭河流域重点治理规划》明确提出，要用 10 年左右时间初步建成渭河流域防洪减淤体系，确保重点河段和地区的防洪安全，缓解水资源短缺状况，改善渭河干流及支流水质，遏制人为造成新的水土流失。

《渭河流域重点治理规划》要把渭河下游防洪减淤作为治理重点，同时坚持开源节流并举，加大节水和治污力度，把解决渭河流域水资源不足和水污染问题放在突出位置。防洪减淤重点是渭河下游防洪工程建设，使渭河干流防洪能力基本满足 50 年一遇防洪标准，南山支流防洪能力由 2～3 年一遇防洪标准提高到 10 年一遇防洪标准。水资源配置重点有灌区节水改造、外流域调水工程、雨水利用和城乡供水水源工程、大中城市节水改造和污水再生利用等项目，并通过实施省内南水北调项目缓解关中地区水资源短缺，保证渭河河道内生态环境低限用水。通过节水改造后，使陕西省大中型灌区灌溉水利用系数由现状的

0.4 提高到 0.6 以上，工业用水重复利用率由现状的 40%提高到 70%～80%，工业万元产值综合取水量降至 $35m^3$，新建住宅节水器具普及率达到 100%。水资源保护重点是加强工业污染源治理，通过建设城市污水处理厂等，渭河干流水环境有较大改观。水保生态建设项目主要建设骨干坝与淤地坝、水土保持林、基本农田等，实施后将使流域内植被增加，使渭河流域生态环境得到有效改善。

7.5.1　渭河流域规划总则

7.5.1.1　规划背景

水是生命之源、生产之要、生态之基。然而渭河水资源总量不足，流域资源性和季节性缺水；建设与维护管理体制不顺；水生态环境自我平衡修复结构欠缺；沿岸产业布局动力不足等问题依然严重，进一步巩固成果并发挥渭河产业集聚效应迫在眉睫。党的十八大把生态文明建设纳入中国特色社会主义建设总体布局放在了突出地位。《中共中央国务院关于加快推进生态文明建设的意见》、习近平总书记提出“节水优先、空间均衡、系统治理、两手发力”的新时期治水思路和“山水林田湖是一个生命共同体”的生态治理理念，为进一步搞好渭河的生态文明建设指明了方向。

渭河横贯关中精华腹地，沿渭河建设一条长约 512km、宽 1～6km 的渭河生态区，形成一个涵养水源、改善气候、削减雾霾的绿肺，对促进陕西经济社会绿色发展、支撑丝绸之路经济带可持续发展意义重大。

7.5.1.2　立项依据

2005 年 12 月 29 日，国务院批准实施的《渭河流域重点治理规划》提出：要切实加强流域水土保持生态建设，加快淤地坝建设，充分发挥生态系统的自我修复能力。

2010 年通过的《陕西省渭河全线整治规划及实施方案》中“实施方案与任务分解”章节中，明确提出：在城乡沿渭地带利用两岸滨水环境、滩地资源优势，发展滨河高效农业、绿色果品蔬菜、苗木花卉示范基地。在城市沿渭地带通过发展生态人居、特色旅游、休闲度假、商贸、会展以及低碳环保产业，建设新兴工业园区、小城镇建设示范区等，构建人与自然和谐相处的生态化新兴城区。规划在城市沿堤防 1500m 的地带根据发展状况开发土地，规划区经济产业带非农建设土地开发面积 $386km^2$，其中居住、休闲度假、高端服务业用地 $100km^2$。

2013 年 12 月，国家发展改革委联合财政部、国土资源部、水利部、农业部、国家林业局制定了《国家生态文明先行示范区建设方案（试行）》。提出在全国范围内选择有代表性的 100 个地区开展国家生态文明先行示范区建设，制定了生态文明示范区建设的总体要求和为期 5 年的主要目标、任务以及组织实施的方法。

综上可见，陕西省提出对于渭河沿岸控制地带治理续建工程的相关指示，指出了渭河沿岸治理开发对于建立渭河流域水生态系统平衡的重要性和城水一体发展的必要性。同时，已完成的《陕西省渭河流域综合规划》《陕西省渭河全线整治规划及实施方案》《关中水系规划报告》等对于渭河流域的整治规划重点更多在于渭河水系本身，虽然对渭河沿岸局部进行了经济产业带的规划、设计与建设，但缺少统一的制度安排、战略研究和总体规划，需要进一步统一、科学规划与组织实施。因此，以绿色可持续的生态理念，以沿岸城市乡村建设与渭河水系治理为一体，对渭河沿河区域进行全面科学的统筹规划是十分必要的，亦是本次规划需要着重解决的问题。

7.5.1.3 规划范围

渭河生态区横向西起陕甘省界，东至潼关渭河入黄口，长512km；纵向沿渭河两岸堤防向两侧按城市核心区200m、城区段1000m、农村段1500m控制。规划总面积约1000km^2。

7.5.1.4 规划水平年

现状水平年：2015年。

规划水平年：2020年。

7.5.1.5 编制原则

1. 保护优先，持续发展

优先修复和保护渭河水生态及沿岸生态环境，形成渭河生态区。以生态建设保护为基础，坚持"以生态保护带动开发利用、以开发利用促进生态保护"，合理进行建设利用与管理保护，实现生态、经济、社会、环境综合效益，促进渭河生态区可持续发展。

2. 以水为基，生态为本

以渭河水生态景观及水生态系统为根本，融合渭河沿岸文化资源、旅游资源、农业资源、城乡空间及产业资源等，以生态休闲为引导，合理规划布局产业空间，引导渭河沿岸各市、县区有序发展、差异发展，促进产业结构优化。

3. 政府主导，市场运作

以政府为主导进行生态保护、生态湿地和基础设施建设，同时以新兴市场需求为主，紧抓消费潮流，引导开发内涵丰富、特色鲜明、绿色环保、市场竞争力强、发展前景好的生态休闲项目及城乡产业项目，构建多元化的滨水产业形态，优化渭河沿岸产业结构。坚持市场配置资源、吸纳社会资本投入，引导沿岸城乡居民广泛参与，充分尊重城乡居民的意愿，切实保障城乡居民的自主权和受益权，带动渭河沿岸城乡居民发展致富。

4. 产业融合，城乡统筹

以渭河水生态为核心依托，以生态休闲为黏合剂，促进文化、水利、旅游、商业、科技、农业、其他新兴产业等多元融合，实现产业集聚，延伸产业链，拉长消费链条。同时，与新型城镇化建设、美丽乡村建设相结合，促进城乡统筹互动发展。

7.5.2 区域概况及发展现状

7.5.2.1 自然条件概况

1. 地理位置

渭河生态区地处陕西省中部，南依秦岭，北靠北山，西起陕甘省界，东至潼关渭河入黄口，跨宝鸡市、杨凌区、咸阳市、西咸新区、西安市、渭南市等四市两区。

2. 水文气象

渭河生态区属温带季风性气候，年平均温度6～13℃，冬季最冷月为1月，月均温在−5℃左右，夏季最热月一般出现在7月，月均温30℃左右。年降水量500～800mm，其中6—9月占60%，多为短时暴雨，冬春降水较少，春旱、伏旱频繁。

3. 区域地质地貌

渭河生态区西端至宝鸡峡坝址计124km段为山地、河流及水库（宝鸡峡）构成，从宝鸡峡大坝至潼关渭河入黄口的中下游段主要由河道、河漫滩、河堤，以及向两侧延伸的阶地组成。

渭河生态区总体呈西高东低地势走向，中下游段两岸阶地系渭河冲积地向南北两侧扩展形成，地势呈不对称性阶梯状增高，一级阶地一般高出水面5～20m，二级阶地高20～45m。

4. 沿渭土地利用现状

经分析相关测绘图纸及结合现场考察调研得知，现状条件下渭河生态区总面积约为1000km^2。河堤内河道及滩地（含河滩公园）共计约353km^2，堤防占地约40km^2，河道以外，耕地总面积约为320km^2，园地总面积约为100km^2，林地总面积约为35km^2，草地总面积约为36km^2，房屋建筑及构筑物总占地面积约为45km^2，堤外道路总占地面积约为20km^2，人工堆掘地总面积约为30km^2，荒地与裸露地总面积约为2km^2，堤外水域总面积约为10km^2，山地24km^2。

5. 自然灾害情况

（1）洪水。渭河流域洪水主要来源于渭河干流咸阳以上和南山支流、泾河等，具有暴涨暴落、洪峰高、含沙量大的特点。每年7—9月为暴雨季节，汛期水量约占年水量的60%，历史上渭河曾发生多次大洪水。

（2）旱灾。渭河流域旱灾频发，有“三年一小旱、十年一大旱”之说。

7.5.2.2　社会经济概况

1. 人口概况

2014年，渭河生态区所涉及的四市两区的总人口是2187.47万人，宝鸡市总人口358.4万人；杨凌区总人口18.59万人；咸阳市总人口492.86万人；西咸新区总人口150万人；西安市总人口611.62万人；渭南市总人口556万人。

2. 社会经济

2014年，渭河生态区所涉及的四市两区总生产总值达到11162.85亿元。宝鸡市生产总值1658.54亿元，人均生产总值44241元；杨凌区生产总值93.2亿元，人均生产总值45978元；咸阳市生产总值2077.34亿元，人均生产总值41971元；西咸新区生产总值398.06亿元，人均生产总值26537.3元；西安市生产总值5474.77亿元，人均生产总值46929元；渭南市生产总值1460.94亿元，人均生产总值27401.02元。

3. 产业概况

目前，渭河沿岸各市各区已呈现多种产业融合的趋势，最为突出的是以高新科技产业、科技农业、新材料、电子产业等新兴技术产业为主导的绿色生态产业，为渭河生态区的产业发展奠定了良好的基础。渭河生态区所跨的四市两区都在自己的城市发展规划中，对渭河沿岸经济社会全面发展提出了相关战略与思路。

7.5.3　流域生态环境系统分析

7.5.3.1　渭河水系现状分析

1. 流域水系

渭河自西向东流经陕西境内，经宝鸡市的陈仓区、渭滨区、高新区、金台区、岐山县、眉县、扶风县，杨凌区，咸阳市的武功县、兴平市、秦都区、泾阳县、渭城区，西安市的周至县、鄠邑区、未央区、浐灞区、高陵区、阎良区、临潼区，渭南市的高新区、临渭区、大荔县、华州区、华阴市，流域面积 13.48 万 km^2。渭河水系北长南短，属于不对称水系特征，北岸有秦祁河、咸河、散渡河、葫芦河、牛头河、通关河、千河、漆水河、泾河、石川河、北洛河，主要分布在黄土高原，洪枯流量悬殊，泥沙含量大；南岸有榜沙河、大南河、来加昔河、石头河、黑河、涝河、沣河、灞河，分布土石山区，比降大，水流湍急，含沙量少。同时，为引水灌溉，在渭河北岸开挖建设了大大小小的引水渠道和水库，渠道属"关中八惠"（洛惠总干渠、渭惠渠、梅惠渠、沣惠渠、黑惠渠、泔惠渠、涝惠渠、泾惠南干渠）最为著名，水库则以冯家山、羊毛湾和石头河等水库为代表。

泾河是渭河最大的支流，河长 455.1km，流域面积 4.5 万 km^2，占渭河流域面积的 33.7%。北洛河为渭河第二大支流，河长 680km，流域面积 2.69 万 km^2，占渭河流域面积的 20%。

集水面积大于 1000km^2 的支流有葫芦河、沮河、周河。葫芦河为北洛河最大的支流，流域面积 0.54 万 km^2，河长 235.3km。

本次渭河生态区规划以西起陕甘省界、东至潼关入黄口为红线范围，总长 512km。其中，陕甘省界至宝鸡峡大坝计 124km 为上游段，河道在山区穿行，在宝鸡峡形成库区；往下至咸阳铁桥为中游，长 177km，河床宽浅，沙洲较多，水流分散，为游荡性河床，比降由 1/500 逐渐变缓为 1/1500；咸阳至潼关河口为下游，长 211km，华县船北以下，河道蜿蜒曲折，单股无汊，由于泥沙淤积和受黄河三门峡水库回水影响，河道纵坡由 1/5000 渐变为 1/6000。渭河下游在三门峡水库修建前为输沙近于平衡的相对稳定河道，三门峡水库建成后，由于回水淤积影响，潼关渭河入黄高程最高曾到 329.00m，因而影响渭河下游河道也淤积抬高，常有洪泛发生。

2. 降水

渭河生态区处于干旱地区和湿润地区的过渡地带，多年平均降水量 561.8mm。降水量山区多而盆地河谷少。降水量年际变化较大，C_v 值 0.21～0.29，最大月降水量多发生在 7—8 月，降水量可占全年的 35%～50%，7—9 月降水量占年降水总量的 50%左右。最小月降水量多发生在 11 月至次年 2 月，仅占全年降雨量的 5%～8%。

3. 径流量

渭河多年平均径流量 53.8 亿 m^3。径流地区分布不均，西部大于东部，中游比下游径流丰富。右岸秦岭北坡的径流模数为 9～15L/(s·km^2)，左岸黄土原区的径流模数为 0.8～2.2L/(s·km^2)。

渭河径流的季节变化明显，干流以秋季流量最大，占年径流的 38%～40%，夏季占 32.8%～34.2%，春季占 17.7%～19.1%，冬季为 8.3%～9.9%。

4. 泥沙

渭河流域年平均天然来沙量 6.09 亿 t，其中泾河 3.06 亿 t，北洛河 1.06 亿 t，干流咸阳站 1.97 亿 t。

5. 天然水质

渭河干流矿化度从上游至下游呈递减趋势，泾河入渭后，矿化度又升高，矿化度在 500～700mg/L，属软水和中等硬度水。

6. 景观水面

渭河生态区内流域沿线湿地景观丰富。渭河沿岸现有湿地共计 300 余处，西安 30 余处、宝鸡市 100 余处、咸阳市 70 余处、渭南市 100 余处、杨凌 8 处、西咸新区 3 处。其中不乏千渭之会国家湿地公园、浐灞国家湿地公园等高品级、原生态的国家级湿地公园，还有下马营、清水河河口、黑河河口、罗纹河河口、罗夫河河口、柳叶河河口等充满诗情画意的湿地景观，成为吸引周边居民休闲的最佳场所。

为了保护渭河的风景资源和环境条件，沿渭河两岸建设多处水利风景区，主要有渭水之央国家水利风景区、岐渭国家水利风景区等国家级水利风景区，还分布有渭惠渠水利风景区、交口抽渭工程渠水利风景区等，以及大荔三门峡水禽自然保护区和三河口汇流风景保护区，为渭河生态系统自然资源的有效保护提供了保障。

渭河水系在渭河沿岸形成了数个湖泊景观，如咸阳湖、西安湖、杨凌蓄水景观等多个休闲湖区，成为周边居民休闲、健身、娱乐的好去处。

7. 生态休闲发展

随着渭河综合整治工程的陆续完成，渭河生态区生态休闲也呈现出强劲的发展势头。沿岸四市两区规划建设和已完成建设的生态休闲景区、景点散落分布在两侧，成为周边居民休闲的好去处。

宝鸡段打造“渭河百里画廊”，全长 100km 的渭河两岸相继建成了“十里花海”“千亩荷塘”“万顷芦荡”等自然生态景观，还有运动公园、植物园、宝鸡市渭河公园、清水河河口湿地公园、千渭之会生态湿地公园等景区景点。杨凌段渭河两岸也形成了农科城滨河公园、水上运动中心、农业观光园、湿地公园等景区景点。咸阳段打造了咸阳湖、五彩渭水园、花卉观光展示区、生态农业区、黑河河口湿地公园、渭河现代农业示范区、古渡公园、渭滨公园等景区景点。西咸新区段也初步建设了张裕瑞那城堡酒庄、西部芳香植物园、沣渭三角洲湿地等景区景点。西安段也建设形成了清水庄园、长安码头、城市运动公园、渭水湿地公园、城市休闲广场、泾渭分明风景区、生态农业区等景区景点。渭南段渭河沿岸景区建成河滩景观带、滨河大道景观带和绿色长廊景观带，由东至西分别为河口风貌区、水泽田园区、休闲度假区、都市休憩区和湿地保护区，成为西安渭南最大的绿肺。

7.5.3.2 重点治理项目解析

1. 综合整治工程建设情况

2011 年 2 月，渭河综合整治开工。重点任务是堤防加宽、河道疏浚、河滩整治、调水治污、两岸开发，力争实现“洪畅、堤固、水清、岸绿、景美”目标，把渭河打造成为横贯关中最大的生态公园、最美的景观长廊、最长的滨河大道，带动区域经济社会可持续发展，重现渭河新的辉煌。

陕西渭河综合整治经过四年多的建设，渭河全线 630km 新建加宽堤防主体已全部建成，对堤顶道路进行了硬化及绿化，支流口堤防交通桥已建设 54 座，建成渭河滩区整治绿化及亲水景观面积 15 万亩[1]。渭河下游南山支流 103km 堤防退建加固工程全部建成，5 条南山支流蓄滞洪区和 3 座防倒灌工程全部建成并在汛期发挥了作用。同时下功夫铁腕

[1] 1 亩≈0.0667hm^2。

治污，加大沿渭排污口关停力度，加快建设垃圾和污水处理厂，渭河水质明显改善。

通过渭河综合整治，解决制约发展的最薄弱环节，整治成效已经初显：一是在抗御历年渭河洪水过程中，整治后的高标准堤防发挥了关键性作用，经受住了 30 年来最大洪水的考验，历次洪峰安然过境，确保了老百姓生命财产安全，受到沿渭群众的称赞。二是渭河下游南山支流由过去千疮百孔、不堪一击，提升到现在 20 年一遇防洪标准，结合蓄滞洪区和支流口防倒灌工程建设，基本形成了较为完备的防洪工程体系，保证群众安居乐业。三是按照人水和谐新渭河的治渭理念，放缓堤坡、堤顶硬化、滩区绿化、水面景观和生态公园建设，沿渭各市（区）城市段和岐山蔡家坡、眉县新区、兴平、秦汉新城城镇段水面生态公园已向公众免费开放，成为沿渭群众休闲健身的好去处。四是渭河治理带动了明显的产业聚集效应，高新区、工业园区和生态经济区等一批高效农业和低碳环保产业开始沿河布局，傍河小城镇建设也已启动，必将对经济社会发展产生深远影响，为丝绸之路经济带建设及关-天经济区发展提供有力支撑。

2. 渭河干流支流入渭口水系规划概况

陕西对渭河干流支流入渭口水系进行了相应的规划。

宝鸡段规划建设生态湿地 29 处以及渭河“百里画廊”工程、渭河河道景致带、生态文化旅游项目、17 处堤外服务区节点，营造宝鸡旅游新亮点。

杨凌段规划了滨水景观带、生态引水线、生态保护及提升工程、绿色文化生态长廊工程、生态湿地、生态湖、生态园等。

咸阳段规划了生态景观公园、渭水生态湖、五处滩地功能区、城市中央水生态公园、城市休闲健身运动带、4 个示范景观区。

西咸段规划了水生态体系南片区、水生态体系中片区、水生态体系北片区。

西安段规划了湿地生态项目区、滩区整治工程、主题公园、钓鱼沟旅游景点、泾渭交汇景观、旅游观光大道、大型商业区、物流、汽贸等。

渭南段规划在支流入渭口设橡胶坝 8 座，形成水面景观。南山支流规划分洪区共 5 处：石罗、方山河、柳叶河、长涧河、白龙涧。规划湿地 3 处：支流口湿地、三河口湿地公园、排污口生态湿地。风景区 3 处：詹刘、冯东、华农、陈村控导工程水利风景区、八里店控导工程水利风景区、三河汇流风景区。

3. 渭河流域水污染防治三年行动方案实施情况

陕西省政府于 2011 年 12 月发布关于实施《渭河流域水污染防治三年行动方案（2012—2014 年）》的文件，经过三年的方案实施，渭河干流杨凌以上段保持Ⅲ类水质（即主要污染物化学需氧量 20mg/L、氨氮 1mg/L），杨凌以下全段基本达到Ⅳ类水质（即主要污染物化学需氧量 30mg/L、氨氮 1.5mg/L），渭河入黄断面稳定达到Ⅳ类水质，实现水质基本变清。

7.5.3.3　存在的问题

目前，渭河沿岸防洪工程、泥沙治理、水污染防治以及生态绿化等方面得到了极大的提升和改善，但是，从渭河生态区的构建标准角度来看，渭河水系及沿岸水环境仍然存在一定的欠缺之处。

1. 水资源总量不足，流域呈资源性和季节性缺水

渭河流域河川径流量100.4亿m^3，人均占有河川径流量308m^3，亩均占有河川径流量174m^3，分别为全国人均占有水量的13%，亩均占有水量的9%，相当于黄河流域人均占有水量和亩均占有水量的一半。水资源总量不足，承载能力有限，属资源性缺水地区。

20世纪90年代以来，由于水量锐减，农业灌溉引水保证率很低，关中地区的灌区有50%的灌溉面积不能适时适量灌溉，2000年全流域有29.7%的灌溉面积失灌，灌区水资源供需矛盾十分突出，工业和生活用水形势也十分严峻。渭河流域干旱灾害频繁，据统计，1949—2000年共发生较大干旱灾害35次，发生频率为70%。

2. 水生态环境自我平衡修复结构欠缺

上一阶段渭河综合整治工程主要针对渭河干流支流水系本身的洪涝、泥沙、水污染等问题，在整治过程中较好地解决了渭河自身存在的核心问题，但是，渭河作为以雨水为来源的自然水系，要承接几乎整个关中地区的用水、排水等需求，不可避免地要受到人为因素大量且持续的影响，其自身的承载力和自我调节能力无法在零干扰的状态下进行自我生态修复，更不足以支撑渭河水系生态平衡的可持续运转。

恢复渭河水生态环境的最佳方式是进行生态修复，对渭河生态系统停止人为干扰，以减轻负荷压力，依靠其生态系统的自我调节能力与自我组织能力使其向有序的方向进行演化，或者利用生态系统的这种自我恢复能力，辅以人工措施，使遭到破坏的生态系统逐步恢复或使生态系统向良性循环方向发展。以渭河现有运行现状而言，难以实现完全停止人为干扰的生态修复方式，因此必须采用有效的人工措施来弥补渭河水生态环境平衡结构的缺失，而采用何种方式、如何实施便成了渭河生态区建设发展要解决的问题。

3. 沿河各城镇统一协作配合度待提升

渭河河滨现已经成为处处有景致的滨河公园，其中长达380km渭河大堤的建设实现了从宝鸡至渭南潼关渭河沿岸城镇以水串联、以景伴行的盛况，更是打破渭河沿岸空间间隔的破势之举，在渭河沿岸城镇一体化协作的道路上迈出了最为实质性的一步。在渭河整治二期生态区建设中，对渭河沿岸城镇的统一协作提出了更高的要求，各城镇需要在经济、文化、民生、基础设施建设等多个方面进行融合发展、一体前进，以此真正意义上实现沿岸城镇的一体化协作，真正实现渭河水环境与城市发展和谐统一，实现城水相依的全新平衡。

4. 沿岸产业布局动力不足

渭河沿岸进行的生态湿地恢复、生态公园建设以及植树造林等工程已经取得了有效的成果，同时，也对沿岸产业进行了局部的布局规划。但是从可持续发展理念以及新型城市经济发展与自然水环境的关系角度来看，这些生态建设项目后续的发展需要投入大量且持续的资金进行维护，其自身缺乏可以产生持续性效益推动的产业支撑，更难以成为渭河生态区自我良性运行的动力因素。因此，在后续规划中，应以新型低碳产业、高新科技产业、绿色环保产业、科技农业等为产业依托，为渭河生态区注入绿色循环发展新动力。

5. 结论

通过对“优势与机遇、限制与不足”的综合分析，生态区建设利用与管理保护规划应当充分依托渭河综合整治工程在道路交通、生态绿化、水生态环境等方面创造的良好基础

条件，紧抓渭河堤顶公路全线贯通，国家生态文明先行示范区建设持续推进，生态休闲需求发展迅速，打造关中中央水生态公园等发展机遇，完善渭河生态区保护体系，以渭河生态区生态建设与保护为基础与前提，适度拉长产业链条，实现在建设保护中进行开发、在开发中更加有效地促进保护的目标，从而达到渭河生态区的生态效益、经济效益、环境效益、社会效益的统一。

7.5.4　总体方案

7.5.4.1　规划布局

对渭河沿岸文化资源、水利资源、旅游资源、农业资源、城乡空间及相关产业资源的现状分布、开发现状的调研与分析，以鲜明的主题、超强的集聚力和向心力为导向，渭河生态区总体形成“一河、两堤、两带、六区”的空间格局。

1. 一河

建设宽畅、水量充沛、灵动、生物多样性特征明显的渭河，形成一年四季或奔腾或静静流淌的大河景观。

2. 两堤

渭河左岸与右岸堤防按生态化、景观化、绿色交通化的标准提升其防洪、应急与日常交通的功能，并沿途设置管理、服务、休息、警示等功能区域。

3. 两带

渭河堤顶外侧，分别结合不同的地形地貌、交通环境、城乡格局、产业布局、自然景观、文化特点，形成两条复合产业集聚、观光休闲、绿色交通等功能的滨河产业带。

4. 六区

按照渭河生态区所串联的宝鸡、杨凌、咸阳、西咸新区、西安、渭南四市两区的不同行政管辖与资源特色，建设 6 个各具特色的生态区。

（1）宝鸡渭河生态区。以富有历史性、地域性、本源性的周礼文化为基调，以“礼乐天下，山水宝鸡”为特色主题，在现有生态基础上应进一步开展生态湿地修复、河道滩地整治、水污染防治、河道疏浚、生物多样性保护以及管护设施养护等保护性规划建设，以渭河百里画廊、周原生态农业带、眉县现代农业基地、眉县滨水生态公园、渭河运动谷等为项目支撑，积极利用开发生态农业观光、休闲旅游、都市综合体验项目，打造独具特色的宝鸡渭河生态区。

（2）杨凌渭河生态区。以渭河、后稷湖、农科湖以及沿岸生态农业为生态基底，以“农耕年华、科技农业”为主题特色，以绿美人垂直农场为核心创意项目，结合杨凌博览园、杨凌现代农业示范园、教稼园、杨凌观光农业园、杨凌水生运动中心、杨凌渭河湿地生态公园等休闲项目，打造集高科农业博览、创意农业展示、农耕文明体验、农业休闲观光于一体的杨凌渭河生态区。

（3）咸阳渭河生态区。以“秦时明月，水秀咸阳”为主题特色，在现有生态基础上进一步开展生态湿地修复、河道滩地整治、水污染防治、河道疏浚、生物多样性保护以及管护设施养护等保护性规划建设，以咸阳湖、兴平万亩荷塘、兴平“十里荷香”景观长廊、秋水渭河、咸阳古渡等为核心项目支撑，打造集水生态博览观光、水生态科普教育、古都文化休闲、滨水商业娱乐、都市综合体验、农业休闲观光于一体的咸阳渭河生态区。

（4）西咸渭河生态区。以现代田园都市为特色主题定位，以沣渭三角洲湿地、新渭湿地、泾河湾湿地、沣西新城中心绿肺、西部万亩玫瑰园、古渡帆影新能源光伏电站等为核心项目支撑，突出发展新兴产业，打造城水一体和谐发展的西咸渭河生态区。

（5）西安渭河生态区。以帝王文化、汉唐文化、古都文化等为文化基底，结合“八水绕长安”的水生态规划格局，以“盛世汉唐，水润西安”为主题特色，以西安湖、渭水湿地公园、浐灞国家湿地公园、草滩生态产业园、长安码头、丝路驼铃、远古时代恐龙地质时代、智慧树等为核心项目支撑，打造集水生态科普观光、古都文化滨水商业娱乐、都市综合体验、农业观光休闲于一体的西安渭河生态区。

（6）渭南渭河生态区。以东府民俗、华夏龙脉、三圣故里等为文化基底，在现有生态基础上进一步开展生态湿地修复、河道滩地整治、水污染防治、河道疏浚、生物多样性保护以及管护设施养护等保护性规划建设，以“华夏龙脉，关中水乡”为主题特色，以乐天生态园、渭水生态园、沈河三角洲生态区、万亩荷塘、万亩葡萄园、万亩渔港、万亩芦笋、渭河水生态科普馆、渭水上林水上花市等为核心项目支撑，打造集水利文化科普博览、历史文化休闲、水乡休闲度假于一体的渭南渭河生态区。

7.5.4.2 规划内容

1. 生态建设保护工程

（1）滩面整治工程。

1）滩地生态修复与利用：在保证渭河沿岸段防洪安全的前提下，实施“退耕还林、退耕还湿、退耕还绿、退耕还草”，按照滩涂面貌自然绿色通透的原则，去高不去低，取近不取远，对已种植农作物的滩地实施科学退耕绿化，对高低不平、荒草丛生滩地实施整平、绿化美化，整治河道滩地 20 万亩（表 7.4）。种植水生植物，融入河道水面、公众运动场等景观设施，吸引群众进入滩面休闲健身和享受绿色景观。

表 7.4 各区段滩地治理面积统计表

区段	滩地面积/hm^2	区段	滩地面积/hm^2
宝鸡段	3070	西安段	2930
杨凌段	670	渭南段	3330
咸阳段	2670	合计	13340
西咸段	670		

2）滩地的保留和利用：滩地是河道的特有产物。一般河道滩地较开阔，洪水期水流漫滩，利于行洪滞洪，应保留其功能，并充分开发利用。流经城区的河道，在维持滩地行洪功能的同时，利用滩地设置绿化地、公园、交通辅道和运动场所，开发其休闲、亲水功能，成为市民娱乐、健身、游玩的好地方。整治中，顺应河势，因河制宜，保留河滩和弯道，恢复河道的天然形态，减少河床的坡降，降低洪水位，减少洪峰压力，同时可降低防洪堤的高度。另外，弯曲的水流更有利于生物多样性，为各种生物创造了适宜的生存环境。

3）护滩工程：由于在枯水年份，河水不上滩，可在滩地上种植矮秆植物，进行绿化，严禁种植果树、速生杨等高秆作物，以免在洪水时严重影响行洪。河道生态治理集防洪效应、生态效应、景观效应于一体，是现代河道治理的发展趋势。在满足生态河道、景观河道的同时，满足河道防洪减灾的作用。

4）河道滩地合理退耕：逐步停止河道内滩地旱地耕种，中游段全部退耕还河；下游段分阶段实施，城市段结合水面或河滨公园建设全部停止耕种；农防段可先实行“一水一麦”，逐步停止耕种秋粮作物，部分具备条件区域可探索性进行生态稻田的种植，既能以“稻一灯一鱼”的互利共赢的生态模式对渭河滩地进行科学治理改善，又能形成渭河两岸稻花香的独特意境，此外，其余滩面应进行整平，并结合滩地生态景观建设，实施绿化美化，不影响河道行洪；有条件的河段或县（区），采取“生态稻田”和政策补偿措施，让群众停止耕种河滩地。

5）滩地整治及开发利用规划：规划首先在保证渭河沿岸段防洪安全的前提下，重在改善河道环境，营造良好的区域环境。渭河中游段河道较窄，但河槽整治后过洪能力增大，滩地淹没风险较小，提倡滩面利用；渭河下游已布设了治导线，治导线外滩地可大力开发利用。

根据滩地形状、大小及所处位置，规划不同建设内容：包括单纯生态景观用地（防护林带、防浪林带、绿地等）、生态旅游休闲用地（生态景观旅游带、渔场等）、休闲健身用地（沙滩排球场等）、生态农业用地（农业示范区、农业观光区、农业体验区等）等。但是渭河堤防内河道行洪区土地按有关河道管理法律、法规规定应属国有土地，对已被沿岸群众耕种的土地，将全部收回归河道管理单位进行统一管理，滩地退耕，其他滩区土地进行确权划界。滩地主要用于修建城市生态绿地、公园、健身设施等，滩地收回后安排整平绿化美化，近期暂不安排建设生态景观工程的，可先栽种绿化草皮进行绿化美化，滩地绿化设施安排专业的管理队伍进行维护管理。

（2）入渭支流堤防工程。提高入渭支流防洪能力，进一步完善渭河防洪体系，对支流入渭口向上游1.5km的堤防进行加宽加固，放大支流入渭喇叭口宽度，放缓堤坡方便群众进入河道亲水休闲。治理入渭支流33条、堤防长度93.22km（表7.5）。

表7.5　入渭支流堤防工程建设规划汇总表

市（区）	规划治理长度/km	需建设条数	在建情况		未建情况	
			在建长度/km	条数	未建长度/km	条数
宝鸡市	20.52	11	13.91	8	6.61	3
咸阳市	10.5	2	7.66	1	2.84	1
西咸新区	6.91	2	6.91	2	0	0
西安市	41.36	15	8.75	2	32.61	13
渭南市	13.93	3	12.43	1	1.50	2
合计	93.22	33	49.66	14	43.56	19

（3）河道疏浚工程。河道疏浚遵循人与自然和谐相处的理念，通过人工、机械清挖或水力冲蚀干预的方式拓展河槽过水断面，对个别河道凸岸淤积、凹岸冲刷严重或河道淤积分汊的河槽，进行疏通和理顺局部流路，形成洪水安全畅通、河道健康和谐的渭河自然面貌。渭河河道采砂、取土应结合河道主槽疏浚扩宽进行。同时尽快停止河道治导线外滩地

挖沙，对原有沙坑进行平整，河道采砂区应布置在河道治导线内的主槽区，主要以疏浚扩宽渭河主槽为目的，兼顾采砂、取土。渭南仓渡以上河段可通过采砂与疏浚河槽相结合的方式规范采砂管理。

(4) 湿地修复工程。湿地种植形式分为旱生植物群落种植、旱生+湿生植物群落、湿生植物群落种植。不同的种植形式展现了不同水位下的湿地景观。

旱生植物群落是湿地泡无水时的景观体现，选择当地野生草本植物种植。可选植物有波斯菊、蜀葵、孔雀草、狼尾草、董草、景天等。

旱生+湿生植物群落是湿地泡水量少时的景观体现，选择旱生草本与湿生草本共同组合的方式进行种植。可选植物有波斯菊、蜀葵、千屈菜、狼尾草、雨久花、花蔺、水葱等。

湿生植物群落位于人工湿地泡的内侧区域，是湿地泡有充足水量时的景观，以湿生和水生植物共同组合。可选植物有雨久花、花蔺、水葱、千屈菜、睡莲、荷花、菱角、荇菜等。原生湿地种植以保护现有湿地芦苇群落为主，尽量避免其他优势物种入侵对原有芦苇群落的破坏。

表 7.6　生态湿地工程规划建设统计表

地市	所处河流	数量/处	湿地面积/km²
宝鸡市	北川河、清水河、金陵河、六川河、清姜河、千河、马尾河、磻溪河、伐鱼河、雍峪河、同峪河、石头河、小水河、霸王河、饮马河、汤峪河、西沙河、渭河等18条河流	29	66.38
杨凌区	渭河、漳河、漆水河、高干渠等4条河流	6	0.91
咸阳市	漆水河、新涝河、渭河等3条河流	9	19.17
西咸新区	沣河、渭河、泾河等3条河流	3	12.08
西安市	灞河、渭河、黑河、涝河、新河、泾河、皂河、浐河、零河、三里河、石川河、五里河、沙河等13条河流	27	57.37
渭南市	黄河、渭河、洛河、沈河、罗纹河、遇仙河、石堤河、方山河、罗敷河、柳叶河、长涧河、洛河等12条河流	12	44.13
合计	—	86	200.04

本次规划以“湿地自然保护区、国家湿地公园、城市湿地公园三级湿地体系保护与建设”为导向，在渭河干流两岸、每一个支流入渭口以及重点排污口等重要区域，建设人工与自然相结合的生态湿地，完成建设生态湿地86处、30万亩水生态湿地片区（表7.6）。净化水质，修复河道自然面貌，提高渭河生态品质，最大限度发挥生态调节作用。

(5) 水污染防治工程。

1) 实施入河污染物总量控制。对渭河流域水量、水质实施统一管理，由水利部门牵头，环保部门参与，实施入河污染物总量控制。分析确定渭河干流及主要支流的纳污能力，以纳污能力为依据确定各市、县所管辖段主要入河污染物排放的控制指标，并制定污染物入河和排放控制实施方案，实施方案由政府批准后严格监督执行。在渭河干流上的排污口设置水质自动监测设施，对主要入河污染物进行监测分析，分时段统计入河污染物的总量，作为考核监督区水污染防治及入河污染物总量控制效果的依据，污染物排放总量超标的要根据标值的多少实行经济、行政处罚，处罚费用由所在地区政府财政负担。实现主要河流水质明显改善，建设水质监测断面26处，渭河水质不低于Ⅳ类。

2）实施污染物排放指标有偿使用制度。制定推行污染物排放指标有偿使用制度，严格污染物排放管理，没有排放指标不得排污。对实施渭河生态水量保障措施后新增的污染物排放指标，及各单位通过节能减排节余的污染物排放指标，可进行拍卖，拍卖的资金可用于奖励减排单位，或补充渭河水量保障项目资金。

促进再生水利用。编制再生水利用规划，建设再生水处理设施和管网，加大向工业企业、景观水体、市政杂用和农业灌溉供水。

加强污泥安全处置与综合利用。实行污泥稳定化、无害化、资源化处置，禁止不达标污泥进入耕地，取缔非正规污泥堆放点。

3）提高生活污水处理能力，保障治理设施正常运营。提高沿渭城市（镇）生活污水净化处理标准。结合沿渭各市县城市建设规划，大力强化城市污水处理工作，大力推进雨污合流管网系统改造，加快配套污水收集管网设施，提高污水收集率、处理率和达标率；修编沿渭小城镇生活污染处理设施建设规划，对县城已有污水处理厂进行脱氮技术装备改造；到2020年沿渭小城镇生活污水处理率不低于80%，污水处理水质标准达到一级。

加强配套管网建设。加快合流制排水系统雨污分流改造，新建污水处理设施同步建设配套管网，城镇新区建设均实行雨污分流，城市建成区污水实现全收集和全处理，严格落实污水排入排水管网许可证制度，确保达到下水道水质标准。按照“集中和分散相结合”的原则，优化布局，确保新增污水得到全面处理。

提高水污染防治技术。可采用的水污染治理技术包括土地处理技术、人工湿地污水处理技术、人工浮岛净化技术、生物接触氧化技术等。各类技术的选择应考虑其进水水质要求、处理效率、河道的环境特征、设施占地面积、设施与周围环境的相容性等。

设置生态防污工程。引入中水回用生态措施，完善雨洪径流蓄水系统。在排污量较大的渭河支流上或支流入渭河口滩地区，建设排污口生态湿地，经过污水处理厂处理过的中水，先排入生态湿地，通过生物净化后，最终排入渭河。加强城镇和农业节水。建设雨水收集利用设施，提高建成区可渗透面积，各市（区）全部达到节水型城市标准。发展农业节水，推广节水灌溉技术，完善灌溉用水计量设施。

4）调整产业结构，加强工业污染全过程控制。进一步优化产业结构。禁止新建扩建造纸、化工、印染、果汁和淀粉加工等高耗水、高污染项目，继续淘汰严重污染水体的落后产能。新建低污染项目全部进工业园区，纳入统一环境监管，并严格落实“三同时”措施，确保污染物达标排放。

加大治理产业聚集区水污染。强化高新技术产业开发区、经济技术开发区、出口加工区等产业集聚区污染治理，健全污水集中处理设施，确保无违法排污行为。

推进清洁生产，发展循环经济。对“双超”（污染物排放超过国家标准和地方标准，或者虽未超过国家和地方规定的排放标准，但超过重点污染物排放总量控制指标）、“双有”（生产过程中使用或者排放有毒有害物质）企业全部实施强制性清洁生产审核，鼓励企业自愿开展清洁生产审核，组织好清洁生产重点项目的实施，从源头削减污染，提高清洁生产水平。持续推进污染减排，将总量控制指标作为新建、改建、扩建项目环境影响评价的依据，实行等量置换。未完成水污染物总量减排任务的地区，暂停审批新增排放水污染物的项目。

整治重点行业水污染。每年开展专项执法检查，重点针对煤化工（化肥、甲醇、焦化）、石化（炼油）、食品加工（果汁、淀粉、味精）、电镀、造纸、印染、制药（原料药制造）、农药、有色金属等重点行业，确保企业达标排放。

5）抓好化肥施用和规模化养殖管理，控制农业面源污染。防治畜禽养殖污染。规模养殖场要配套建设粪便污水储存处理设施，散养密集区推广畜禽粪便污水分户收集、集中处理利用。推广发酵床、干清粪、制造有机肥等技术。

控制化肥污染。实行测土配方施肥，推广精准施肥技术和机具。推广低毒、低残留农药使用，开展农作物病虫害绿色防控，同时开展面源污染检测工作。继续开展农村环境连片整治。统筹规划农村污水、垃圾治理。加快推广经济实用、简便易行的小型污水处理技术与垃圾处理模式。

6）开展生态修复，建设生态屏障。抓好中小河流污染治理和生态恢复。各县（市、区）要结合实际、因地制宜对辖区受污染河流开展综合整治，全面恢复水域生态功能。加强健康小流域保护，逐步把目前水质较好、生态较脆弱、具有生态功能的小流域保护起来，确保水环境不退化。加大对渭河流域的水保生态治理，将中小支流水土保持列为重点治理区，控制流域植被侵蚀，减少入渭泥沙。坚持治污工程、生物、耕作等水保措施相结合，以小流域为单元，实行山、水、田、林、路、村统一规划，规模治理，实现人水和谐。

（6）水量保障工程。重点实施利用引汉济渭、引乾济石、引红济石等大中型跨流域调水工程；小水河、通关河、清姜河、罗夫河等支流补水工程；秦岭 72 峪峪口生态涵养补水工程，构建“山水林田湖”生命共同体。采取限制取水措施、闸坝生态调度方案、河湖水系连通及生态补水方案、设置生态泄流和流量监控设施等，实现生态基流保障目标：保证渭河林家村、咸阳、华县断面最小流量分别不小于 $10m^3/s$、$15m^3/s$、$20m^3/s$，保持渭河水资源的有效利用。

生态补水措施。生态基流保障和敏感生态需水保障措施主要包括限制取水措施、闸坝生态调度方案、河湖水系连通及生态补水方案、设置生态泄流和流量监控设施等。

加强饮用水源保护。完成城镇集中式饮用水水源保护区划分工作。建设一级保护区隔离防护工程，设立保护区标识。

建设水质监控网络。完善渭河干流和支流水质监测布点，强化市、县（市、区）界河流断面和入渭排污口水质考核，重点监控渭河沿岸工业园区、重大风险源。

提高生态基流工程调蓄保障能力。全面清理渭河流域的中小水电站，对经济社会贡献不大但影响水生态的小水电站要坚决予以关闭。在宝鸡建设通关河水库和小水河生态水库。结合水利工程建设和小流域治理对秦岭 72 峪水资源进行有效控制管理，选择数条水量较丰、污染较小、水资源开发利用程度低的渭河支流，作为提供渭河生态用水的河流，限制或禁止对其水资源进一步开发利用。高效配置生活、生产和生态水，采取闸坝联合调度、生态补水等措施，合理安排闸坝下泄水量和泄流时段，保障枯水期生态流量。

（7）水景观工程。以渭河为轴线，结合各市（区）历史文化和生态条件，通过滩地整治、堤防绿化、防护林种植及滨河公园建设，对城市水系景观、农业水系景观、人工湿地景观等进行详细的规划设计引导，明确各区段的功能定位与开敞空间的塑造要点，达到分区分段对滨水空间进行风貌控制的目标。根据各地市实际条件，分别建设十里花海、千亩荷塘、万顷芦荡、片状稻田等水景观40处，形成湖泊及水面景观、水利风景区、滨水公园等特色化、主题化、生态化水景观区，共同构筑沿渭两岸绿色生态景观长廊，把渭河建成关中“最长的滨河大道、最大的生态公园、最美的景观长廊”；通过水系景观的建设，串联区域内部主要休闲游憩绿地，营造优良的城市和乡村水景景观，展现新区特色风貌（表7.7）。

表7.7　水景观工程规划表

区段	水　景　观	工程数量	水面面积/hm^2	蓄水量/万 m^3
宝鸡段	炎帝湖、金渭湖、石鼓湖、西渭湖、虢镇滨河公关水利风景区、五一村水面景观工程、百里画廊、眉县滨河新区人工湖、常兴镇滨河生态景观	9	350	1670
杨凌段	渭河水景观二期、漆水河水面景观、渭惠渠生态宜居滨水景观带、水运中心湖提升工程、后稷湖、滨渭湖等	6	376	360
咸阳段	咸阳湖、十里荷塘、渭河生态景观公园、渭水生态湖等	4	1190	2620
西咸段	泾河新城1号、2号水面	2	807	1950
西安段	渭河3号橡胶坝、西安湖、渭河4号橡胶坝、经纬荷塘月色湿地等	10	380	320
渭南段	十里花海、三河汇流湿地风景区、华阴市杜峪河城市文化广场水面工程、渭河詹刘花园式控导水利风景区等	9	530	1290
合　计		40	3633	8210

对修复河湖水系连通性进行统筹规划，修复和合理配置河流、湖泊、水网、湿地、沼泽等地貌单元的自然景观和水文连通格局。

连通性的连接通道类型主要分两类，一是修复历史连接通道或辅以新开通道，二是新开辟连接通道。对于已建控制闸坝的河湖，可改进调度方式，实施生态调度，实现河湖水系连通需求。经过充分论证也可拆除部分控制闸坝，恢复河湖自然连接。对于尚未建设控制闸坝的河湖，在综合效益评估的基础上，遵循先保护、后修复的原则，制定河湖水系连通性总体保护方案。应保护与修复河流上下游、干支流等的纵向连通性，以及河流主槽与河漫滩及湿地的横向连通性；对于旁侧、分汊河道，在满足系统连通性改善及技术、经济可行的情况下，可合理制定连通方案。

（8）生物保护工程。重要生物栖息地包括国家级和地方各级自然保护区、列入国家或地方名录的湿地、森林公园、风景名胜区等。针对规划区水生动植物栖息地的现状与存在问题，提出重要生物栖息地的保护与修复措施。

根据规划区内珍稀、濒危、特有物种及其栖息地和生物资源的调查结果，确定保护优先顺序，划定重点栖息地保护区。

规划区生物多样性保护宜采取就地保护为主、迁地保护为辅的原则，划定禁止开发和限制开发河段、区域，并加强对外来入侵物种的管理。

通过保护和修复河流蜿蜒性、河流连续性和河湖水系连通性，提高河流景观和水流条件多样性，形成浅滩与深潭交错，急流与缓流相间，植被错落有致，水流消长自如的多样化景观格局。

应保护和修复河滩和湖滨带植被。在河滩构建具有足够宽度的植被缓冲带，发挥过滤和屏障作用。因地制宜采取乔、灌、草相结合的植被群落结构，选择以原生种为主的植物搭配。在湖滨带和洲滩湿地优先选择具有净化水体的水生植物。

应保护和修复鱼类产卵场、索饵场、越冬场和洄游通道。在河流已经建坝的条件下，对溯河洄游鱼类可设置鱼道、仿自然通道、鱼闸和升鱼机等过鱼设施；对降河洄游鱼类可设置物理屏蔽、行为屏蔽、旁路通道等拦鱼设施。对处于濒危状况或受到人类活动胁迫严重，具有生态及经济价值的特定鱼类实施增殖放流措施。对地形地貌和空间位置条件不具备建设过鱼设施的河段，可采取鱼类迁地保护措施。

通过多种方式开展生物多样性保护的宣传和教育。

（9）蓄滞洪工程。

1）蓄滞洪区：规划在渭河及支流利用洼地、荒滩等有条件的地方建设 3 处蓄滞洪区，其中宝鸡 1 处、咸阳 1 处、渭南 1 处，恢复和新增陂塘涝池 1000 处，连通已建成的二华夹槽 5 处支流蓄滞洪区，共增加蓄滞洪容积 1.45 亿 m^3，估算年可滞蓄洪水 1.65 亿 m^3（表 7.8）。

表 7.8　现有及规划蓄滞洪区统计表

区　段	现有蓄滞洪区	规划蓄滞洪区	蓄滞洪水/亿 m^3
宝鸡段	—	1	0.33
咸阳段	—	1	0.17
渭南段	5	1	1.15
合　计	5	3	1.65

2）陂塘涝池：从积蓄雨水、改善环境的角度重新对陂塘涝池进行规划，结合自然地形和土地情况，共规划恢复和新增陂塘涝池 1000 处，新增蓄水容积 350 万 m^3（表 7.9）。另外，在规划恢复或建设涝池时，应进行配套的垃圾处理和排水设施建设，避免涝池水质被人为污染。

对外开放渭河水系，积极与沿渭城市海绵体充分衔接，形成渭河与沿渭各城市水系连通。

表 7.9　规划塘坝涝池统计表

区　段	规划塘坝涝池	蓄水容积/万 m^3	区　段	规划塘坝涝池	蓄水容积/万 m^3
宝鸡段	331	81	西安段	275	82
杨凌段	—	—	渭南段	186	126
咸阳段	208	38	合计	1000	350
西咸段	—	23			

2. 开发利用项目

（1）砂石资源利用项目。全面清理规范采砂行为，坚决打击非法采砂，在河道管理范围堆放砂石应符合《陕西河道采砂管理办法》有关规定，在渭河河道核心保护区内从事采砂活动，应当依法办理采砂许可证，对损坏的防洪工程、堤岸，按原工程标准修复。

通过“提高最低开采规模标准、提供砂石资源开发利用技术准入门槛，进一步规范和完善采砂权出让制度，进一步简化采砂矿审批要件和审批程序，建立与相关部门的沟通协调和联动机制”等措施，因地制宜开展政府专营、市场拍卖等方式，建设封闭式、工厂化砂场，让砂场美起来，使国有资源得到充分有效利用。

(2) 生态农业观光项目。以“农居宾舍化、农田景观化、农村公园化、农产集约化”新四化理念为引导，结合新型城镇化建设与美丽乡村建设，以及渭河沿岸农业生态园、农业种植基地等，率先集中打造集农业观光、乡村休闲、乡村度假等于一体的30处世外桃源乡村旅游胜地，是都市人周末及短期节假日向往的游憩天堂（表7.10）。

表7.10　核心打造的30处农业休闲观光园区统计表

地　市	项 目 名 称	数量
宝鸡市	周原生态农业带、万亩果蔬园、眉县现代农业基地、眉县猕猴桃产业区、扶风现代化农业基地、扶风现代果业产业基地、扶风农业科技产业园	7
杨凌区	教稼园、杨凌农科博览园、杨凌现代农业示范园、现代农业创新园	4
咸阳市	武功万亩麦田、兴平万亩荷塘、农业观光游览园、花卉观光展示区	4
西咸新区	万亩玫瑰园、张裕瑞那城堡酒庄、秦汉新城森林公园、秦汉新城皇家花园	4
西安市	周至万亩猕猴桃园，周至万亩苗木花卉园、鄠邑区渭河现代生态农业示范区、西安沣东现代农业博览园、清水庄园、临潼生态农业区	6
渭南市	万亩芦笋、万亩荷塘、万亩渔港、万亩葡萄园、大荔临渭生态农业区	5
合计	—	30

(3) 休闲旅游项目。以滨水休闲、滨水度假、亲水娱乐等为功能定位，以滨水休闲游憩项目为主要产品形态，核心打造20处百亩集中化滨水休闲游憩区（表7.11）。

表7.11　核心打造的20处百亩集中化滨水休闲游憩区统计表

地　市	项 目 名 称	数量
宝鸡市	宝鸡市渭河公园、“西府春秋”滨渭水街、霸王河秦皇园、眉县滨河新区、眉县滨水生态公园	5
杨凌区	农科城滨水公园、“微缩中国”景观公园	2
咸阳市	五彩渭水园、渭滨公园、千亩荷塘生态旅游风景区、咸阳滨河运动公园、咸阳古渡公园	5
西咸新区	沣西新城中心绿廊	1
西安市	渭河城市运动公园、草滩生态产业园、城市绿地运动公园、长安码头	4
渭南市	乐天生态园、渭水生态园、渭北千亩荷塘生态区	3
合计	—	20

(4) 都市综合体验项目。以休闲化、娱乐化、互动化、体验化等现代时尚消费需求为导向，以现代都市文化、产业创新创意为突破口，进行主题观光类（丝路驼铃、远古时代恐龙地质公园)、创意农业类（绿美人垂直农场、渭水上林水上花市)、科技科普类（古渡帆影新能源光伏电站)、体育运动休闲类（细狗撵兔、渭河运动河谷)、渭河生态主题公

园（智慧树、渭河水科普公园、秋水渭河）等多种类型都市综合体验项目建设（表7.12）。

表 7.12　　10个都市综合体验项目统计表

地　市	项目名称	数量
宝鸡市	渭河运动河谷	1
杨凌区	绿美人垂直农场	1
咸阳市	秋水渭河	1
西咸新区	古渡帆影新能源光伏电站	1
西安市	丝路驼铃、远古时代恐龙地质公园、智慧树、渭河水科普公园	4
渭南市	细狗撵兔、渭水上林水上花市	2
合计	—	10

（5）综合集散服务项目。在渭河沿岸，以沿渭交通为脉络，结合沿渭农家乐、小城镇建设、乡村休闲生态农业、湿地景观等打造沿渭生态休闲集散服务体系，作为周边区域的综合性服务管理示范基地。与现有景区管理、城市管理体系等“无缝对接”，集散服务中心能够市场化运营，带动周边区域的发展。集散服务中心分为三个等级，一级设置6个，以主城区和渭河堤岸交通交接口为依托点，打造服务于主城区的综合服务基地、渭河生态区管理机构以及公安处。二级设置14个，结合周边特色县域及乡镇，以交通脉络为依托点，打造服务于县域和乡镇的综合服务基地。三级设置30个，结合沿渭堤顶路、特色乡村和旅游景区景点，沿线多点布局，打造服务于沿渭交通、休闲以及水务管理、防汛、治安等多种功能结合的综合服务基地（表7.13）。

表 7.13　　沿渭集散服务中心等级划分及规划

分级	分布范围	性质	服务设施	主要设施内容	设施特色
一级集散服务中心（6个）	主城区周边	综合接待服务、综合管理、综合治安管理	餐饮、住宿、休息、停车、加油、公共电话、票务服务、旅游商品销售、公共厕所、信息咨询、导引牌、指路牌、人才培训、医疗服务	购物步行街、宾馆、电话亭、邮政支局、储蓄所、车站、停车场、码头、修理、加油站、宣讲咨询、公安局、消防站、保护管理所、餐饮店、商店、银行金融、文化娱乐、保健、摄影点、科技教育、接待站	有地方特色，能展示风景区旅游接待水平，提供快速交通和全方位的服务
二级集散服务中心（14个）	县域及城镇周边	旅游服务中心	餐饮、住宿、休息、停车、加油、公共电话、旅游商品销售、公共厕所、信息咨询、导引牌、指路牌、医疗服务	住宿、餐饮、医疗、宣讲咨询、购物、卫生保健、管理、民俗文化	中档住宿餐饮，娱乐教育活动
三级集散服务中心（30个）	堤顶路沿线、乡村及景区景点周边	交通、旅游服务、水务、防汛、治安管理	汽车加气充电、餐饮、停车、住宿、休息、信息咨询、导引牌、指路牌、旅游商品出售、水务防汛及治安管理	餐饮、摄影点、宣讲咨询、购物和卫生保健、管理	景区服务点或单纯餐饮接待设施，部分农家住宿

渭河生态区将秉承可持续发展的理念，以项目的可实施落地为最终目的，与周边的市区、县域及乡镇、村落的发展密切相结合，融合沿渭的自然生态旅游资源、湿地景观、农田景观、水利风景区、湖泊景观、文化资源等，将渭河生态区真正打造成为一项切实惠民利民、功在当代、利在千秋的伟大工程。

3. 管理工程

(1) 生态保护空间管制。根据生态区内土地利用现状、发展方向指引，并以生态保护优先为总原则，划定禁建区、限建区、适建区、已建区来实现空间管制措施。建立健全排污、采砂、取水及产业开发等行政许可机制，强化生态区管理工作。

1) 禁建区空间管制：行洪河道、堤防及堤防外对生态、安全、资源环境、城市功能等对人类有重大影响的地区，原则上禁止任何城镇开发建设行为。

2) 限建区空间管制：对水源地二级保护区、地下水防护区、生态区内重要生态涵养地等需要控制的地区，城市建设用地需要尽量避让，如果因特殊情况需要占用，应做出相应的生态评价，提出补偿措施。

3) 适建区空间管制：已经划定为城市建设发展用地的范围，需要合理确定开发模式和开发强度。

4) 已建区空间管制：对生态区内已建成区，如对生态保护形成重大威胁的，如污染型工矿企业，应鼓励进行拆除与搬迁；并应通过更新与优化，与生态区实现风貌一致性。

(2) 管理体制机制。成立渭河生态区管理委员会，负责渭河生态区保护管理、综合利用等指导协调工作，办公室设在省水利厅。组建省渭河生态区管理局，负责渭河生态区红线划定、规划编制、开发审批、保护利用、采砂许可、岸线用途管制等工作。沿渭各设区市也要成立相应机构，负责当地渭河建设管理工作，受市政府和省渭河生态区管理局双重领导。

(3) 工程维修养护。按照管养分离的原则，工程维修养护实行市场化运作，成立专业的养护公司，承担工程维修养护工作。依据水利部、财政部颁发的《水利工程维修养护定额标准》，测算防洪工程及绿化景观维修养护经费并纳入年度财政预算。按照省级补助、地方自筹的资金筹集办法落实养护经费，建议省级财政补助资金主要用于防洪工程及管护设施维修养护工作，其余经费由市、县两级共同筹集，主要用于绿化景观工程维修养护工作。

思考题

1. 为什么要进行国家流域总体规划？
2. 简述小流域水环境保护规划的一般模式。
3. 小流域水环境保护中干系人有哪些？
4. 城市污水管理的主要环节有哪些？

第8章　区 域 环 境 管 理

我国的环境管理具有较强的属地特性，即采用传统的行政区划为环境管理行政单元。这也是世界各国普遍采用的政府环境管理模式。但是环境问题本身具有很强的空间地域性或区域性，即在一定空间具备整体性，污染问题与污染迁移扩散本身不受行政边界的限制。因此，对于环境问题的管理应该突破行政区域划分，采用基于空间和区域管理模式，解决环境问题。区域环境管理有利于从区域角度出发解决污染问题以及由于跨界污染引发的利益冲突、纠纷；也可以从区域整体的角度确定环境管理目标、制定环境保护规划、确定行动方案并从整体协调，促进环保投资的效益最大化；此外在区域管理制度安排下，可以同时考虑合作和补偿，从而为相关方提供激励，有利于环境保护措施的落实和执行。

8.1　区域环境管理概述

8.1.1　我国区域环境治理的现状

环境具有非排他性和非竞争性的特性，一个地区的环境问题演变成多个地区的环境问题就能够体现出区域环境问题的这些特性。虽然近年来我国采取了一些措施督促各区域的环境治理工作，但是，各地方政府执行环境治理政策的效果各不相同。尤其值得关注的是，我国区域环境治理缺少长效机制，如 2008 年北京奥运会、2010 年上海世博会、2010 年广州亚运会和 2014 年北京亚太经合组织（APEC）会议上，我国政府采取了区域性的联合预防和控制手段来调控环境状态，空气质量在短期内显著改善。特别是在北京 APEC 会议期间，北京市主要的大气污染物的排放量均大幅减少。可见与不采取措施相比，采取措施使 APEC 会议期间北京市的空气质量大幅升高。与此同时，北京市周边地区的空气质量明显提高。这些体现了目前我国区域环境治理成果的短期性和暂时性，给予人们重要的警示：随着我国经济发展的区域化趋势，区域性的环境问题越来越影响人们的正常生活，我国政府在区域环境治理工作中的不足之处日益凸显，这就需要符合各地区实际状况的环境治理理念和治理机制的出现。

8.1.2　区域环境管理存在的问题

虽然我国环境管理取得了很大进步，但随着社会经济的发展，环境问题也变得更为复杂、严峻，现阶段的环境管理体制仍然需要进一步完善。

8.1.2.1　环境管理机构的设置不够健全

环境问题具有很强的地域空间整体性，不受行政区界线的限制，如流域水污染、大气污染等均为跨行政区域的问题，然而现阶段我国的环境管理还停留在地方各自为政、缺乏统一管理的阶段。因此，建立区域性和流域性环境管理机构已经刻不容缓。

8.1.2.2　环境管理成本高、资金不足

目前，我国环境管理实行的是政府直控型政策，存在的问题表现在环境管理政策实施成本高，而环保部门无力来承担。以有限的政府力量监督数量庞大的污染行为，必然力不从心。

8.1.2.3　环境法律体系不健全

我国的环境法律体系包括自然资源归属、环境污染预防、环境资源利用规划、环境影响评价以及跨区域环境纠纷管辖及解决等内容，现行环境法律体系只粗略规定了地方政府对当地环境负责，而具体到如何负责、负责到何种程度、失职后承担何种责任则没有明文规定。这种情况极易造成地方政府环保工作的缺位与机会主义行为。

8.1.3　区域环境管理的措施

8.1.3.1　健全环境管理机构

设置高规格、高权威的环境管理机构并配置高规格、高权威的专门性协调和咨询机构，明确协调的范围、具体内容和工作程序等。设置独立的政府环保部门 健全环保部门的内设机构，要与环保部的设置对口，以确保政令畅通，提高工作效率。

8.1.3.2　完善环境保护法律体系

以法律形式确认各级各类环境管理机构的管辖分工、职权范围和活动规范明确区域环境保护督察机构的执法权，以使其工作能合法有效地开展。针对目前环保执法不严、违法不究的现象，要加强执法监督和监察工作，可实行环境稽查制度，规范执法行为。对原有的环境管理制度之间，需加以改革和完善。

8.1.3.3　建立环境管理公众参与机制

我国环境政策的发展方向应是根据市场经济发展的逻辑，把政府直控型环境政策转变为社会参与型环境政策。需要大量政府力量以外的社会实体从事环境监督和制约工作，这些实体可以是营利性企业、非营利组织和公民个人。

8.2　城市环境管理

城市环境管理是城市政府运用各种手段，组织和监督城市各单位和市民预防和治理环境污染，使城市的经济、社会与自然环境协调发展，协调人类社会经济活动与城市环境的关系以防止环境污染、维护城市生态平衡的措施。

8.2.1　我国的城市环境状况

我国城市环境污染一直比较严重，近年来，在各级政府和其他社会力量的共同努力下，城市环境保护工作取得了一定的成效：城市环境恶化的趋势在总体上得到了控制；城市基础设施建设不断加强；部分城市的环境质量得到了显著的改善。但是，我国城市环境的总体情况不容乐观，城市水和大气污染处于较高的水平，垃圾处理水平低，噪声污染较重，城市环境保护工作仍然面临着巨大的压力和挑战。

8.2.1.1　城市水环境状况

我国城市水问题的发生和治理是随着我国城镇化进程而逐步演变的。从新中国成立初期到20世纪80年代，主要是“以需定供”的保障式供水管理，一大批骨干供水工程得以

修建，同时城市给水排水网络也逐渐健全；改革开放以后，城市化快速发展，城市用水日趋紧张，城市水资源管理逐渐转变为面向高效利用的“需水管理”；随着城市化的不断发展，城市开始进行多维度的比较健全的综合管理。随着面向城市水问题治理实践的深入和高质量发展的需要，很多新的理念被提出，如海绵城市、生态城市等。

新理念、新方法和新技术的运用，促进了城市水问题的综合治理，我国城市洪涝灾害防治、城市水环境及黑臭水体治理和城市节水等方面取得了长足进步。面向未来城市水问题治理和高质量发展，结合水利部“三对标、一规划”专项行动提出的，全面提高水安全、水资源、水生态、水环境治理和管理能力，实现从“有没有”到“好不好”的发展，更好支撑我国社会主义现代化建设，更好满足人民日益增长的美好生活需要，对我国城市水问题治理的基本现状、规划原则和演化态势进行简要梳理和分析，以期对未来我国城市水问题治理提供一定参考。

我国城市水环境问题在不同的社会发展阶段有不同的侧重点，主要体现在以下三个方面：

（1）城市洪涝灾害防治。过去几十年的城市化进程中，城市内涝成为一种新的城市病，2006 年以来，我国每年受淹城市均在 100 个以上，2008—2010 年全国有 62%的城市发生过内涝，内涝超过 3 次的城市有 137 个。在城市洪涝防治方面，我国已逐步构建起了以“预防为主、预报预警、应急调度、抢险救灾”为主线的城市洪涝防治体系，特别是深圳、福州和东营等地，开展智慧洪涝管理等新技术的先行先试，取得了较好效果。

（2）城市水环境及黑臭水体治理。由于城市化、工业化和老旧城市排水体制不健全等一系列历史遗留问题，许多城市不同程度存在黑臭水体。2015 年国务院印发《水污染防治行动计划》，向黑臭水体宣战，经过几年的大力治理，我国地级以上城市建成区黑臭水体治理取得重大进展，基本构建了黑臭水体治理的体制机制、标准规范和运作模式等体系，为全面消除黑臭水体、构建优美的城市水环境打下了坚实基础。

（3）城市缺水与节约用水。近年国家提出了“节水优先”，把节水摆在空前高的位置，为推进城市节水和水资源综合管理提供了重要指引。2019 年，国家发展改革委、水利部印发《国家节水行动方案》，规定到 2022 年和 2035 年，全国用水总量分别控制在 6700 亿 m^3 和 7000 亿 m^3 以内。近年水利部大力推动节水型社会建设，已有 266 个县区建成节水型县区。这些都说明我国城市节水和水资源综合管理总体上处于快速发展阶段，未来仍有较大上升空间。

8.2.1.2 我国城市大气环境现状

城市大气污染的原因比较多，交通运输、工业生产、燃料燃烧及气象因素等，都可能加剧大气污染的程度。近年来，我国非常重视大气污染防治工作。《2021 中国生态环境状况公报》显示，城市大气质量显著好转，主要表现在：空气质量达标城市数量、优良天数比例持续上升，主要污染物浓度全面下降。339 个地级及以上城市中，218 个城市环境空气质量达标，占 64.3%，同比上升 3.5 个百分点；优良天数比例为 87.5%，同比上升 0.5 个百分点。细颗粒物（$PM_{2.5}$）、可吸入颗粒物（PM_{10}）、臭氧（O_3）、二氧化硫（SO_2）、二氧化氮（NO_2）和一氧化碳（CO）六项指标年均浓度同比首次全部下降，其中，细颗粒物（$PM_{2.5}$）为 $30\mu g/m^3$，同比下降 9.1%，“十三五”以来，已实现“六连降"；臭氧（O_3）为137μg/m³，同比下降0.7%，细颗粒物（$PM_{2.5}$）和臭氧（O_3）浓度连续两年双下降。京津冀及周边地区、长三角地区、汾渭平原等重点区域空气质量改善明显。

整体来看，我国城市大气环境现状的特征表现为：

（1）常规污染物得到有效控制。一直以来，我国的能源结构为多煤、平油、少气，煤炭以及石油是我国城市发展过程中使用比例最高的能源，这两种能源排放大量烟尘、二氧化硫、粉尘及二氧化碳。由于新兴技术的发展以及国家政策的调整，煤炭、石油产生的污染物得到有效控制，常规污染物在近年来的环境抽样调查中比例明显下降。

（2）颗粒污染物明显增强。随着我国城市化速度加快，城市人口剧增，工业及住房用地增加，导致城市内部绿地面积缩小。再加上我国城市汽车保有量激增，空气中细菌含量及可吸入颗粒物呈明显上升趋势。研究发现，全国340个城市中，总悬浮颗粒物平均浓度达到国家空气质量二级标准的城市有6成以上。

（3）中小城市大气环境恶化。随着市场经济的不断深入，我国诸多中小城市也取得飞速发展，城市人口不断增加，城市用地不断扩大。在此过程中，很多中小城市忽视了城市环境污染问题，特别是在招商引资方面，引入大量转移产业，这其中有一些对环境污染严重的企业，环境保护工作得不到重视和落实。在这种背景下，我国中小型城市大气环境问题面临逐渐恶化的严峻形势。

（4）城市污染因素开始转型。我国的经济发展十分迅速，城市居民的生活水平也日益提高，收入的增加导致汽车数量的增长，汽车数量的快速增长，使汽车尾气中氮氧化物、一氧化碳等污染物排放量过大，直接影响城市的大气环境。我国汽车对大气的污染有一定的区域性，在发达城市里，汽车尾气排放量大则大气污染严重。北方城市大气污染普遍比南方更严重，尤其是冬季；此外产煤区域的大气污染要比非产煤区域的大气污染严重，因为煤烟型污染加剧。总结就是大城市的大气污染要比小城市严重，随着我国大气污染主因的变化，城市大气污染的因素已经变成汽车尾气的排放。

8.2.1.3 我国城市噪声污染现状

1. 工业噪声和施工噪声也是城市噪声污染的重要来源

工业噪声和施工噪声占我国城市噪声污染的27%左右，主要是施工过程中的机械产生的噪声和生产中产生的噪声。工业噪声中，一般电子工业和轻工业的噪声在90dB（A）以下，纺织厂噪声为90～106dB（A），机械工业噪声为20～120dB（A），凿岩机、大型球磨机达120dB（A），风铲、风镐、大型鼓风机在130dB（A）以上。

工业噪声是造成职业性的耳聋和脱发秃顶的一个重要因素。市政建筑施工和城市面貌的改造在我国大多数城市延续了数年之久，对居民的影响是比较大的，特别是在夏季的夜间施工，打桩机的声功率级达110～116dB（A），混凝土搅拌机的声功率级为86～100dB（A），重型车辆往返不断的运输、装卸活动噪声达80dB（A）以上。

2. 社会生活中的噪声

社会生活中的噪声指的是城市生活中人们生活和活动中产生的噪声，社区生活噪声在城市噪声中占40%以上，且有逐渐上升的趋势。例如街头、集贸市场、商贩、歌舞厅以及楼房住户的装潢等，这种噪声一般在80dB（A）以下，对人体没有直接生理危害，但干扰人们的工作、学习和休息，使人不愉快。

8.2.2 城市环境管理对策和措施

8.2.2.1 环境保护目标责任制

环境保护目标责任制是我国环境保护的“八项”制度之一，对污染防治和环境改善起着十分重要的作用，是城市环境保护实施综合决策的基础，环境保护目标责任制是以法律形式确立的环境保护制度，我国的《环境保护法》明确规定：“地方各级人民政府，应当对本辖区的环境质量负责，采取措施改善环境质量。”这项规定的具体实施方式就是环境保护目标责任制，它是以签订责任书的形式，具体规定省长、市长、县长在任期内的环境目标和任务，并作为对其进行政绩考核的内容之一。同时，省长、市长、县长等再以责任书的形式，把有关环境目标和任务分解到政府的各个部门，根据完成的情况给予奖惩。从某种意义上讲，地方和城市主管领导对环境问题的重视是实现地区和城市环境质量改善的关键。

8.2.2.2 城市环境综合整治

城市环境综合整治是指在城市政府的统一领导下，通过法制、经济、行政和技术等手段，达到保护和改善城市环境的目的。城市环境综合整治的主要内容涉及城市工业污染防治、城市基础设施建设和城市环境管理三个方面，具体内容包括制定环境综合整治计划并将其纳入城市建设总体规划，合理调整产业结构和生产布局，加快城市基础设施建设，改变和调整城市的能源结构，发展集中供热，保护并节约水资源，加快发展城市污水处理，大力开展城市绿化，改革城市环境管理体制，加大城市环境保护投入等。

8.2.2.3 城市环境综合整治定量考核

城市环境综合整治定量考核是以量化的环境质量、污染防治和城市建设的指标体系，综合评价一定时期内城市政府在城市环境综合整治方面工作的进展情况，激励城市政府开展城市环境综合整治的积极性，促进城市环境管理制度的改善。城市环境综合整治定量考核的对象是城市政府和市长，考核范围是城市区域，内容涉及城市环境质量、城市污染防治、城市基础设施建设和城市环境管理四个方面。

城市环境综合整治定量考核实行分级定量考核制度，国家按统一指标体系对直辖市、副省级城市、省会城市、旅游城市和沿海开放城市等 47 个城市进行考核；省、自治区、直辖市则分别考核所辖地区和县级城市，地方一级的考核指标体系在国家统一指标的基础上可根据地方的特点和需要作出相应的调查以及考核，相关工作主要由各级环保部门执行。

8.2.2.4 创建环境保护模范城市

生态环境部在全国开展了创建环境保护模范城市的活动，它实际上也是一项城市环境保护政策，该项政策的指导思想是可持续发展，以实现城市环境质量达到城市各功能区环境标准为目标，目的是引导城市政府在城市经济高速发展的同时走可持续发展道路，不断改善城市环境，建设生态型城市。

8.2.2.5 城市空气质量报告制度

利用当地的新闻媒体和电视台，每周一次向公众报告本地空气污染指数，反映城市大气污染程度。大气污染主要考核指数包括二氧化硫、氮氧化物和总悬浮颗粒物、一氧化碳、臭氧等，分为五个等级。

8.2.3　城市环境管理案例

城市环境“精细化管理”应用案例如下。

1. 东莞市谢岗镇城市精细化管理工作暂行办法

2017年8月2日，东莞市城管局提出要全力抓好精细化管理示范项目建设、城市管理体制改革等八大核心任务，以城市精细化管理提升助推城市品质的提升，并率先提出城市环境的“精细化管理”工作办法。以谢岗镇城市精细化管理工作暂行办法为例，该办法提出需要在环境卫生、园林绿化、公用市政设施、水环境治理、生活垃圾分类管理等方面实现城市管理精细化，具体集中在管理行为的精细化管理，如全面清理整治建筑立面及市政设施上的乱张贴、乱涂画等。

综上，目前东莞市城市环境精细化管理，是通过“层级系统”构建，精确定位各层级部门的职能分工，通过各层级的上下衔接，构建城市环境精细化管理网络。但目前的城市环境“层级系统”及管理措施，均建立在单一镇区空间范围的空间基础上，并未突破区域界线，探索实现市域环境共治及“精细化管理”的战略。因此可延伸“网络层级管理”要求，探索基于“城市精细化管理”理念，东莞市在城市空间中通过地理基础单元细化处理，实现市域城市环境共治的具体对策。

2. 深圳市国土空间规划标准单元建设经验

在《深圳市国土空间规划（2020—2035）草案》中，深圳市首先提出国土空间规划标准单元制度。规划标准单元是指国土空间规划的基础空间单元，是规划编制、传导技术与管控单元及社会管理信息衔接的空间信息载体。规划标准单元的划定以城市实体环境、城市主干道与行政区划范围为边界，按照不同城市功能共划定758个。各标准单元承担居住生活、综合服务、公共配套等不同的城市功能。标准单元在空间上有机结合，形成深圳市多元的生态环境。

规划标准单元具备以下三类特征：

（1）纵向可传导。规划标准单元将成为上下位规划管理、传导与反馈的重要载体。上位规划将以标准单元为空间载体拟定刚性规划的要求，下位规划将参考标准单元的功能与边界，不得突破上位规划之硬性规划要求。下位规划亦可以标准单元为空间载体，向上位规划传导、反馈具体的建议与落实效果。

（2）横向可评估。参考标准单元的边界与功能，可建立如居住、商业、公共配套等城市功能的指标体系。以标准单元为对象进行评估，识别环境品质较差、功能有所欠缺、设备不齐全的“问题单元”。

（3）实施可监督。依托深圳市国土空间基础信息平台，可利用“标准单元”建立规划管理全生命周期的“一张图”实施监督系统，实现各层级规划的实时监测、动态管控与评估、实施预警等。此外，可与社会网格管理平台建立动态的对接机制，实现城市人口增长、社会管理、交通等城市发展因素与城市规划管理的实施衔接，确保城市的规划建设与社会、经济、政治发展的协调发展。

综上所述，规划标准单元在深圳市国土空间规划体系中，主要承担地理基础单元的角色。依托各标准单元的功能异质性，可有效组合城市功能。通过地理空间的有机作用，打破区域空间界限，形成业态多元的城市空间环境，并实现“单元-片区-市域”的空间传递式精细化管理。另外，规划标准单元作为具有一定科学性的地理基础单元，可承担上下位规划管理与传导、规划评估及规划信息之动态监测与预警等与城市数据密切相关的功能，提高城市规划与城市管理之准确性。

8.3 农村环境管理

治理农业农村污染是深入打好污染防治攻坚战的重要任务，是实施乡村振兴战略的重要举措，对推动农业农村绿色低碳发展、履行生物多样性公约、加强农村生态文明建设具有重要意义。全国农村环境综合整治取得明显成效，支持了5.9万个村庄开展环境综合整治，1.1亿农村人口直接受益。但是农村环境问题尚未得到根本扭转，生活污染与农业污染、工业污染并存，点源污染与面源污染交织，工业及城市污染向农村转移，诸多环境问题严重危害群众健康，制约经济发展，影响社会稳定，农村环境形势依然严峻。农村普遍以政府作为治理的唯一主体，治理主体单一；地方政府对农村环境问题缺乏认识；管理不到位，农村环境治理投入模式和机制尚未建立，现有资金投入与资金需求差距较大；农村环境管理机制不到位，缺乏长效运行机制。现有农村环境管理体制已经难以适应新形势农村环境保护的需求，亟须探索系统化、科学化、法治化、精细化和信息化管理方式，提高治理能力和治理体系现代化成为迫切需要。

8.2.1 我国农村环境问题的表现

8.2.1.1 农村原生生态环境破坏

中国农村生态环境破坏问题日益突出，主要表现在以下几个方面：一是水土流失。由于毁林开荒、乱砍滥伐、过度开垦，水土流失严重，进而影响农业生产。二是淡水问题突出。农村生态环境受到污染，造成地表水体富营养化，地下水质恶化。目前，全国绝大多数河流都受到不同程度的污染，致使许多农村地区的地下水不适于饮用，从而严重影响农民的身体健康和农村经济社会的健康全面发展。三是土壤质量下降。由于缺乏科学的技术指导，农民对肥料、农药、生长调节剂等使用不当，导致土壤质量严重下降，农业生产环境遭到极大破坏。

8.2.1.2 城市污染转移

随着城市化进程的不断加快，城市环境污染也日趋严重。在打造清洁城市、整顿市容过程中，为了降低处理成本，几乎所有城市都不同程度地将污染废物运往周边农村抛掷。而这些废物在农村只能进行简单填埋甚至直接露天堆放，尤其是不可降解的诸如塑料制品、废旧电池等，给农村带来极为严重的环境污染。

8.2.1.3 农民生活污染

由于农村综合设施不够完善，农民环境意识薄弱，大量生活垃圾和人畜粪便得不到善妥处理，给农村带来严重生活污染：一是生活垃圾铺天盖地。许多不易降解的塑料袋、废旧电池、玻璃等废弃物堆放无序，不仅影响村容整洁，更具有潜在性和长期性的危害。二是农村卫生条件差。在中国大部分农村，饲养畜禽都尚未实现圈养，动物粪便在村庄随处可见。三是生活污水随意排放。由于缺乏完善的排污系统，农村生活污水大多就地倾倒，经过地渗、蒸发继而污染水源、土壤和空气，严重危害人体健康。

8.2.1.4 乡镇企业污染

很多乡镇企业由于资金投入有限，技术含量较低，对污染物的处理不够，甚至直接胡乱排放，并且这些企业大多不是集中布局，造成的环境污染也是多而分散，久而久之便会呈现出由点到面不断叠加和蔓延的态势，对农村环境造成极大不利影响。一是未经处理的工业废水直接排入地面、农田及河流，对水源、大气和土壤带来严重污染；二是很多污染企业由城市转向农村，不仅大量占用农田，更加剧了农村环境的恶化；三是许多乡镇企业不具备污染防治资金、技术和能力，缺乏良好的污染防治措施，对“三废”处理不达标，欠缺环保部门的有效监控，这些都给农村环境带来潜在危机，不利于农村经济环境的协调发展。

8.2.2 农村环境保护的目标和内容

8.2.2.1 以生态产业为主导

生态产业包括生态农业、生态工业和生态旅游业等，各地区根据自身特点和实际情况，发挥比较优势，有选择、有重点地发展各具特色的生态产业。生态农业就是在一定区域内，在遵循自然生态规律和社会经济规律的基础上，以生态学理论和系统工程理论为指导来因地制宜地规划、组织农业生产，将粮食生产与多种经济作物生产相结合，种植业、林牧渔业相结合，协调生产发展、环境保护和资源利用之间的关系，达到既满足当代人对农产品需求而又不损害后代人满足需求能力的可持续发展农业。

8.2.2.2 以生态环境建设为重点

生态环境建设就是要按照建设环境友好型社会的要求，加强村庄整体规划，搞好周边环境、村内环境和人居环境，使农村和农田生态系统在具有居住和生产功能的同时，成为具有乡村特色、地方特色和民族特色的靓丽景观，从而改善农民的生活生存条件。

主要内容包括：切实搞好退耕还林、天然林保护等重点生态工程，提高村庄森林植被覆盖率，保护生物多样性；结合改水、改厨、改厕、改浴、改圈发展沼气建设，改变过去柴草乱堆、垃圾乱倒、污水乱流的状况，脏乱差现象彻底消除，卫生水平显著提高；必要的基础设施健全，保证安全卫生饮用水的有效供应，道路实现硬化、绿化、净化；家居清洁节约化；庭院绿化、美化、经济高效化；工农业生产节能节水、无害化等。

8.2.2.3 以生态技术为支撑

农村的生态和谐之路必须以生态技术为先导。科技先导原则至少要包括两个方面的含义，一是在规划设计过程中要充分利用现代分析、模拟、规划、决策的手段和工具；二是在规划实施过程中，要充分体现科技进步对农村生态化建设的作用和贡献。

具体来讲，就是在家居装修、环境整治、农业、旅游业、加工业等方面广泛应用现代生态工程技术，开发选用新能源，提高资源利用效率，增强物质循环，能量多级利用，废弃物资源化利用、无害化处理，有毒有害物质有效控制，在技术层面上实现节能、节水、节电、节地、节材，为农民提供良好的生存环境。

8.2.2.4 以生态文化为指导

只有通过因地制宜地创建生态文化，加强绿色文明建设，才能提高全社会对农村生态化建设的自觉意识，从而为生态农村建设提供人文支撑，促进人与自然的和谐，物质文明与精神文明的协调。因此，农村的生态和谐之路必须以生态文化为指导，增强农民生态意识，规范农民的生态行为规范，并使其逐渐成为一种自觉的行为。

具体内容包括：加强生态环境宣传和教育，在广大基层干部群众中牢固树立科学发展观，培养生态系统意识、资源意识和可持续发展意识；养成节约用水、用电，珍惜易耗品的生活习惯；倡导使用绿色环保产品；适度消费，杜绝浪费；进行废弃物回收再利用、废旧品二次使用，减少一次性产品的使用。

8.2.3 农村环境保护的措施

8.2.3.1 增强地方政府职能建设

作为农村环境治理的主要责任者，地方政府应切实转变过去单纯追求经济增长的发展理念，牢固树立经济、社会、环境协调发展的科学发展观，要根据地域的不同以及发展状况的不同制定详尽的环保法律体系，不断完善和细化，做到有法可依；对环境污染预防性的法律法规进行补充和完善，对于违反规定的环境破坏行为应进行相应惩处；加大对农村环境保护的经济投入，完善农村基层环境监督机构体系，保证各项政策法规能真正得以落实；还要对辖区内的资源开发利用进行有效管理，协调好环境关系中不同利益主体之间的关系；逐步推进农村环境污染防治和农村生态建设，使农村生态环境走向良性循环，从根本上改变地方政府在环境保护责任上的缺位，进而改变农村环境严重恶化的状况。

8.2.3.2 统筹城乡环境保护

农村日趋严重的环境问题不是孤立存在的，它的成因一部分是城市污染转移的结果，表现出的种种环境问题必定会对城市生活造成不良影响；农村环境的改善同良好的城市环境是相互支撑、相辅相成的。农村环境治理是一项庞大的系统工程，因而必然需要城市的共同参与。要使农村环境得到根本改善，必须树立整体意识，科学统筹、协调治理城乡环境。

8.2.3.3 增强农民环境意识

农村的生态环境与农民自身的生态意识息息相关，因此要改善农村生态环境，实现农村生态文明建设，就必须注意以下几个方面：一是加强对农民的环境教育。充分借助报刊、网络、媒体等渠道，加大环保知识的宣传力度和广度，使农民深刻认识到中国农村环境问题的现状及危害，从而形成约束自身环境行为的自觉性。二是增强农民的生态意识。使村民深刻了解过度开发利用资源，污染破坏生态环境的危害性，从而摒弃落后的农业生产方式，改变卫生陋习，摆脱陈旧的生活方式，使环境保护观念深入人心。

8.2.3.4 加快技术进步，调整产业结构

要处理好乡镇经济发展和环境保护的矛盾，达到既能使乡镇企业健康发展又能做到保护农村生态环境的目的。要根本改善农村的生态环境，就要控制耗能高、污染重的企业。只有加快乡镇企业的技术进步，调整产业结构，才能从根本上防治环境污染。

（1）生产技术的进步。通过产品生产设备原料、工艺的改进，降低能耗、物耗，提高效率，使企业生产由劳动密集型向技术密集型转变。

（2）排污治污技术的进步。提高投入比重，加强技术改造，增加环保设备，增强防污治污能力，大力推广循环利用和废物利用，倡导清洁生产。

（3）劳动力技术的进步。要大力培养引进各类技术型人才，加强对企业职工的业务技

能培训，提高企业职工环境意识和整体素质，营造环境保护人人参与的良好氛围。

8.2.3.5 *发展农村循环经济，实现可持续发展*

发展农村循环经济，以可循环的农业生产资料为来源，以科学、合理、友好的方式有效利用资源，将保护农村环境和发展农村经济放在同等重要的地位，将农业生产活动融入自然循环过程当中，合理利用所有原料和能源，从而把农民经济活动对农村环境的影响降到最低。要发展农村循环经济，就必须改变粗放式经营模式，节约资源能源，保护农村生态环境，改善生产生活质量，提高经济效益；实现集约经营，增加农副产品品种，合理开发利用资源，防治农村环境污染；运用新技术改造并打造传统产业，拉长和拓宽农业产业链，带动就业机会，提高农业经济效益，帮助农民增收，实现致富奔小康。

8.2.3.6 *走农业现代化发展之路*

坚持推进农业现代化，以现代工业、现代科学技术、先进管理方法推动农业发展，可以从根本上扭转以牺牲环境为代价的粗放型农业生产方式。推进农业现代化进程，可以优化农业产业结构，建立经济效益、社会效益、生态效益三者有机结合的现代农业发展模式，以此实现农村经济的可持续性发展。从根本上来说，造成中国农村环境污染较为严重的原因主要是中国农业现代化目标仍未实现，农村经济发展方式仍较为落后。粗放式的、以牺牲环境为代价的经济发展方式越来越显示出其危害：资源浪费、环境污染、经济产出低下。在农村环境污染日益严重的今天，大力推动农业现代化进程，实现农村经济可持续发展已成为农村经济发展、保护农村环境的必由之路。

良好的农村环境是农村步入小康社会的重要体现，对于农村乃至国家安全和稳定尤为重要。妥善处理农村环境问题，才能促进农村经济持续发展，保障农民安居乐业，为中国构建社会主义和谐社会提供坚强后盾。然而，农村环境治理是一项复杂、艰巨、长期的生态建设工程，需要地方政府在正确的政绩观引导下科学合理地调动村民的积极性来开展工作，在重视农村经济发展的同时，更加重视农村生态保护，实现经济与环境的双赢。

8.2.4 农村环境管理案例

8.2.4.1 *安徽皖北某县新时代农村人居环境整治的案例分析*

安徽省皖北某县属于国家级贫困县，农村人居环境问题长期存在。整治工作无论是在专项资金方面还是在群众基础方面都比较薄弱。但是，该县积极推动人居环境整治“三大革命”工作，有效地改善了农村居住环境，着实提升了农民的生态环境获得感。这一典型案例给其他地区农村人居环境整治工作提供了一个很好的范例。

为了打开环境改善的新局面，切实改善农村人居环境，该县以“三大革命”工作为基石，同步推进乡村道路建设、农村危房改造等一系列人居环境整治工作。坚持先行先试、分批整治、因地制宜、农民主体的鲜明导向，谋求长远发展，使得该县人居环境建设上升到一个新的层面。总体上，该县围绕“示范先行、批次推进”制定了农村人居环境整治“三步走”战略，即计划 2018 年年底前完成 90 个贫困村以及国、省、县道沿线共 1500 个自然村的整治；2019 年年底整治 1200 个自然村；2020 年年底完成全县所有自然村的整治工作。环境整治工作重点分为推进农村垃圾治理、加大农村生活污水治理力度、加快农村改厕工作、全面开展农村道路建设、启动农村危旧房屋整治五个方面。通过整治，皖北某县农村环境实现了“五无三有”（无陈年垃圾、无暴露垃圾、无乱堆乱放、无污水横流、无简易危破旱厕及残垣断壁、有支专业的保洁队伍和集镇管理队伍、有常态化保洁机制、有垃圾分类——有害回收、无害处理工作机制）目标，形成了较全面、有重点、有监督的环境整治格局。具体整治工作如下：

（1）在垃圾污水治理方面，主要存在垃圾产出量多、污水排放量大，且成分复杂、危害严重等问题。此外，农村污水治理的技术支撑能力仍处于低级、粗放阶段；农民对垃圾和污水问题认识不够，随手丢垃圾、倒污水的生活习惯难以彻底改变。对此，该县率领各乡镇以“五无三有”标准严格要求，先打造示范点，后分批次、有计划完成整治，并计划完成整治任务后，按期申报，分批验收。

（2）在改厕方面，受陈规陋习、生活习惯等因素的影响，农村普遍使用旱厕，缺乏相应的排泄物分解处理设备，也没有及时清扫的人员，常常臭气熏天，严重影响村容村貌。此外，现有的旱厕卫生状况也存在相当大的问题，极易滋生蚊虫、传播疾病，不能满足老百姓对民生的追求。该县按照“拆旱厕建公厕、改户厕”的原则，因地制宜、科学选址；雨污分流、分类收集；计划三年内完成全县所有农村旱厕的改造。

（3）在道路建设方面，改造前，该县道路建设依然处于相对落后的水平，村与村之间没有大路相连，或者仅仅是泥土路，每逢雨雪天气，道路十分泥泞，行人无法正常通行，车辆更是举步维艰。该县以县交通运输局负责实施村组道路，各组负责组内道路建设，以一个个“组内通”推进完成全县道路的建设是项艰难的工作，需长期的重视与投入，该县计划年内让村民们有大路出行，使村民走上康庄大道！

（4）在危旧房屋整治改造前，由于经济发展落后，很多老年人所居住的房居破陋不堪，墙体常见裂缝、屋顶瓦片不全，极易倒塌，发生危险事故。此外，由于房屋修盖一直没有统一的标准，违搭乱建现象十分普遍，对村容村貌和住房安全都造成不利的影响。针对这种状况，该县对于全县范围内的危破房屋采取政府主导、农民主体，统筹结合、全力推进，全面摸底、分类整治，试点先行、全面实施的原则，引导群众支持和参与整治工作，将危破房屋分为无偿自愿拆除类、建设维修类和依法拆除类三类，并定点定时完成全部整治任务。此外，在指标分配、系统信息登录等方面加强权责主体、加强培训和监管，让工程资金运用到实处，做到真正惠民、保障危房改造的有力推进。

在监督机制方面，该县针对垃圾治理、生活污水治理、改厕、道路建设、危旧房屋整治五个方面设置百分制，在各乡镇组织专门的监督检查队伍进行分数考核和奖惩制度。根据各乡镇上报的工作进度，实行面上督查和重点抽查相结合的办法。根据县直牵头单位确定的任务和时间节点，将督查结果每周一通报，月考核。从乡镇到县级单位进行逐级的监督和抽查，保证了农村人居环境整治工作的有效推进和高效实施。

8.2.4.2 徐州市“补齐污水处理‘智慧囊’，助力农村环境大改善”

1. 实践起因

农村污水治理是改善农村人居环境的重要途径，农村污水处理设施量大面广，运维监管令人头痛，长效运维和高效监管、最大限度地发挥设施污染治理作用极为紧迫。基于信息化手段开展农村生活污水处理设施运行的远程智慧监管，有望大幅度提高运维效率、降低运维成本。通过智慧化治污，围绕持续改善水环境，推动国省考断面达标，补齐乡村建设短板，切实解决老百姓身边水环境污染问题，让水更清，景更美，生活更宜居。

2. 主要做法

徐州市通过建立智慧化生活污水监管平台，通过处理设施信息化、设备运行智能化、维护管理互联网＋专业化，形成农村生活污水处理设施智慧运维监管成套技术，提高了设施的运行与监管效率。铜山生态环境局建立农村生活污水智慧运营管理平台，依托互联网、云计算、大数据等技术，结合农村生活污水水质测算需求，设计了集综合监控、站点管理、智能调度、运营管理、统计分析等多功能于一体的农村生活污水智慧管理平台。沛县生态环境局科学规划，统筹安排，以沛县城市总体规划为先导，以污水减量化、分类就地处理、循环利用为导向，科学规划安排农村生活污水治理工作。一是推行社会化投资建设。探索农民以技工投劳等方式参与设施建设、运行和管理，积极采用政府和社会资本合作（PPP）等方式，引导企业和金融机构积极参与，推动农村生活污水第三方治理。二是建管并重，长效运行。坚持先建机制、后建工程，实行农村生活污水处理统一规划、统一建设、统一运行、统一管理。探索建立污水处理受益农户付费制度和多元化的运行保障机制。委托第三方运维机构，建立技术服务团队，进行全域设施运维。制定设施和管网运维绩效考核办法，实施科学精准和有序监管。三是科学集中治理。采取AO＋人工湿地、生物滴滤＋人工湿地两类技术工艺，实现高效低成本处理污水。丰县生态环境局委托徐州利源环保科技公司对全县农村污水处理设施统一运维，运用“互联网＋”的新理念，实现广域网运营监控系统，将“智慧农污”推向农村。一是整体布局，分批推进。编制县域农村生活污水治理规划，以整村设计、分片实施为目标，进行前期的调查、设计工作。按照“应纳尽纳、全面收集”原则，确定丰县农污治理就近接管镇级污水处理厂和建设一体化污水处理设施两种治理模式。县政府牵头成立县、镇、村三级联动现场办公室，环保、水务部门牵头负责实施，建立协调监管、巡查的工作机制。二是健全机制，全力推进。完善农污治理工作方案，科学合理制定线路走向，终端设计上因地制宜，采取多种治理模式，由以前的单一建站接管变为多户联建微动力处理，解决了一些村庄土地紧张的困难。加强宣传，向农户发放《致农户的一封信》，让农污治理工作家喻户晓，形成浓厚氛围。三是智慧农污，实时维护。县政府统一采购污水处理设备，严抓工程质量，强化项目监管。农村生活污水处理设备运行情况、水质情况等可通过互联网远程监控，大大节约人力成本，有效提高监管效能，“智慧农污”为农村污水处理树立了新标杆。

3. 实践效果

徐州市通过远程集中监管农村污水处理设施，及时发现设施运行异常并报警，促进了设施的正常运转，提高了运维效率，为防止设施“晒太阳”、促使设施“管得好、用得上”提供了有效监管工具。丰县建成村级微动力生活污水处理站368个，铺设管网总规模超过1.2万t/d，行政村覆盖率88.3%、农户覆盖率40.1%、设施正常运行率达到79%，全面完成目标任务。沛县生活污水治理实现了行政村全覆盖，水主要污染物浓度得到有效控制，尾水由农田生态拦截沟净化入渠。

4. 完善思路

农村生活污水治理是一个庞大的系统工程，生活污水如果“超载”，得不到及时处理，会影响农村生态环境和长远发展。智慧监管平台及微动力污水处理站等一大批新型污水处理样板，建设只是基础，运维才是关键。高标准进行农村生活污水处理设施运维管理，是巩固提升农污治理成果，确保污水正常处理的“压舱石”。下一步，徐州市将借鉴“河长制”经验，探索推广污水处理终端“站长制”，织起一张污水运维监督巡检网，提高精细化管理水平。

思考题

1. 我国城市环境主要问题有哪些?
2. 城市环境管理主要有哪些对策?
3. 农村环境存在哪些问题?
4. 农村环境管理有哪些措施?
5. 你的家乡目前存在哪些环境问题? 从环境规划与管理的角度如何应对?

第9章　工业企业环境管理

本章主要介绍工业企业环境管理中相关的国家管理政策和管理条例。通过本章的学习，要求掌握工业企业环境管理的基本工作内容以及相关的政策、条例、程序，了解清洁生产技术和产品生命周期评价对实现可持续发展的意义。

9.1　工业企业环境管理概述

工业企业的环境管理同工业企业的计划管理、生产管理、技术管理、质量管理等各项专业管理一样，是工业企业管理的一个组成部分。工业污染是当今环境问题的重要组成部分，防治工业污染始终是污染防治工作的重点。由于中国目前大部分工业企业普遍存在资源、能源利用率低，生产浪费严重的现象，因此，以合理利用能源和资源为中心，结合企业技术改造，通过强化工业企业环境管理解决中国工业污染问题是一条具有中国特色的工业污染的防治途径。

9.1.1　工业企业环境管理的基本概念

工业企业环境管理是指以管理工程和环境科学的理论为基础，运用经济、法律、技术、行政和教育手段，限制或禁止损害环境质量的生产经营活动，协调发展生产与保护环境的关系，既要发展生产完成企业承担的生产任务，又不损害环境资源的质量，保护职工及附近居民的健康，并使经济得以持续发展，达到环境目标的要求。

工业企业环境管理和企业各项工作都发生直接关系，渗透到各项工作的全过程，并需要企业全体人员都参与。管理的范围和内容不仅仅局限于从原料进厂到产品出厂的生产过程，而进一步开拓了从工业产品生产前管理（以下简称产前管理），即图 9.1 管理 1 所示，到工业产品生产后管理（以下简称产后管理），即图 9.1 管理 3 所示，以及其他更广阔的管理领域，从而构成了包括管理 1、管理 2、管理 3 的完整的现代工业企业环境管理体系。

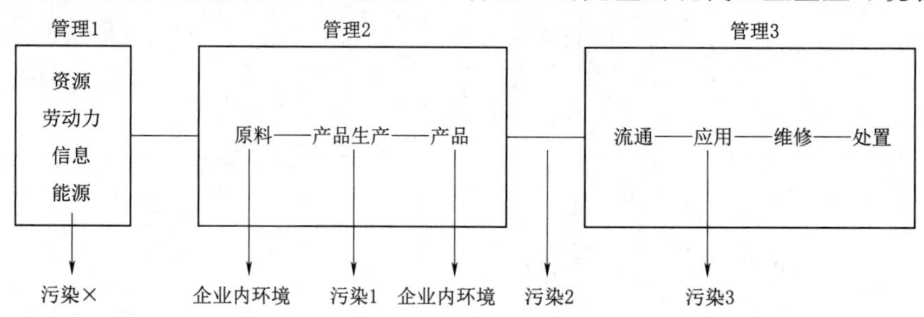

图 9.1　现代工业企业环境管理体系

9.1.2 实施工业企业环境管理的目的

工业企业的生产过程，既是产品的形成过程，又是物质的消耗过程，一部分原料经过劳动转化为产品，一部分原料变成污染物排入环境。原料转化为产品的量多，污染物排放的量就少；反之，污染物排放的量就多。因此，提高原料或资源利用率以控制环境污染，是工业企业环境管理的主要目的。

（1）通过全面规划、合理布局，正确处理发展生产与环境保护的关系，使两者互相促进，保证企业沿着正确的方向健康发展。

（2）加强治理，通过建立规章制度，给职工创造良好的生产环境与生活环境。

（3）通过开展节约资源和废物综合利用，一方面可减少对环境的污染，另一方面可防止自然资源的浪费和对生态的破坏。

（4）通过开展环境科学技术研究和环境教育工作，提高技术水平和人才素质，以利于生产发展和环境保护工作的提高。

9.1.3 工业企业环境管理的内容

9.1.3.1 工业企业的环境计划管理

工业企业的环境计划管理包括工业企业环境保护计划的制订、执行和检查。工业企业环境保护计划的主要任务是控制污染物的排放。根据国家和地方政府规定的环境质量要求和企业生产发展目标，制定污染物排放的指标和为实现指标所采取技术措施等长期的和年度的计划，并把以上计划纳入企业整个经营计划。

9.1.3.2 工业企业的环境质量管理

工业企业的环境质量管理包括按国家和地方颁布的环境质量标准制定本企业各污染源的排放标准；组织污染源和环境质量状况的调查和评价，建立环境监测制度，对污染源进行监督；建立污染源档案，处理重大污染事故，并提出改进措施。

9.1.3.3 工业企业的环境技术管理

工业企业的环境技术管理包括组织制定环境保护技术操作规程，提出产品标准和工艺标准的环境保护要求，发展无污染工艺和少污染工艺技术，开展综合利用，改革现有工艺和产品结构，减少污染物的排放等。

9.1.3.4 工业企业的环境保护设备管理

工业企业的环境保护设备管理包括正确选择技术上先进、经济上合理的防治污染的设备，建立和健全环境保护设备管理制度和管理措施，使设备经常处于良好的技术状态，符合设计规定的技术经济指标。环境管理涉及计划安排、工艺设计、生产调度、加工进程、设备运转等各个方面，所以环境管理也必然贯穿于生产管理的全过程。

9.1.4 工业企业环境管理的模式

从宏观政策上来说，基于污染预防思想的环境管理模式成为国际优先采纳的管理模式，实施原则包括：源消减、废物减量化、循环经济。而从微观层面上来说，工业企业环境管理采用的具体管理模式包括：

9.1.4.1 环境管理委员会与环保专门职能部门相结合的管理模式

该模式是指企业成立环境委员会，对企业环境工作的重大问题进行决策，对企业环境活动进行指导和监督；另外，建立专门的环境管理机构，在企业环境委员会的指导下，对企业的环境活动进行日常管理。

9.1.4.2　ISO 14000管理模式

ISO 14000管理模式是指按照ISO 14000标准建立并运行ISO 14001环境管理体系。该体系由环境方针、规划、实施与运行、检查和纠正、管理评审5个部分17个要素构成，通过这些要素有机结合和有效运行，组织的环境行为得到持续的改进。

该模式的基本内涵是：通过环境保护理念的宣传、环境管理制度的制定、企业技术设备的更新，对企业的各部门、各生产环节实施环境管理，以减轻环境影响，降低能源原材料的消耗，减少甚至根除有毒有害物质的使用和产生，减少污染物的产生和排放，对环保实施全过程的监控，不断改善企业的环境行为。该模式有助于企业对环境进行系统管理提升企业形象，从而增强企业的竞争力，特别对于外向型企业，通过ISO 14001体系认证可以有效地进入国际市场。

9.1.4.3　HSE管理模式

HSE管理模式是健康（health）、安全（safety）和环境（environment）管理体系的简称，指企业按照HSE标准建立并运行HSE管理体系。HSE管理体系把健康、安全与环境作为一个整体来管理，突出预防为主、领导承诺、全员参与、持续改进，是近几年出现的国际石油天然气工业通行的管理体系。HSE管理体系在企业现存的各种有效的健康、安全和环境管理的组织结构、程序、过程和资源的基础上建立起来，为企业实现持续发展提供了一个结构化的运行机制，并为企业提供了一种不断改进HSE表现和实现既定目标的内部管理工具。

该体系由现代管理思想、制度和措施联系在一起构成，能满足政府对健康、安全和环境的法律、法规要求；减少事故发生，保证员工的健康与安全，保护企业的财产不受损失；保护环境，满足可持续发展的要求；提高原材料和能源的利用率，保护自然资源；减少医疗、赔偿、财产损失费用，降低保险费用；满足公众的期望，保持良好的公共和社会关系，提升企业形象，从而为企业总方针、总目标的实现提供保证。

9.1.4.4　QHSE管理模式

QHSE管理模式是质量（quality）、健康（health）、安全（safety）和环境（environmental）指企业根据ISO 9001、ISO 14001、OHSAS 18001、HSE标准，对四种体系进行整合，建立并运行QHSE管理体系。

该模式有助于石油企业通盘考虑这些体系的组织、过程、程序和资源，尽量合理设置和共同享用，以简化各项内部管理工作的复杂程度，防止相互冲突，实现相互协调，提高企业质量、健康、安全、环境管理的整体水平，最终有效实现企业的总体目标。不足之处在QHSE体系建立过程比较复杂，要处理好几个体系之间的关系。该模式适用于石油石化行业企业，同时对其他行业生产性企业的环境管理也有借鉴意义。

9.1.4.5　QOHSE管理模式

QOHSE管理模式指根据ISO 9001、ISO 14001、OHSEAS 18001标准，对三种体系进行整合，建立并运行QOHSE管理体系。由于企业的环境、职业安全卫生、质量目标之间有不可分割的联系，而ISO 9001质量管理体系、ISO 14001环境管理体系、OHS职业卫生管理体系三者基本思想和方法一致，建立管理体系的原则一致，管理体系运行模式一致，并体现了高度的兼容性。

该模式与上一种模式比较接近，优点是有助于企业通盘考虑这些体系的组织、过程、程序和资源，尽量合理设置和共同享用，以简化各项内部管理工作的复杂程度，防止相互冲突，实现相互协调，提高企业质量、健康、安全、环境管理的整体水平，最终有效实现企业的总体目标。

9.1.4.6　绿色管理模式

绿色管理模式是指企业建立绿色管理体系。绿色管理着眼于企业、社会、消费者三者利益平衡，将生态环境保护观念融入企业生产经营管理之中，将环境管理延伸到消费领域，从企业经营的各个环节着手来控制污染与节约资源，以实现企业的可持续增长，达到企业经济效益、社会效益、环境效益的有机统一。绿色管理体系就是在绿色管理思想的指导下建立起来的企业经营管理体系。绿色管理体系的具体内涵有：树立绿色价值观，将绿色经营理念导入企业的核心价值观之中；使用能够节约资源、避免和减少环境污染的绿色技术；实施绿色设计，把产品对环境的影响具体体现在产品设计中；开发符合环保要求的绿色产品；推行绿色生产，对生产全过程实施以节能、降耗、减污为目的的防治措施；开展绿色营销，将绿色管理思想贯穿于原料采购和产品设计、生产、销售到售后服务的各个营销环节；取得 ISO 14000 认证，向外展示其实力和环保态度。

该模式与前面几种管理模式相比，内涵更丰富，以社会、消费者绿色需求为导向，将绿色理念贯穿于企业所有的生产经营活动，企业环境管理的思想基础更加牢固，使企业的环境活动更能得到落实。

9.1.5　工业企业环境管理的方法和手段

工业企业环境管理的方法和手段包括以下几点。

1. 建立企业环境管理组织体系

企业应设置环境保护管理和环境监测机构，建立单位领导、环保管理部门、车间负责人和车间环保工作员组成的企业环境保护网络，进行经常或定期的研究、讨论企业的环境问题，并做出相应的重大决策，共同搞好本企业的环境保护工作。

企业环境保护机构应配备必需的环保专业技术人员，并保持相对稳定。应设置一名企业领导分管环境保护工作，并配备专职环境保护机构负责人和若干名专职环保技术人员。钢铁、电力、化工医药、印染、造纸、酿造等重污染行业的专职环保人员应不得少于 2 人。废气、废水等处理设施必须配备保证其正常运行的足够操作人员，设立能够监测主要污染物和特征污染物的化验室，配备专职的化验人员。

2. 建立环境管理基础工作体系

对企业环境管理基础资料要求分类分年度收集，资料台账完善整齐，装订规范，监测记录连续完整，指标符合环境管理要求，具有科学性和逻辑性，能真实反映企业在环保方面的全面情况。入档的数据、资料必须具有法律效应，符合国家环保的法律法规要求。入档的数据和资料要认真复核，需有法人签名并加盖公章；出具的监测数据应来自环境监测部门或经环保部门认定资质的监测部门。

3. 建立环境管理制度执行体系

为了加强环境保护，国家颁布了《环境保护法》，除了在环境保护方面的基本法《环境保护法》外，国家还颁布了一批与《环境保护法》配套的单行法《大气污染防治法》《水污染防治法》《固体废物污染环境防治法》《噪声污染环境防治法》等法律及一系列环境保护标准，这些法律规范了企业应遵循的保护环境的职责，因此企业应严格遵守并执行这些法律的要求，认真保护环境，为创造良好的生活、生产环境而努力。

应将各项制度作为企业基本制度，以企业内部文件形式下发到各车间、部门；纳入环境保护管理档案；在企业内公示；在企业环保部门和生产车间张贴；在日常生产中贯彻落实到位。

4. 提升企业工作人员素质

企业管理者必须根据本企业的特点，熟记本企业应执行的环保法律法规、标准名称。在企业内部进行环境保护宣传工作，各生产线应有标示牌图示生产工艺过程、产污环节、主要污染物名称及单位产品产污量、污染物处理方法和污染物排放去向。在企业醒目位置设立污染源分布图、污染物处理流程图和企业环境保护管理体系网络图公示牌。

9.2 生命周期评价

生命周期评价（life cycle assessment，LCA）是对产品或服务从“摇篮”到“坟墓”全过程进行环境评价的技术，它是一场环境评价技术和思想的革命，也是实现区域可持续发展最重要的技术方法之一。已由国际标准化组织制定并颁布相关标准在全球实施。本节较为系统地介绍了环境生命周期评价方法的定义与类型，评价的技术程序，旨在为区域可持续发展提供技术支持。

9.2.1 生命周期评价的定义与类型

9.2.1.1 生命周期评价的定义

生命周期评价的定义较多，其中国际环境毒理学和化学学会（SETAC）和国际标准化组织（ISO）的定义如下。

1. SETAC 的定义

LCA 是一个评价与产品、工艺或行动相关的环境负荷的客观过程，它通过识别和量化能源与材料使用和环境排放，评价这些能源与材料使用和环境排放的影响，并评估和实施影响环境改善的机会。该评价涉及产品、工艺或活动的整个生命周期，包括原材料提取和加工，生产、运输和分配，使用、再使用和维护，再循环以及最终处置。

2. ISO 的定义

LCA 是对一个产品系统的生命周期中输入、输出及其潜在环境影响的汇编和评价。

9.2.1.2 生命周期评价的类型

LCA 按照其技术复杂程度可分为三类：

(1) 概念型 LCA（或称“生命周期思想”）：根据有限的，通常是定性的清单分析评估环境影响。因此，它不宜作为市场促销或公众传播的依据，但可帮助决策人员识别哪些产品在环境影响方面具有竞争优势。

(2) 简化型或速成型 LCA：它涉及全部生命周期，但仅限于进行简化的评价，例如使用通用数据（定性或定量）、使用标准的运输或能源生产模式、着重最主要的环境因素、潜在环境影响、生命周期阶段或LCA步骤，同时给出评价结果的可靠性分析。其研究结果多数用于内部评估和不要求提供正式报告场合。

(3) 详细型LCA：包括ISO 14040所要求的目的和范围确定、清单分析、影响评价和结果解释全部四个阶段。常用于产品开发、环境声明（环境标志）、组织的营销和包装系统的选择等。

9.2.2 生命周期评价的技术程序

SETAC提出的LCA方法论框架，将生命周期评价的基本结构归纳为四个有机联系部分：定义目标与确定范围、清单分析（inventory analysis）、影响评价（impact assessment）和改善分析（improvement assessment），其相互关系如图9.2所示：

ISO 14040将生命周期评价分为互相联系的、不断重复进行的四个步骤：目的与范围确定、清单分析、影响评价和结果解释。ISO组织对SETAC框架的一个重要改进就是去掉了改善分析阶段。同时，增加了生命周期解释环节，对前三个互相联系的步骤进行解释。而这种解释是双向的，需要不断调整。另外，ISO 14040框架更加细化了LCA的步骤，更利于开展生命周期评价的研究与应用，如图9.3所示。

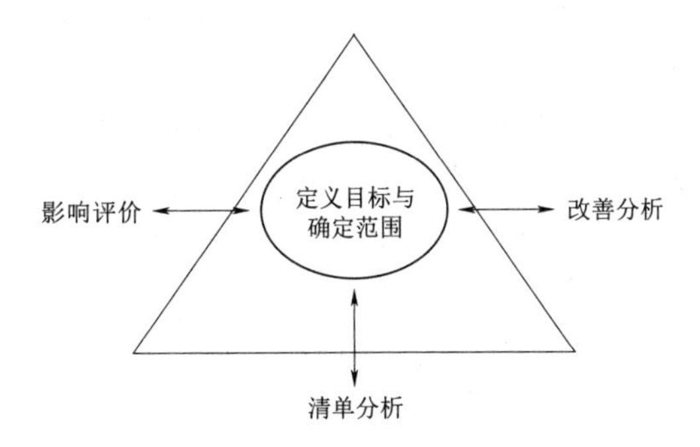

图9.2 SETAC生命周期评价技术框架

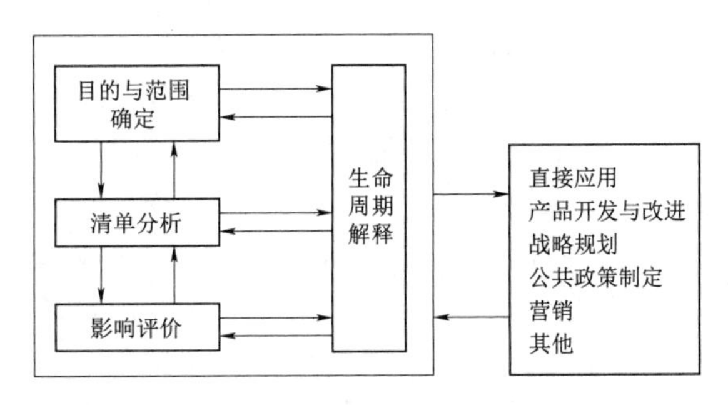

图9.3 ISO 14040生命周期评价框架

9.2.2.1 目的与范围确定

生命周期评价的第一步是确定研究目的与界定研究范围。研究目的应包括一个明确的关于LCA的原因说明及未来后果的应用。目的应清楚表明，根据研究结果将做出什么决定、需要哪些信息、研究的详细程度即动机。研究范围定义了所研究的产品系统、边界、数据要求、假设及限制条件等，为了保证研究的广度和深度满足预定目标，应该详细定义研究范围。由于LCA是一个反复的过程，在数据和信息的收集过程中，可能修正预先界定的范围来满足研究的目标。在某些情况下，也可能修正研究目标本身。

目的和范围的确定具体说来应先确定产品系统和系统边界，包括了解产品的生产工艺，确定所要研究的系统边界。针对生产工艺各个部分收集所要研究的数据，其中收集的数据要有代表性、准确性、完整性。在确定研究范围时，要同时确定产品的功能单位，在清单分析中将收集的所有数据都要换算成功能单位，以便对产品系统的输入和输出进行标准化。

9.2.2.2 清单分析

清单分析是LCA基本数据的一种表达，是进行生命周期影响评价的基础。清单分析是对产品、工艺或活动在其整个生命周期阶段的资源、能源消耗和向环境的排放（包括废气、废水、固体废物及其他环境释放物）进行数据量化分析。清单分析的核心是建立以产品功能单位表达的产品系统的输入和输出（即建立清单）。通常系统输入的是原材料和能源，输出的是产品和向空气、水体以及土壤等排放的废弃物（如废气、废水、废渣、噪声等）。清单分析的步骤包括数据收集的准备，数据收集，计算程序，清单分析中的分配方法以及清单分析结果等。

清单分析可以对所研究产品系统的每一过程单元的输入和输出进行详细清查，为诊断工艺流程物流、能流和废物流提供详细的数据支持。同时，清单分析也是影响评价阶段的基础。在获得初始的数据之后就需要进行敏感性分析，从而确定系统边界是否合适。清单分析的方法论已在世界范围内进行了大量的研究和讨论。美国 EPA 制定了详细的有关操作指南，因此相对于其他组成来说，清单分析是目前 LCA 组成部分中发展最完善的一部分。

9.2.2.3　影响评价

影响评价阶段实质上是对清单分析阶段的数据进行定性或定量排序的一个过程。影响评价目前还处于概念化阶段，还没有一个达成共识的方法。ISO、SETAC 和英国 EPA 都倾向于把影响评价定为一个“三步走”的模型，即影响分类（classify）、特征化（characterization）和量化（valuation）。分类是将从清单分析中得来的数据归到不同的环境影响类型。影响类型通常包括资源耗竭、生态影响和人类健康三大类。特征化即按照影响类型建立清单数据模型。特征化是分析与定量中的一步。量化即加权，是确定不同环境影响类型的相对贡献大小或权重，以期得到总的环境影响水平的过程。

根据 SETAC 和 ISO 关于 LCA 的影响评价阶段的概念框架，中国科学院生态环境研究中心建立了一个影响评价模型框架。该框架的基本思想是，通过评估每一具体环境交换对已确定的环境影响类型的贡献强度来解释清单数据。模型包括以下步骤：计算环境交换的潜在影响值，数据标准化，环境影响加权，计算环境影响负荷和资源耗竭系数。

目前，国外比较有影响力的评价体系有瑞典的 EPS、荷兰的 Eco indicator 和 CML。国内还没有根据自己的国情研究出适合本国的生命周期评价体系，一直采用层次分析法进行量化，通过专家打分评价，其结果主观性太强。

9.2.2.4　生命周期解释

生命周期解释的目的是根据 LCA 前几个阶段的研究或清单分析的发现，以透明的方式来分析结果、形成结论、解释局限性、提出建议并报告生命周期解释的结果，尽可能提供对生命周期评价研究结果的易于理解的、完整的和一致的说明。根据 ISO 14043 的要求，生命周期解释主要包括三个要素，即识别、评估和报告。识别主要是基于清单分析和影响评价阶段的结果识别重大问题；评估是对整个生命周期评价过程中的完整性、敏感性和一致性进行检查；报告主要是得出结论，提出建议。目前清单分析的理论和方法相对比较成熟，影响评价的理论和方法正处于研究探索阶段，而改善评价的理论和方法目前研究较少。

9.3　清洁生产与全过程控制

面对环境污染日趋严重、资源日趋短缺的局面，国家对经济发展过程进行反思的基础上，认识到不改变长期沿用的大量消耗资源和能源来推动经济增长的传统模式，单靠一些补救的环境保护措施，是不能从根本上解决环境问题的。因此，国家将清洁生产作为一项基本国策。清洁生产是一种新的创造性思想，该思想将整体预防的环境战略持续应用于生产过程、产品和服务中，以增加生态效率和减少人类及环境的风险。

清洁生产是一种新的创造性思想，该思想将整体预防的环境战略持续应用于生产过程、产品和服务中，以增加生态效率和减少人类及环境的风险。对于生产过程，要求节约原材料和能源，淘汰有毒原材料，削减所有废弃物的数量和毒性；对产品，要求减少从原材料提炼到产品最终处置的全过程生命周期的不利影响；对服务，要求将环境因素纳入设计和所提供的服务中。

9.3.1　清洁生产内容

清洁生产所期望的是生产过程和产品消费的全过程中，应对环境造成的危害为最小。因此，它的内容非常明确，主要包括三个方面的内容。

（1）清洁的能源。选择无毒、低毒、少污染的能源和原料。选择清洁的能源包括：常规能源的清洁利用；可再生能源的利用；新能源的开发和利用；各种节能技术的开发与利用。

（2）清洁的生产过程。选择清洁的工艺设备，强化生产过程的管理，减少物料的流失和泄漏，提高资源、能源的利用率。清洁的生产过程包括：尽量少用或不用有毒有害的原材料以及尽可能地选择无毒、无害的中间产品；减少生产过程的各种危险性因素，如易燃、易爆、强噪声、强振动等；采用少废、无废的工艺和高效的设备，最大限度地利用原料与能源；具有简便、可靠的操作和控制以及有效的管理体系。

（3）清洁的产品。开发、设计、生产无毒无害的产品，使它在使用过程中以及使用后不含危害人体健康和生态环境的因素。而且产品报废后易于回收、再生和复用，或者易处置、易降解。

9.3.2　清洁生产实施途径

近年来，国内外的实践表明，实施清洁生产的有效途径如下。

1. 资源的综合利用

资源综合利用，是全过程控制的关键部位：增加了产品的生产，同时减少了原料费用，减少了工业污染及其处置费用，降低了成本，提高了工业生产的经济效益。资源综合利用的前提是资源的综合勘探、综合评价和综合开发和利用（图 9.4）。

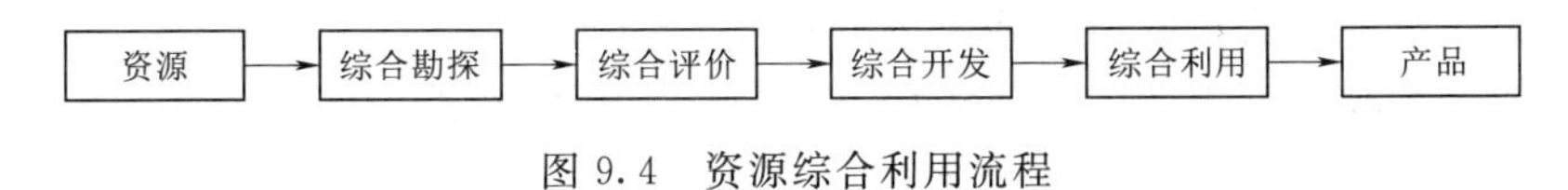

图 9.4　资源综合利用流程

2. 改进产品设计

（1）消费方式替代设计。如利用电子邮件替代普通信函实现无纸办公等。

(2) 产品原材料环境友好型设计。它包括尽量避免使用或减少使用有毒、有害化学物质，优先选择丰富易得的天然材料替代合成材料，优先选择可再生或次生原材料等。

(3) 延长产品生命周期设计。它包括加强产品的耐用性、适应性、可靠性等，以利于长效使用以及易于维修和维护等。

(4) 易于拆卸的设计。其目的在于产品寿命完结时，部件可翻新和重新使用，或者可安全地把这些零件处理掉。

(5) 可回收性设计。即设计时应考虑这种产品的未来回收及再利用问题。它包括可回收材料及其标志、可回收工艺及方法、可回收经济性等，并与可拆卸设计息息相关。如一些发达国家已开始执行汽车拆卸回收计划，即在制造汽车零件时，就在零件上标出材料的代号，以便在回收废旧汽车时进行分类和再生利用。

3. 革新产品体系

在当前科学技术迅猛发展的形势下，产品的更新换代速度越来越快，新产品不断问世。人们开始认识到，工业污染不但发生在生产产品的过程中，有时还发生在产品的使用过程中，有些产品使用后废弃、分散在环境中，也会造成始料未及的危害。如作为制冷设备中的冷冻剂以及喷雾剂、清洗剂的氟氯烃，生产工艺简单，性能优良，曾经成为广泛应用的产品，但自1985年发现其为破坏臭氧层的主要元凶后，现已被限制生产和限期使用，由氨、环丙烷等其他对环境安全的物质代替氟氯烃。

再如以甲基叔丁基醚（MTBE）替代四乙基铅作为汽油抗爆剂，不仅可以防止铅污染，而且还能有效提高汽油辛烷值，改善汽车性能，降低汽车尾气中CO含量，同时降低汽油生产成本。但这又出现了水体污染新问题，这种“按下葫芦浮起瓢”的情况不仅说明环境问题的复杂多变性和人类改善环境的斗争的长期性、艰巨性，同时说明更新产品体系对清洁生产的必要性和迫切性。

由此可见，污染的预防不但体现在生产全过程的控制之中，而且还要落实到产品的使用和最终报废处理过程中。对于污染严重的产品要进行更新换代，不断研究开发与环境相容的新产品。

4. 改革工艺和设备

工艺是从原材料到产品实现物质转化的基本软件。

设备的选用是由工艺决定的，它是实现物料转化的基本。硬件理想的工艺：工艺流程简单、原材料消耗少、无（或少）废弃物排出、安全可靠、操作简便、易于自动化、能耗低、所用设备简单等。

改革工艺和设备是预防废物产生、提高生产效率和效益、实现清洁生产最有效的方法之一，但是工艺技术和设备的改革通常需要投入较多的人力和资金，因而实施时间较长。

工艺设备的改革主要采取以下四种方式：

(1) 生产工艺改革。生产工艺改革的基本目标：开发并采用低废或无废生产工艺和设备来替代落后的老工艺，提高生产效率和原料利用率，消除或减少废物。例如，采用流化床催化加氢法代替铁粉还原法旧工艺生产苯胺，可消除铁泥渣的产生，并降低了原料和动力消耗。采用高效催化剂提高选择性和产品收率，也是提高产量、减少副产品生产和污染物排放量的有效途径。例如，北京某合成橡胶厂改用铁系B-02催化剂代替钼系催化剂，选择性和回收率大幅提高，且大大削减了污染物的排放，在工艺技术改造中采用先进技术和大型装置，以期提高原材料利用率，发挥规模效益，在一定程度上可以帮助企业实现减污增效。

（2）改进工艺设备。可以通过改善设备和管线或重新设计生产设备来提高生产效率，减少废物量。如优选设备材料，提高可靠性、耐用性；提高设备的密闭性，以减少泄漏；采用节能的泵、风机、搅拌装置等。

（3）优化工艺控制过程。在不改变生产工艺或设备的条件下进行操作参数的调整，优化操作条件常常是最容易而且最便宜的减废方法。大多数工艺设备都是采用最佳工艺参数（如温度、压力和加料量）设计以取得最高的操作效率，因而在最佳工艺参数下操作，避免生产控制条件波动和非正常停车，可大大减少废物量。

（4）加强自动化控制。采用自动控制系统调节工作操作参数，维持最佳反应条件，加强工艺控制，可增加生产量、减少废物和副产品的产生。如安装计算机控制系统监测和自动复原工艺操作参数，实施模拟结合自动定点调节。在间歇操作中，使用自动化系统代替手工处置物料，通过减少操作失误，降低产生废物及泄漏的可能性。

5. 生产过程的科学管理

有关资料表明，目前的工业污染30%以上是由于生产过程中管理不善造成的，只要加强生产过程的科学管理、改进操作，不需花费很大的成本，便可获得明显减少废弃物和污染的效果。

在企业管理中要建立一套健全的环境管理体系，使环境管理落实到企业中的各个层次，分解到生产过程的各个环节，贯穿于企业的全部经济活动中，与企业的计划管理、生产管理、财务管理、建设管理等专业管理紧密结合起来，使人为的资源浪费和污染排放减至最小。

主要管理方法如下：

（1）调查研究和废弃物审计。摸清从原材料到产品的生产全过程的物料、能耗和废弃物产生情况，通过调查，发现薄弱环节并改进。

（2）坚持设备的维护保养制度，使设备始终保持最佳状况。

（3）严格监督。对于生产过程中各种消耗指标和排污指标进行严格的监督，及时发现问题，堵塞漏洞，并把员工的切身利益与企业推行清洁生产的实际成果结合起来进行监督、管理。

6. 物料再循环和综合利用

在企业的生产过程中，应尽可能提高原料利用率和降低回收成本，实现原料闭路循环。在生产过程中比较容易实现物料闭路循环的是生产用水的闭路循环。

根据清洁生产的要求，工业用水组成原则上应是供水、用水和净水组成的一个紧密的体系。根据生产工艺要求，一水多用，按照不同的水质需求分别供水，此外，一些工业企业产生的废物，有时难以在本厂有效利用，有必要组织企业间的横向联合，使废物进行复用，使工业废物在更大的范围内资源化。

如肥料厂可以利用食品厂的废物加工肥料，如味精废液COD很高，而其丰富的氨基酸和有机质可以加工成优良的有机肥料。目前，一些城市已建立了废物交换中心，为跨行业的废物利用协作创造了条件。

7. 必要的末端治理优选

在目前技术水平和经济发展水平条件下，实行完全彻底的无废生产是很困难的，废弃物的产生和排放有时还难以避免，因此需要对它们进行必要的处理和处置，使其对环境的危害降至最低。

为实现有效的末端处理，必须开发一些技术先进、处理效果好、投资少、见效快、可回收有用物质、有利于组织物料再循环的实用环保技术。

9.3.3　清洁生产实施的政策法规保障

9.3.3.1　法律支持

在经过长期、充分的酝酿和调研后，《清洁生产促进法》已由第九届全国人民代表大会常务委员会第二十八次会议于2002年6月29日通过，并于2003年1月1日起正式施行。

9.3.3.2　经济政策

经济政策是指根据价值规律，利用价格、税收、信贷、投资、微观刺激和宏观经济调节等经济杠杆，调整或影响有关当事人产生和消除污染行为的一类政策。包括税收鼓励政策、财政鼓励政策。

在市场经济条件下，采用多种形式和内容的经济政策措施是推动企业清洁生产的有效工具。经济政策虽然不直接干预企业的清洁生产行为，但它可使企业的经济利益与其对清洁生产的决策行为或实施强度结合起来，以一种与清洁生产目标一致的方式，通过对企业成本或效益的调控作用有力地影响企业的生产行为。

1. 税收鼓励政策

税收手段的目的在于通过调整比价和改变市场信号以影响特定的消费形式或生产方法，降低生产过程和消费过程中产生的污染物排放水平，并鼓励有益于环境的利用方式。通过税收手段，可以将产品生产和消费的单位成本与社会成本联系起来，为清洁生产的推行创造一个良好的市场环境。

我国为加大环境保护工作的力度，鼓励和引导企业实施清洁生产，制定了一系列有利于清洁生产的税收优惠政策，主要包括增值税优惠，所得税优惠，关税优惠，营业税优惠，投资方向调节税优惠，建筑税优惠，消费税优惠。

2. 财政鼓励政策

（1）各级政府优先采购或按国家规定比例采购节能、节水、废物再生利用等有利于环境与资源保护的产品。一方面通过对清洁产品的直接消费，为清洁生产注入资金；另一方面通过政府的示范、宣传，鼓励和引导公众购买、使用清洁产品，从而促进清洁生产的发展。

（2）建立清洁生产表彰奖励制度，对在清洁生产工作中做出显著成绩的单位和个人，由政府给予表彰和奖励。

（3）国务院和县级以上各级地方政府在本级财政中安排资金，对清洁生产研究示范和培训以及实施国家清洁生产重点技术改造项目给予资金补助。

（4）政府鼓励和支持国内外经济组织通过金融市场、政府拨款、环境保护补助资金、社会捐款等渠道依法筹集中小型企业清洁生产投资资金。开展清洁生产审核以及实施清洁生产的中小型企业可以向投资基金经营管理机构申请低息或无息贷款。

（5）列入国家重点污染防治和生态保护的项目，国家给予资金支持；城市维护费可用于环境保护设施建设；国家征收的排污费优先用于污染防治。

9.3.3.3 其他相关政策

（1）对中小企业的特别扶持政策。

（2）对生产和使用环保设备的鼓励政策。

（3）对相关科学研究和技术的鼓励政策。

（4）对国际合作的鼓励政策。

9.4 环境管理标准体系 ISO 14000

ISO 14000 环境管理体系标准是由 ISO/TC 207（国际环境管理技术委员会）负责制定的一个国际通行的环境管理体系标准。它包括环境管理体系、环境审核、环境标志、生命周期分析等国际环境管理领域内的许多焦点问题。其目的是指导各类组织（企业、公司）取得正确的环境行为。但不包括制定污染物试验方法标准、污染物及污水极限值标准及产品标准等。该标准不仅适用于制造业和加工业，而且适用于建筑、运输、废弃物管理、维修及咨询等服务业。

9.4.1 ISO 14000 系列标准产生背景

伴随着 20 世纪中期爆发于一些发达国家的公害事件，人类开始认识到环境问题的严重性。环境污染与公害事件的产生使人们逐步认识到，要有效地保护环境，人类社会必须对自身的经济发展行为加强管理。因此世界各国纷纷制定各种法律法规和环境标准，并试图通过诸如许可证等手段强制企业执行这些法律法规和标准来改善环境。20 世纪 80 年代以来大规模的全球环境问题更使人们进一步认识到，人类社会的经济发展行为是由人类的发展思想、发展观念、消费方式和发展模式决定的。也就是说，环境问题的出现是人类社会当前发展观的必然结果。若不摒弃以人为中心的发展观，不提倡和追求人与自然的和谐，一切管理手段都是苍白的。

正是在这种环境管理国际大趋势下，考虑到各国、各地区、各组织采用的环境管理手段工具及相应的标准要求不一致，可能会为一些国家制造新的“保护主义”和技术壁垒提供条件，从而对国际贸易产生负面影响，国际标准化组织认识到自己的责任和机会，并为响应联合国实施可持续发展的号召，于 1993 年 6 月成立了 ISO/TC 207 环境管理技术委员会，正式开展环境管理标准的制定工作。其核心任务是研究制定 ISO 14000 系列标准，规范环境管理的手段，以标准化工作支持可持续发展和环境保护，同时帮助所有组织约束其环境行为，实现其环境绩效的持续改进。

9.4.2 ISO 14000 系列标准的内容

9.4.2.1 概述

ISO 14000 环境管理系列标准，是为保护环境、消除国际贸易中的非关税壁垒，促进社会经济持续发展，针对全球工业企业、商业、政府、非营利团体和其他用户而制定的。此系列标准的结构见表 9.1。

表 9.1 环境管理系列标准的组成

标准号	标准名称
01～09 环境管理体系	01 规范的引用文件 02 术语和定义 03 环境管理体系的要求 04 领导和承诺 05 环境政策 06 规划 07 实施和运营 08 检查和纠正 09 完整性要求
10～19 环境审核指南	10 管理体系审核的一般原则和目的 11 审核程序的规定 12 审核标准和阈值的确定 13 审核人员和审核组的选择与安排 14 审核计划的制定与审核交流的安排 15 审核的实施 16 审核过程中的调查和数据手机 17 审核报告的编写 18 监督审核后的行动和处理 19 审核和审核报告的机密性和保密性
20～29 环境标志	20 环境标志的一般原则 21 环境标志的分类和类型 22 环境标志的设计要求和使用方法 23 环境标志的注册申请和颁发 24 环境标志的使用和管理 25 环境标志的监督和审核 26 环境标志的撤销和暂停 27 环境标志的维护和更新 28 环境标志的使用权利和责任 29 环境标志的机密性和保密性
30～39 环境行为评价	30 环境管理程序的要求 31 健康和安全法律法规的要求 32 与环境管理有关的文件 33 环境方面的考虑 34 环境目标的确定和计划 35 实现和运营 36 资源、角色、责任和授权 37 训练、知识和意识 38 环境监测、监督、分析和评价 39 改进
40～49 生命周期评估	40 LCA 定义和范围 41 生命周期评估框架和目标 42 生命周期评估的五个主要阶段 43 应用领域 44 数据要求 45 生命维度的解释 46 生命周期评估的方法 47 生态足迹和水印 48 报告和解释 49 评估结果的使用

续表

标 准 号	标 准 名 称
50～59 定义和术语	50 环境管理系统定义和范围 51 环境目标和环境绩效指标的定义和解释 52 生态足迹和水印的定义和解释 53 生命周期评估的定义和解释 54 可持续性的定义和解释 55 检测、测量、分析和评价的定义和解释 56 合规的定义和解释 57 环境管理系统的审核和评估的定义和解释 58 意识和教育的定义和解释 59 连续改进的定义和解释
60 产品标准中的环境指标	60 产品标准中的环境指标
61～100	备用号

9.4.2.2 ISO 14000 系列标准的内容

ISO 14000 系列标准目前已颁发了 6 项环境管理标准，包括 ISO 14001、ISO 14004、ISO 14010、ISO 14011、ISO 14012 和 ISO 14040。

1. ISO 14001《环境管理体系规范及使用指南》

ISO 14001 是 ISO 14000 系列标准中的主体标准。它规定了组织建立环境管理体系的要求。明确了环境管理体系的诸要素，根据组织确定的环境方针目标、活动性质和运行条件把该标准的所有要求纳入组织的环境管理体系中。该项标准向组织提供的体系要素或要求，适用于任何类型和规模的组织。

2. ISO 14004《环境管理体系-原则、体系和支持技术通用指南》

ISO 14004 标准提供了环境管理体系要素，为建立和实施环境管理体系，加强环境管理体系与其他管理体系的协调提供可操作的建议和指导。它同时也向组织提供了如何有效地改进或保持的建议，使组织通过资源配置，职责分配以及对操作惯例、程序和过程的不断评价（评审或审核）来有序而合理地处理环境事务，从而确保组织确定并实现其环境目标，达到持续满足国家或国际要求的能力。

指南不是一项规范标准，只作为内部管理工具，不适用于环境管理体系认证和注册。

3. ISO 14010：1996《环境审核指南-通用原则》

ISO 14010 标准是 ISO 14000 系列标准中的一个环境审核通用标准，该标准定义了环境审核及有关术语，并阐述了环境审核通用原则，宗旨是向组织、审核员和委托方提供如何进行环境审核的一般原则，是验证和持续改进环境管理行为的重要措施。

4. ISO 14011：1996《环境审核指南-审核程序-环境管理体系审核》

ISO14011 标准适用于实施环境管理体系的各种类型和规模的组织，该标准提供了进行环境管理体系审核的程序，以判定环境审核是否符合环境管理体系审核准则。

5. ISO 14012：1996《环境审核指南-环境审核员资格要求》

ISO 14012 标准提供了关于环境审核员和审核组长的资格要求，对内部审核员和外部审核员同样适用。

内部审核员和外部审核员都需具备同样的能力，但由于组织的规模、性质、复杂性和环境因素不同，组织内有关技能与经验的发展速度不同等原因，不要求必须达到标准中规定的所有具体要求。

6. ISO 14040：1997《生命周期评估-原则与框架》

ISO 14040 标准是环境管理系列标准中关于生命周期评价的第一个标准，该标准规定了开展和报告生命周期评价研究的总体框架、原则和要求。

9.4.3　ISO 14000 系列标准的作用

ISO 14000 标准是环境管理体系（environmental management system，EMS）标准的总称，是国际标准化组织继 ISO 9000 标准之后发布的又一国际性管理系列标准。ISO 14000 是一套一体化的国际标准，包括环境管理体系、环境审核、环境绩效评价、环境标志、产品生命周期评估等。其目的是规范全球企业及各种组织的活动、产品和服务的环境行为，节省资源，减少环境污染，改善环境质量，保证经济可持续发展。

推行 ISO 14000 标准，可提高我国环境管理水平和全民环境保护意识，加强环境法制观念，改善我国的环保现状，同时它对实现资源合理利用，减少人类活动对环境的影响具有重大意义。ISO 14000 的实施，有利于企业提高整体素质和环境管理水平，有利于企业从生产方式的粗放型管理向效益管理转变，促使企业行为与经济发展水平同步，提高企业形象和效益，有利于环境调整机制的事后治理转向事前预防与控制，从治标转向治本，从而实现环境优化。

9.4.4　企业 ISO 14000 管理体系的实施

ISO 14000 标准的实施包括两个方面的内容：一是按 ISO 14001 标准建立环境管理体系，二是按 ISO 14001 标准进行环境管理体系认证。

9.4.4.1　环境管理体系建立

建立并保持环境管理体系是一个系统过程，是一个持续的行为。环境管理体系的建立一般包括以下 6 个步骤。

（1）准备工作，包括领导决策，组建工作班子，提供资源保证。

（2）初始环境评审。识别组织环境因素，评价确定重大环境因素，明确适用的环境法律法规以及组织现存的环境问题，从而明确组织环境现状，为建立环境管理体系提供背景条件和奠定基础。

（3）环境管理体系设计。主要内容是制定环境方针、环境目标、指标和管理方案，明确机构职责。

（4）环境管理体系文件编制。文件分为三级：环境手册、程序文件和作业指导性文件。

（5）试运行。通过运行实践来检验体系，及时发现体系存在的问题，找出根源，对其纠正。

（6）环境管理体系内审和管理评审。这是环境管理体系自我发现、自我纠正、自我完善机制的重要组成部分。通过内审和管理评审，全面评价体系，明确改进和调整内容，实现持续改进，以保持体系的持续适用性、充分性和有效性。

9.4.4.2　环境管理体系认证

组织申请环境管理体系认证的基本条件是组织遵守中国环境法律法规，环境管理体系运行至少 3 个月。从事环境管理体系认证的机构必须经过中国环境管理体系认证机构认可委员会评审，获得国家认可资格。环境管理体系认证程序是：组织提交书面申请→申请评审、合同评审→签订认证合同→任命审核组长、组建审核组→第一阶段审核→第二阶段审核→对纠正措施跟踪验证→提出审核报告、推荐注册→认证评定→批准注册，颁发认证证书→年度监督审核→三年有效期满申请复评。

国内大多数中小型企业的管理者目前直接从国内市场上感受到的环境压力还不大，环境意识也不够强，因此进行环境管理的积极性和主动性比较差。这种情况的改变需要从全社会环境意识的普遍增强和环境法制因素在市场机制中发挥更重要的作用为基础。

公众行为在环境管理标准体系法制构建中扮演监督和推动者的角色。公众行为常常以风俗习惯、思潮和时尚为表现形式，多发生在非政治经济领域，例如购买带有环保标志的绿色产品，提倡并参与绿色消费，不论它对政府行为、企业行为所起的作用是支持、补充还是对抗，它在社会结构中都扮演着一个“权重”的角色，起着制衡的作用。当企业执行ISO 14000体系，势必将环境成本计入生产成本，只有顾客乐于“绿色消费”时企业的“绿色生产”才能与社会的分配和消费形成良性循环。这时，企业管理者进行环境投资和加强环境管理的积极性和主动性才能普遍提高。这时，企业管理者进行环境投资，就会自觉主动遵守环境法律、法规，其加强环境管理的积极性和主动性才能普遍提高，政府的环境政策也将顺利得以执行。因此，在环境管理标准体系法制构建中要建立公众参与制度，发挥舆论监督机制。

思考题

1. 工业企业环境管理的主要内容有哪些？
2. 试述工业企业环境管理的主要方法和手段。
3. 简述生命周期评价的分类。
4. 清洁生产包括哪些内容？
5. 实施清洁生产的途径有哪些？
6. 简述清洁生产的意义。
7. 试述产品生命周期设计程序。
8. 简述环境管理标准体系ISO 14000的主要内容。

第10章 自然资源环境管理

本章主要介绍几种主要资源的概念、特点以及在其开发利用过程中出现的主要环境问题。通过本章的学习，要求掌握水资源、矿产资源、森林资源开发利用过程中环境管理的原则和方法。了解生物多样性保护的概念及其重要性，并掌握生物多样性的重要保护和管理措施。

10.1 水资源的保护与管理

地球上各种形态的水，在太阳辐射热与地球重力的作用下，不断地运动循环，往复交替。径流是地球上水循环和水量平衡的基本要素，是指降水沿着地表或地下汇至河流后，向流域出口汇集的全部水流，其中沿着地表流动的水流称为地表径流，沿着地下岩土空隙流动的称为地下径流。广义的水资源是指自然界一切形态的水，包括气态水、液态水和固态水。狭义的水资源是指可供人类直接利用，能不断更新的天然淡水。这主要指陆地上的地表水和地下水。通常以淡水体的年补给量作为水资源的定量指标，如用河流、湖泊、冰川等地表水体逐年更新的动态水量表示地表水资源量，用地下饱和含水层逐年更新的动态水量表示地下水资源量。

10.1.1 水资源的概念与特点

水资源是在水循环背景上、随时空变化的动态自然资源，它有与其他自然资源不同的特点。

1. 可再生性

从水资源持续利用的角度看，水体的储水量并非全部都能利用，只有其中积极参与水分循环的那部分水量，由于利用后能得到恢复，才能算作可资利用的水资源量。而这部分水量的多少，主要取决于水体的更新周期，周期越短，可利用的水量就越大。如我国冰川储量有50万亿 m^3，而实际参与水循环的水量仅是总储量的1/100。

2. 有限性

水循环是无限的，但水资源量却是有限的，各地区水资源量取决于本地区降水量，而降水量是有限的（我国多年平均降水量是6.2万亿 m^3/a），降水量只是一个地区水资源的最大数量，而事实上水资源量远远小于降水量。水资源不是“取之不尽、用之不竭”的。

3. 时空分布的不均匀性

水资源在年内、年际间变化很大。我国属大陆性季风气候，受季风和西风环流的影响，降水在一年之内，夏秋多，而冬春少。夏秋季降水量占全年的60%～70%。枯水年和丰水年经常交替出现。

水资源在地区分布上也很不均匀，呈现由东南到西北递减的特点。在局部地区呈现由山区向平原递减的特点。长江、珠江和浙闽地区，人均水资源量 3120m^3，属丰裕区；黄淮海地区人均水量 530m^3，其中海河流域仅 200m^3，属水资源严重不足区；西北内陆河区属水资源贫乏地区。

4. 利用的广泛性和不可替代性

没有水就没有生命，人类的生息繁衍和社会经济活动，生态环境都离不开水。水资源是生活资料又是生产资料，用途广泛。水资源的不可替代性说明了它是一种比其他矿产资源、生物资源等更重要的资源。

5. 利与害的两重性

降水和径流时空分布不均匀，常造成洪涝干旱等自然灾害。如果人为开发利用不当，也会引起人为灾害，如荒漠化、次生盐渍化、水质污染等。水既有可利用性的一面，也有能引发灾害的一面，这是它的两重性。“水可载舟，亦可覆舟。”

6. 相互转化性

大气水、地表水与地下水的相互转化是自然界的普遍规律。

7. 流动性和随机性

（1）流动性：人往高处走，水往低处流。

（2）随机性：每年的水资源量是不同的，但多年平均量基本是常数，因此水资源的可持续能力不应超过水循环的多年平均的最大水量。

10.1.2 水资源开发利用中的环境问题

水资源的开发利用为人类社会进步和社会发展提供了必要的物质保证，但是由于人们的错误认识以至于开发利用过程中不注重水资源的保护，今天已经产生了一系列的问题。

1. 水资源过度开发，导致生态严重破坏

近半个世纪以来，人们的生活范围不断扩大，对自然的干预能力也越强，在水资源利用方面表现为只注重开发利用，很少注意水源涵养，从而导致流域生态的破坏。

以黄河为例，天然水资源量为 580 亿 m^3，但由于干流上 9 座大中型水电站的建成，影响了正常的水资源分布。特别是沿黄各省的引黄灌溉使得黄河水资源严重匮乏，20 世纪 70 年代至 90 年代末，黄河频繁断流。据统计，在 1972—2019 年的 48 年中，河南利津站有 22 年出现断流，其中 2019 年断流 226 天。

2. 城市用水供需矛盾日益尖锐

城市地区，工业和人口相对集中，要求供水保证率高，但供水范围有限。随着城市和工业的迅速发展，全国各大中城市水资源供需矛盾日益尖锐。由于供水不足，全国近 300 个城市存在不同程度的缺水，占全国城市的 69%，其中 100 多个城市严重缺水，高峰时期只能满足需水量的 65%～70%。

3. 过度开发地下水引起的水环境问题

以地下水作为主要供水水源的城市，因开采时间、开采深度和开采含水层存在三个集中，故年地下水的采补失衡，多年一直处于超采状态，地下水位持续下降，并伴随着地面沉降，近海城市还有导致海水入侵的问题。

4. 水污染加剧

日趋加剧的水污染，已对人类的生存安全构成重大威胁，成为人类健康、经济和社会可持续发展的重大障碍。据世界权威机构调查，在发展中国家，各类疾病有8%是因为饮用了不卫生的水而传播的，每年因饮用不卫生水至少造成全球2000万人死亡，因此，水污染被称作“世界头号杀手”。

5. 水资源开发管理不力，浪费严重

对于水资源开发管理不力，体现在对某一流域或地区城市和工业规划布局，城市与农村、工业与农业乃至地表水与地下水，上游与中、下游之间缺乏统一的综合利用规划。

如对黄河流域水资源管理缺乏一个统一的、行之有效的管理机构，难以调节、控制上下游之间的用水问题，使全流域各地、各河段目前基本处于无序开发利用状态。

另外，工业用水重复利用率不高。1989年后，全国城市工业用水重复利用率为45%，而发达国家已达70%～90%。因此加强管理，提高农田灌溉技术和工业节水技术，可大量节约水资源。

10.1.3　水资源环境管理的原则和方法

水资源环境管理是指国家依据有关法律法规对水资源和环境进行管理的一系列工作的总称。水资源环境管理首先体现为对人的管理。经济发展战略、区域发展规划、项目环境影响、生产活动污染控制等都需要进行不同层次的环境影响的评价，制定防治对策。为了实现水环境质量与公众健康双保障。水资源环境管理还要针对具体水域，按环境功能区进行分类管理，对污染源分级控制。

现代环境理念把人作为环境的一部分，人的理念灌输、发展战略都作为环境管理的优先领域。因此，水资源环境管理不是仅以水资源、土地资源、林业资源的管理和影响水环境质量的城市、农村经济活动为对象，还要对从事开发、利用、保护活动的人进行教育、监督指导和协调。这就使水资源环境管理处在高于单项资源管理的决策层次。

10.1.3.1　管理原则

根据有关规定，我国水资源管理应遵循的基本原则是：第一，水资源属国家所有，在开发利用水资源时，应满足社会经济发展和生态环境最大效益；第二，开发利用水资源，一定要按照自然规律和客观规律办事，实行“开发与保护、兴利与除害、开源与节流”并重的方针；第三，水资源的开发利用要进行综合科学考察和调查评价，编制综合规划，统筹兼顾，综合利用，发挥水的综合社会效益；第四，水资源的开发利用，要维护生态平衡；第五，要提倡节约用水，计划用水，加强需水管理，控制需水量的过速增长；第六，加强取水管理，实施取水许可证制度；第七，征收水资源费，加强水价管理和水行政管理，对水资源实行有偿使用；第八，加强监督能力建设。

10.1.3.2　管理方法

1. 认真开展宣传教育工作，树立全民保护水资源和节约用水的意识

我国人口众多，提高全社会保护水源、节约用水意识和守法自觉性，是实现水资源可持续开发利用的关键所在。为此，要组织大规模的水资源宣传、培训，通过电视、报纸、广播等各种新闻媒体，报道我国水资源现状及开发利用中出现的问题，公开报道关于水资源严重浪费及污染治理中重大典型案件，以教育广大群众；大力宣传水资源保护和利用的

有关法律，也可将其纳入学校基础教育课程中，使可持续发展理论落实到基础教育之中，使广大民众形成爱惜、节约水资源的良好习惯；对各级领导干部更要严格要求，提高自身的责任感，并加强监督检查，按科学规律办事，确保决策的正确性。

2. 完善管理体制和管理组织机构，加强水资源的统一管理

水资源管理应把一定范围内的水（包括用水、污水、地面水、雨水以及农田排水等）以及水体周边的陆地作为一个整体来考虑，以加强对水资源的统一管理。

我国至今尚未在不同层次上建立各级统一的水资源管理机构，因而对水资源缺乏统筹规划，存在“多龙治水”的现象，割断了水生产过程内在经济运行的统一性和连贯性。这种分散的管理体制一定程度上影响了水资源的综合开发利用和水环境质量保护工作。因此，应按水循环的自然规律和水资源具有多种功能的特点，建立水资源统一管理机构。一般做法是：

（1）建立国家统一管理机构。其主要职能是组织和协调有关部门进行水资源现状的调查分析；预测水利事业的发展及其影响；制定和实施水资源分配计划、水资源远景发展规划以及综合防治水污染的政策、措施；监督和检查地方水资源机构的活动；组织开展有关科研工作以及提供情报资料等。

（2）建立地方性水资源管理机构。按水系、流域或地理区域而不是按行政区域划分水资源管理区。该区水资源管理机构的职能是根据国家颁布的有关法规，对管辖范围内水资源的开发利用，水质和水量进行监督和保护；具体职责是制定水资源发展规划，监督水利用和保护；定期对地下水、地表水的状况进行分析；制定各种用水系统设计方案；审核水利和水库的建设许可证；检查用水计划的合理性；控制污水排放以及向司法机关对破坏水资源肇事者提起诉讼等。

3. 树立环境资源有偿使用的观点，并将其引入水资源开发利用和管理规划

《水法》第三条第一款规定“水资源属于国家所有，即全民所有”。因此，任何单位、团体和个人都无权无偿开发利用属于国家所有的水资源。水资源有偿使用观点的具体体现，则是逐步开征环境税和排污税。

同时调整现有水污染防治的经济政策，以使水环境保护工作顺应市场经济体制的需要，并根据经济和社会发展目标，进行多学科、多途径的水环境综合整治规划研究，探索出适合本地区当前技术经济条件的水环境保护措施的途径，系统地进行多目标优化的水环境资源综合开发。

4. 全面实行排放水污染物总量控制，推行许可证制度，防止污染与节约用水并重

在水资源日益紧张的情况下，要保证国民经济持续、稳定增长，防治污染、节约用水是缓解水资源供需紧张局面的关键措施。因此，必须加强水生态环境保护，在江河上游建设水源涵养林和水土保持防护林，中、下游禁止盲目围垦，保护鱼类及其水生生物的生存环境，防止水质恶化，划定水环境功能区，制定跨行政区域水质控制标准，明确辖区水资源实施责任，并对划定的水环境保护区实施总量控制和排污许可证制度；完善水环境质量标准，制定污染物排放时限标准和生产工艺标准。根据谁污染、谁治理的原则，现有的工矿企业排放废水的污染问题，应严格要求，限期治理，不能再走先污染后治理的道路。对新建项目要推行“三同时”制度，把污染问题解决在建厂过程中；更不能完全指望靠收排

污费或罚款的办法来解决问题。

5. 大力发展资源化处理利用系统

(1) 企业内部的资源化系统。如水循环系统；重金属、人工合成有机毒物的中间产物、副产物和流失物的再利用系统等。

(2) 企业外部（之间）的资源化系统。如一个企业的中间产物、副产物、“废物”转为另一个企业的原材料或半成品系统；城市、工业、农业的有机废弃物制造沼气、肥料供居民、农村或工业使用。

(3) 外环境的资源化系统。如土地处理系统、氧化塘系统、污水养鱼系统、生态农场系统等。

6. 加强水利工程建设，积极开发新水源

由于水资源具有时空分布不均衡的特点，因此，必须加强水利工程的建设。如修建水库、人工回灌等以解决水资源年际变化大、年内分配不均的情况，使水资源得以保存和均衡利用。跨流域调水则是调节水资源在地区分布上不均衡性的一个重要途径。但水利工程往往会破坏一个地区原有的生态平衡，因此，要做好生态影响的评价工作，以避免和减少不可挽回的损失。

此外，应积极进行新水源的开发研究工作，如海水淡化、抑制水面蒸发、房顶集水和污水资源化利用等。

10.2　矿产资源的保护与管理

矿产资源在国民经济的发展中起着至关重要的作用，能源是国家发展的动力，而大部分矿产是不可再生资源，矿产的开发对环境又有很大的破坏。如何合理利用和保护这些资源，对我国国民经济和生态的可持续发展起着决定性作用。

10.2.1　矿产资源的概念与特点

矿产资源，是指经过地质成矿作用而形成的，天然赋存于地壳内部或地表埋藏于地下或出露于地表，呈固态、液态或气态，并具有开发利用价值的矿物或有用元素的集合体。

矿产资源属于非可再生资源，其储量是有限的。矿物资源是重要的自然资源，它不是上帝的恩赐，而是经过几百万年，甚至几亿年的地质变化才形成的，它是社会生产发展的重要物质基础，现代社会人们的生产和生活都离不开矿产资源。中国已发现矿种168个，可分为能源矿产（如煤、石油、地热）、金属矿产（如铁、锰、铜）、非金属矿产（如金刚石、石灰岩、黏土）和水气矿产（如地下水、矿泉水、二氧化碳）四大类。

矿产资源具体具有以下特点：

1. 不可再生性和可耗竭性

矿产资源是地球形成以来的46亿年间逐渐形成的，每一种矿产都是在特定的地质条件下才得以形成并保存至今的。矿产资源在任何国家和地区都是经济发展的重要依托。

2. 区域性和分布的不均衡性

矿产是在一定的地质条件下的化学元素富集而形成，各种矿产都有其各自形成的特定条件。因此，各种矿产资源的分布都受到成矿条件的制约而有其规律。其分布情况具有明显的地域性特点。如我国的煤矿集中分布于北方，磷矿钨矿集中分布于南方。矿产资源分布的区域性和分布不均衡性，增加了工业布局与开发利用的困难。

3. 隐蔽性、多样性和产权关系的复杂性

矿产资源除少数表露者外，绝大多数都埋藏在地下，看不见，摸不着。矿产资源种类复杂、多样。人们对矿产资源的开发利用，必须在“租地”的前提下通过一定程序的地质勘查工作才能实现。矿产这种“有形资产”必须以“无形资产”——地质勘探报告、储量来表示。这种特点带来了矿产资源产权关系的复杂性。

4. 动态性和可变性

矿产资源是指在一定科学技术水平下可利用的自然资源，它是一个地质、技术、经济的三维动态概念，即随着科学技术、经济社会的发展，以及地质认识水平的提高，原来认为不是矿产的，现在却可以作为矿产予以利用，现在是矿产的也能在未来失去使用价值。

10.2.2　矿产资源开发利用中的环境问题

矿产资源在开发利用过程中，不可避免的会对周围环境产生影响。

1. 对大气环境的影响

矿产资源开发中对环境特别是大气环境的破坏是复杂和长期的，其破坏方式或是间接或是直接，或是化学或是物理，或是短期或是长期。矿产资源开发对大气环境的破坏主要包含以下几个方面：矿产资源开发中排放的有毒气体、粉尘以及废弃使得矿区的大气自然状态的性质和成分发生了转变，例如酸雨，最终使得大气环境质量不断下降，酸雨等的产生会污染地表水、土壤、农作物和植被。

2. 对水环境的影响

(1) 废弃排放污染。矿产资源开发和生产过程中产生的选矿废水、矿井水以及尾矿水等均为矿山废水污染，矿山废水对矿区周边的生态环境破坏极大，而且矿山废水引起的污染能够扩大到其他区域，影响范围特别广。例如，美国曾发生选矿的尾矿池和废石堆所产生的化学及物理废水污染，其污染范围最终致使上万平方千米的河水发生恶化。在美国的阿肯色、加利福尼亚等十几个州内，主要河流均受到金属矿山废水的污染，河水中所含的有毒元素，如砷、铜、铅等，都超过了允许标准浓度。

(2) 疏于排水引起的水文地质环境问题。矿产资源开发中，部分资源需要井巷、露采，而井巷、露采的开掘会使地下水发生变化，地下水的天然径流和排泄条件会因为矿井疏于排水而发生改变，造成矿区地下水位下降，矿区水文地质环境的恶化。如山西省因采矿而造成18个县缺水，26万人吃水困难，30多万亩水浇地变成旱地。

3. 对土地资源的影响

矿产资源开发对土地资源的破坏主要体现在采矿工程占用和破坏土地，为采矿服务的交通（公路、铁路等）设施和采矿生产过程中因堆放大量固体废弃物占用土地，以及因矿山开采而产生地面裂缝、变形、滑坡及地表塌陷等地质灾害。据不完全统计，我国有2000万～3000万亩土地受资源开采的破坏和占用。

4. 对地貌景观以及植被的影响

矿产资源的开发对景观破坏的形式有：工业广场井架高耸、管线密布；排矸（矸石山、矸石堆）无观赏价值且污染大气、土壤和水体环境；地表下沉引起地表积水或地貌改变；建筑物倒塌、裂缝；地表水污染、河水倒灌等。露天开采可将矿区土地破坏得面目全非，原有的生态环境难以恢复。

我国约有106万亩森林面积因为采矿而被破坏，根据相关调查发现，矿产资源开发大省同样也是矿山开发占用林地面积大省。此外，26.3万亩草地面积因为矿山开发而被破坏，导致草地退化日趋严重，草地退化率由20世纪70年代的16%上升到2020年的37%。

5. 噪声污染

矿山噪声的来源主要有矿山采矿机械振动（包括凿岩机、钻机、风机、空压机和电机等）、爆破、机械维修、选矿作业以及矿区运输系统。矿山噪声源数量多、分布广，普遍未采取适当的控制措施，许多设备和作业区的噪声超过90dB的国家标准，对矿山工厂和附近居民造成危害。超过140dB的噪声会引起耳聋，诱发疾病，并能破坏仪器的正常工作，对栖息于该地区的动物亦构成生存威胁。

6. 引发地质灾害

由于矿产资源所在地区不少为地质、地貌复杂的地区，无序地开采矿产资源极易引发山体崩塌、滑坡、泥石流、尾矿库溃坝等地质灾害，安全隐患涉及矿山及其相邻地带。

综上所述，矿产开发对矿山水环境、大气环境、土壤环境、声环境和生态环境的影响是严重的，而各种不利的环境影响最终都集中表现在对矿山生态系统的影响。研究各类污染产生的原因，提出经济、实用、高效的污染防治措施，是保障矿产资源可持续发展和生态平衡的重要任务。

10.2.3 矿产资源环境管理的原则和方法

矿产资源的开发利用能够给当地提供就业机会和经济利益，但同时也破坏了当地的环境。随着环境保护意识的日益增强，矿产开发引起的一系列环境问题也开始逐渐被人们意识并越来越重视，所以实现经济发展的同时也必须保护环境。

10.2.3.1 矿产资源管理原则

1. 区域保护与矿种保护

现阶段，我国政府部门通过区域保护和矿种保护两种方式进行矿产资源的保护，由行政政策角度来看，国家规划矿区管理制度以及保护性开采特定矿种总量控制管理制度是两种相对较为有效的矿产资源管理措施，其中，国家规划矿区管理制度对于矿产资源的保护与管理具有更加显著的效果。矿产资源是一种一次性能源资源，也是我国社会经济运行的重要资源之一，是多种行业运行发展的基础性能源。矿业审批政策是我国最强有力的一项矿产保护措施。

2. 矿产资源的合理保护与利用

有限矿产资源的合理保护与利用，有助于我国矿产行业的可持续发展。从促进社会经济发展的角度来看，工业革命时代以前的农业社会，水资源和土地资源是投入量最大的社会生产资源，而这主要取决于资源的开发可能性和开发数量。工业革命时代以后，随着我国社会城镇化和工业化进程的加快，矿产资源、水资源和土地资源日渐成为社会生产所需的首要物质，而各项自然资源利用的深度和广度也在逐步加大。城镇化和工业化对于各项矿产资源的需求具有刚性，而这也是我国实现工业化发展目标，并逐步发展为经济强国的必经之路。

10.2.3.2　矿产资源管理方法

1. 实施资源属地管理，合理划分职能

矿产资源具有共生性和伴生性等非独立特性，这就要求矿产资源的管理需要多个职能部门的相互协调，并充分发挥自身的管理和监督作用。矿产资源管理部门的工作职能容易出现交叉和重复，其关键问题就是同一化的政府监管与经营职能，这就导致政府管理部门在矿产资源属地化管理身份的双重性，因此，剥离管理部门的经营职能，有助于行政管理方式上的放权减权，以及矿业权人对于正常生产经营工作干预和介入的减少。通过系统的法律法规确定管理部门的职责和权利，形成规范严格的报批制度，能够在矿产管理过程中达到更加明确的治理目标。

2. 矿产资源管理机构的明确配置

矿产资源管理机构的明确配置，有助于科学专业、合理集中矿产资源管理队伍的建设，降低机构调整所需的社会成本，且能够提高矿产资源管理机构的工作效率。由现阶段的矿产主管部门工作实际来看，《矿产资源法》以及相关行政组织法均以得到明确，因而相关的管理机构还有待于进一步的精简，并在地矿部门内部建设矿产资源管理委员会或是矿产资源管理领导小组，并在部门之间建立沟通中介和平台，防止出现分割管理或是各自为政所致的混乱现象。

3. 放宽矿业权转让条件，明确矿产资源产权关系

建立规范严格的矿业权出让的法律程序和制度，明确特定条件下，社会组织及个人依法所得的矿业权，能够得到法律法规的保护，防止矿业权转让工作过多受到政府的干预和影响。还要在明确矿产资源国有属性的基础上，经过明确的立法，确认相关的社会财富同样属于国家，从而明确划分当地政府与国家质检的关系和地位，最大限度降低正常矿业经营受到政府的影响，剥离政府的经营职能。

4. 建立健全矿产资源保护法律体系

第一，颁布和实施相关法律法规，强化对矿产资源开发利用的绩效管理；第二，从制度设计的角度出发，确定矿产资源的权利属性及其产权关系，实现我国储量统计制度、有偿使用制度、矿业权出让制度等管理制度的进一步规范和完善；第三，由法律制定和实施的角度出发，严格观察以人为本的科学发展观，促进产业管理与矿产资源管理的理性结合，保证生态保护与矿产资源管理的协调发展，树立正确合理的资源观。

10.3　森林资源的保护与管理

健康的森林对人类和地球至关重要。越来越多国家和地区正制定新的森林战略，从增强森林复原能力、强化森林资源保护与管理、推动森林可持续发展等方面，着手加强应对森林生态系统面临的挑战。为进一步加强森林资源保护与管理，许多国家和地区积极推动完善立法，同时通过设立国家公园、自然保护区，以及鼓励植树造林等方式，努力扩大森林覆盖率。

世界自然基金会发布的一份报告探讨了森林与人类健康之间的五类潜在相互作用，分

别是癌症和糖尿病等非传染性疾病、环境暴露、食物和营养、物理危害和传染病，并指出森林的保护和恢复对于保障和促进人类健康至关重要。

10.3.1 森林资源的概念与特点

森林资源是林地及其生长森林生物的总称，其中不仅包含森林，还包含了林地与依赖森林林地的众多野生动植物甚至是微生物。森林资源可分为五大类，即防护林、保护林、经济发展林、用材林和特殊用途林。森林资源是地球上宝贵的自然财富，是实现林业可持续发展的必要资源，对人类的生产、生活均有不可小觑的作用。森林可为人类提供许多珍贵的木材和原材料，为人类社会经济的发展增加多样化物品，更为重要的是森林资源具有调节气温、稳固水土、净化空气、消除噪声等重要作用。所以森林资源可以视为自然界所拥有的重要财富。在森林资源保护方面需要给出明确定义，那就是通过增加森林资源总量，改善森林资源质量，强化森林生态系统来优化自然界中的物种繁衍功能，所以森林资源保护目前已经被视为改善发展林下经济效益的重要保护性策略。

森林资源具有以下特点：

(1) 空间分布广，生物生产力高。森林占地球陆地面积约22%，森林的第一净生产力较陆地任何其他生态系统都高，比如热带雨林年产生物量就达500t/hm^2。从陆地生物总量来看，整个陆地生态系统中的总质量为1.8万亿t，其中森林生物总量即达1.6万亿t，占整个陆地生物总量的90%左右。

(2) 结构复杂，多样性高。森林内既包括有生命的物质，如动物、植物及微生物等，也包含无生命的物质，如光、水、热、土壤等，它们相互依存，共同作用，形成了不同层次的生物结构。

(3) 再生能力强。森林资源不但具有种子更新能力，而且还可进行无性系繁殖，实施人工更新或天然更新。同时森林具有很强的生物竞争力，在一定条件下能自行恢复在植被中的优势地位。

我国森林资源特点如下：

1. 自然条件好，树种丰富

我国地域幅员辽阔，地形条件、气候条件多种多样，适合多种植物生长，故我国森林树种特别丰富。在我国广袤的林区和众多的森林公园里，具有丰富的动植物区系，分布着高等植物32000种，其中特有珍稀野生动物就达10000余种，林间栖息着特有野生动物100余种。种类的丰富程度仅次于马来西亚和巴西。另外，我国是木本植物最为丰富的国家之一，共有115科、302属、7000多种；世界上95%以上的木本植物属在我国都有代表种分布。还有，在我国的森林中，属于本土特有种的植物共有3科、196属、1000多种。因此，从物种总数和生物特有性的角度，我国被列为世界上12个“生物高度多样性”的国家之一。

2. 森林资源绝对数量大，相对数量小，分布不均

我国森林资源面积的总量很大，但空间分布不均，大多集中在东北和西南国有林区以及东南部亚热带和热带地区。在我国几大林区中，森林资源的状况也不尽相同：东北、西南林区主要是天然防护林、用材林的分布地，有林地和人工造林地则以南方集体林区为主。

3. 森林资源结构欠佳，采伐利用不便

我国现有的森林资源，在树种结构方面，针叶林比重过少，从而降低了林木经济生产价值，给森林资源的持续发展增加了难度；在林种结构方面，用材林的面积、蓄积比重过大，防护林及经济林、特用林比重过少，从而影响森林资源多种功能的充分、持续发挥；在我国目前的用材林的林龄结构中，幼林龄偏大，使得近期可供采伐利用的森林资源偏少。

4. 森林资源质量较差，利用率低

森林资源的质量不仅体现在可以直接利用的经济价值上，更体现在森林生态系统的生产力和生物多样性上。我国目前森林资源的林地生产力不高，如全国林地平均蓄积量每公顷仅为 75.05m^3，只相当于世界平均水平的 64.7%；在林业用地上，我国有林地面积仅占林业用地面积的 42.2%；在现有林中，人工造林保存率低，人工林生产率低，消耗量大于生长量，珍贵树种的面积以及生态系统的功能在迅速持续下降。

10.3.2 森林资源开发利用中的环境问题

就我国而言，长期以来存在毁林开荒、森林火灾、更新跟不上采伐以及森林病虫害等问题，使得我国森林资源不断遭到破坏，出现森林覆盖率下降、森林生物生产力锐减、生物多样性减少，以及森林生态系统日益脆弱、退化的现象，并在更大范围内引发出更多、更深刻复杂的环境问题。2000 年开始，我国实施了以“天然林保护”“退耕还林”为代表的中国林业发展的六大生态工程，开始了传统森林工业向生态林业的战略性转变，我国森林资源得到了有效保护，森林资源开发利用引发的环境问题正在明显减少，总体形势在向好的方向前进。

从世界范围来看，森林因其独有的经济与生态的双重属性，大多存在与我国类似的现象与环境问题，大致可以概括为以下几个方面。

1. 涵养水源能力下降，引发洪水灾害

印度和尼泊尔的森林破坏，很可能就是印度和孟加拉国近年来洪水泛滥成灾的主要原因。现在印度每年防治洪水的费用就高达 1.4 亿～7.5 亿美元。1988 年 5—9 月，孟加拉国遇到百年来最大的一次洪水，淹没了 2/3 的国土，死亡 1842 人，50 万人感染疾病；同年 8 月，非洲多数国家遭到水灾，苏丹喀土穆地区有 200 万人受害；11 月底，泰国南部又暴雨成灾，淹死数百人。这些突发的灾难，虽有其特定的气候因素和地理条件，但科学家们一致认为，最直接的原因是森林被大规模破坏。

2. 引发水土流失，导致土地沙化

由于森林的破坏，每年有大量的肥沃土壤流失。哥伦比亚每年损失土壤 4 亿 t，埃塞俄比亚每年损失土壤 10 亿 t；印度每年损失土壤 60 亿 t；我国每年表土流失量达 50 亿 t。近年来，我国长江上游森林的大量砍伐使长江干流和支流含沙量迅速增加。据长江宜昌站的资料统计，近几年来长江的平均含沙量由过去的 1.16kg/m^3 增加到 1.47kg/m^3，年输沙量由 5.2 亿 t 增加到 6.6 亿 t，增加了 27%。水土流失加速了土地沙漠化的进程。目前世界上平均每分钟就有 10hm^2 土地变成沙漠。

3. 导致调节能力下降，引发气候异常

空气中二氧化碳的增加，虽然主要是人类大量使用化石燃料的结果，但森林的破坏降低了自然界吸收二氧化碳的能力，也是加剧温室效应的一个重要原因。

另外，森林资源的破坏，还降低了森林生态系统调节水分、热量的能力，致使有些地区缺雨少水，有些地区连年干旱，严重影响人类的生产、生活。

4. 野生动植物的栖息地丧失，生物多样性锐减

森林是许多野生动植物的栖息地，保护森林就保护了生物物种，也就保护了生物多样性。当前森林的破坏已使得动植物失去了栖息繁衍的场所，使很多野生动植物数量大大减少，甚至濒临灭绝。

10.3.3　森林资源环境管理的原则和方法

10.3.3.1　森林资源保护利用的原则

（1）生态功能与经济功能相结合的原则。

（2）行政手段与市场运作手段相结合的原则。

（3）坚持“生态优先、采育平衡、多种经营、综合利用”，尊重自然规律和经济规律的原则。

10.3.3.2　森林资源保护利用的方法

1. 实行森林资源有偿采伐，建立林业投入补偿机制

森林的生态功能与经济功能在人类社会的经济生活中体现了自己的价值。然而在人类的社会生活中森林长期得不到回报，森林资源的再生产的经费只能依赖国家财政中的公益性支出。

建立林业投入补偿机制是客观的要求。目前可从几方面先入手：依靠森林生态和经济功能，从事有收入的生产经营项目。大型农田防护林、江河湖海防护林体系的森林生态效益的消费者，也应向国家缴纳补偿费。一些开发建设活动，降低了森林的生态功能，如开矿、采煤、采油、大型基建工程等，则除应规定缴纳征占用林地的有关费用外，还应对生态效益的损失进行补偿。

2. 利用森林景观优势，发展森林旅游

在当今社会，越来越多的人向往大自然，希望到大森林、大自然中，去调节精神、消除疲劳，探奇览胜，丰富生活，达到增进身心健康、愉悦精神的目的。因此森林旅游已成为世界各国旅游业发展的一个热点，同时也给森林资源的利用与保护提供了一个良好的契机。

自美国 1872 年建立起世界上第一个国家森林公园后，各国相继建立起自己的森林公园。澳大利亚是世界上森林公园最多、面积最大的国家之一，森林公园总面积达 1673 万 hm^2。泰国建立自然保护区 265 个，其中大部分都开展森林旅游业务。日本建立的森林公园占全国森林面积的 15%，每年有 8 亿人次涌向森林公园。走向大森林，观赏大自然，已成为这些国家旅游活动的重要内容。

我国是有 5000 年历史的文明古国，有众多名山大川和丰富的森林景观。我国五岳历史悠久，闻名于世。在这些名山保留的文物古迹中，留下了历代帝王、文人墨客的优秀诗篇与碑刻。一般名山的森林资源都保护得较好，一座名山就是一片林海。森林中奇峰怪石、奇花异草荟萃，是林业、地质、水文、天文、地理、生物等科学家考察的好地方，同时也是摄影家、文学家、画家汲取艺术营养的园地。这些自然和人文景观为我国发展森林

旅游提供了良好的条件。

森林旅游在促进当地经济发展的同时，也为森林资源的保护与利用筹集了资金，为森林利用补偿机制的建立提供了保证。森林旅游业可以把森林资源的利用与保护有机地结合起来，寓管理于利用，既发挥了森林的生态、景观作用，又可以利用旅游收益来加强管理，增加投入，更好地保护和更新森林资源。

10.4 生物多样性的保护与管理

生物多样性保护是全人类共同关切的问题。联合国为此制定了《生物多样性公约》，目前有 193 个缔约国，是参加国最多的国际环境公约。

10.4.1 生物多样性的概念及其作用

生物多样性是生物或生态保护的核心概念。生物多样性是指在一定空间范围内多种多样活有机体（动物、植物、微生物）有规律地结合在一起的总称，是生物中物种的多样化和变异性以及物种生境的生态复杂性。它既是生物之间以及与其生存环境之间复杂的相互关系的体现，也是生物资源丰富多彩的标志。它是对自然界生态平衡基本规律的一个简明的科学概括，也是衡量生产发展是否符合客观规律的主要尺码。一个区域或一个生态系统保护是否完善，在很大程度上要以其生物多样性的保护和利用是否合理来决定。1986 年这一概念提出后，起初是在生物及生态学等学科使用，后随着生态环境问题重要性凸显，开始进入法律表述，成为法定概念。目前对生物多样性进行权威界定的，要数 1992 年联合国环境与发展大会通过的《生物多样性公约》（*Convention on Biological Diversity*，CBD）。依该公约第二条“用语”所定义，所谓生物多样性（biodiversity），即“所有来源的活的生物体中的变异性，这些来源包括陆地、海洋和其他水生生态系统及其所构成的生态综合体；这包括物种内、物种间和生态系统的多样性”。

生物多样性具有生态、遗传、社会、经济、科学、教育、文化、娱乐和美学等价值。生物多样性不仅是人类食物、药物和工业原材料的主要来源，是现代生物技术研发的必要条件，而且还具有涵养水源、防风固沙、保持水土、净化环境、固碳释氧、减轻自然灾害、减缓气候变化等多方面的生态功能。生物多样性是人类赖以生存和发展的条件，是一个国家重要的战略资源，对生物资源的占有量是衡量一个国家可持续发展能力的重要指标。

10.4.2 生物多样性的变化情况

自从 20 世纪 60 年代开始，中国草原生态系统出现退化，目前 90%左右的草原存在不同程度的退化、沙化、盐渍化、石漠化。据估计，中国 40%的重要湿地面临严重退化的威胁，特别是沿海滩涂和红树林遭受严重破坏。近十几年来，由于实施了天然林资源保护、退耕还林、三北和长江流域及沿海防护林体系建设、全国野生动植物保护及自然保护区建设等重点工程，森林资源保持了持续增长，森林覆盖率从新中国成立之初的 8.6%增加到目前的 18.21%。在世界森林资源减少的情况下，中国森林资源持续增长，并成为世界上森林资源增长最快的国家。

1998 年出版的《中国生物多样性国情研究报告》估计中国物种的受威胁程度，哺乳类23.06%，鸟类14.63%，爬行类4.52%，两栖类2.46%，鱼类2.41%，裸子植物28%，被子植物13%左右。据2004发布的《中国物种红色名录》估计，中国野生动植物濒危状况远比过去的估计高，特别是植物的濒危物种比例远远超出过去的估计。近20～30年来，中国海洋底层和近层鱼类资源衰落，产量下降，渔获物组成低龄化、小型化和低值化。

10.4.3 破坏生物多样性的主要因素

生物多样性破坏的原因大致可以分为五类：全球气候变化，生境丧失和破碎化，外来入侵物种，对食物、能源和其他自然资源的不断增加的需求和滥捕乱猎、掠夺式的过度捕杀利用。

1. 全球气候变化

气候变化是指气候平均状态和离差（距平）两者中的一个或者两者一起出现了统计意义上的显著变化。离差值越大，表明气候状态不稳定性增加，气候变化敏感性也增大。

(1) 臭氧损耗：较薄的臭氧层使更多的紫外线辐射到达地球表面，损坏活性组织。大气中的臭氧层总量减少1%，到达地面的太阳紫外线就会增加2%。一方面直接危害人体健康，另一方面还对生态环境和农、林、牧、渔业造成严重的破坏。

(2) 气候变暖：根据科学家对近百年地面观测资料的分析发现，自1860年有气象观测记录以来，全球平均温度上升了0.6℃。最近100年的温度是过去1000年中最高的，最暖年份出现在1983年。近百年我国的温度与全球气候变化的总趋势基本一致，气温上升了0.4～0.5℃。气候将会导致地球上的动植物大量灭绝。尽管人类可能最终逃过一劫，但地球上有一半的物种将会消亡。

2. 生境丧失和破碎化

生境通常是指某类生物活生物群落栖息地环境。生境具有栖息于其中的生物所必需的各种生存条件（食物、活动空间和生物适应的其他生态因素），如湿地生境、潮间带生境、河口生境、深海热液口生境等，代表不同的理化环境特征。

生境丧失的原因包括森林砍伐、农业开垦、水和空气污染等导致适宜于野生动物栖息场所面积大大缩减，从而直接导致物种地区性灭绝或数量急剧下降。生境的丧失会导致动物大块连续的栖息地被分割成多个片段，这种破碎化导致以下情况：

(1) 破碎化的生境具有更长的边缘和人类环境接壤，人类、杂草和家养动物（如家猫、家狗和山羊等）能够更容易地进入森林，不仅导致边缘区生境的退化，还大大增加对生境内部地区的侵扰。

(2) 有些动物需要轮流利用不同区域的食物资源，有些需要多种生境以满足不同生活时期或者日常生活的不同需要。如草食动物需要不断地迁徙获得足够的资源，并避免对某一块区域资源的过度利用。但是当生境被隔离后，动物只能留在原地，不仅因为过度利用导致生境退化，还会因为资源匮乏而降低繁殖或导致死亡。

(3) 各个片段之间野生动物种群无法正常迁移和交流，这种状况导致小种群，长期下去，遗传多样性水平会下降，出现近交衰退等系列问题，最后的结果可能是地区性的种群灭绝。野生动物扩散能力的降低，也会对植物扩散产生影响，因为动物的活动会帮助植物传播种子和花粉。植物状况受到影响，自然会反过来作用于野生动物。

3. 外来入侵物种

在自然界长期的进化过程中，生物与生物之间相互制约、相互协调，将各自的种群限制在一定的栖境和数量，形成了稳定的生态平衡系统。当一种生物传入一新的栖境后，如果脱离了人为控制逸为野生，在适宜的气候土壤水分及传播条件下，极易大面积单优群落，破坏本地动植物，危及本地濒危动植物的生存，造成生物多样性的丧失。

4. 人类对事物、能源和其他自然资源的不断增加的需求

乱砍滥伐、过度放牧，不合理的围湖造田、沼泽开垦、过度利用土地和水资源，都导致了生物生存环境的破坏甚至消失，影响物种的正常生存，有相当数量的物种在人类尚未察觉的情况下便已悄然灭绝。

5. 乱捕滥猎、掠夺式的过度捕杀和利用

世界范围内几乎所有的大型哺乳动物都遭到过严重的过度捕猎导致的数量下降，例如鲸、鹿、犀牛、野牛、麝、熊、狼、藏羚羊、穿山甲等。野生老虎的数量从 100 年前的 10 万头急剧下降至今天的不足 5000 头；人迹罕见的亚马孙河流域中，野生动物的种群数量在重度捕猎的区域平均降低了 81%；穿山甲则正从整个亚洲的野外分布地上消失。由于过度捕获和利用，很多看似保护完好的森林中，野生动物的数量极为稀少，这样的森林被称为“空森林”。

10.4.4　生物多样性的保护与管理措施

生物多样性是人类赖以生存和发展的基础，不仅为人们提供了丰富的生活生产资源，而且具有重要的生态功能，在维护自然生态平衡、涵养水源、净化环境、调节气候等方面发挥着巨大作用。

10.4.4.1　我国生物多样性保护概况

我国地域幅员辽阔，地势起伏显著，河流湖泊众多，海岸曲折绵长，岛屿星罗棋布，地貌类型复杂，横跨多个气候带，造就了丰富的生物多样性，使我国成为世界上生物多样性最为丰富的 12 个国家之一。我国高度重视生物多样性保护，采取了一系列政策措施，保护工作取得积极进展。部分区域生态功能得到一定恢复，80%以上国家重点保护野生动物野外种群稳中有升，生物多样性急剧下降的趋势得到减缓。

1. 发布实施一系列生物多样性保护法规、政策、规划

颁布实施了野生动物保护、野生植物保护、自然保护区管理等生物多样性保护相关法律法规。编制实施了《全国生态功能区划》《全国主体功能区规划》《全国生物物种资源保护与利用规划纲要》《中国水生生物资源养护行动纲要》《全国畜禽遗传资源保护与利用规划》。国务院办公厅印发了《关于做好自然保护区有关工作的通知》，经国务院批准发布了《中国生物多样性保护战略与行动计划（2011—2030 年）》，这是我国生物多样性保护的纲领性文件，确定了 10 个优先领域、30 个优先行动和 39 个优先项目。这些法规、政策、规划的实施有力地推动了我国生物多样性保护。

2. 就地保护与迁地保护成绩显著

在就地保护方面，建立了以自然保护区为主体，风景名胜区、森林公园、湿地公园、海洋特别保护区等为补充的就地保护体系。截至 2013 年年底，全国建立自然保护区 2697 个，占陆地国土面积的 14.77%，超过世界平均水平的 12%。科学开展迁地保护，建立各

类植物园230多个，收集保存了占中国植物区系2/3的2万个物种；建立了240多个动物园、250处野生动物拯救繁育基地，畜禽遗传资源保护体系和农作物遗传资源的收集和保存设施建设也得到加强。我国科研工作者积极探索，加强对生物多样性保护的科学研究，初步查明我国一些森林、草原、淡水和珊瑚礁生态系统受损现状和原因，评估重要濒危物种的受威胁状态，提出了保护和可持续利用生物多样性的对策。环境保护部门还建立起2000多个环境监测站，加强对全国环境和生物多样性的监测，为国家生物多样性保护的决策提供科学依据。社会各界对生物多样性的保护意识也不断增强。近十年来，我国广泛利用广播、电影、电视、报纸等大众媒介，开展多种形式的展览、纪念日等活动，普及生物多样性保护知识，大大提高了公众和管理人员对生物多样性的保护意识，为我国生物多样性保护打下了坚实的基础。

10.4.4.2 国内发达省市的生物多样性保护

在我国的发达省市，生物多样性保护工作得到进一步的落实和加强。目前，全国已建立了483个生态示范区建设试点，海南、吉林、黑龙江、福建、浙江、山东和安徽已陆续被生态环境部批准为生态省建设试点。7省积极制定了生态省建设总体规划纲要。一些地方还通过产业结构调整，发展生态经济，形成了各具特色的生态产业。自然保护区建设和生物多样性保护对我们今后的生活质量产生了潜移默化的影响。目前，我国自然保护区总数已达1757个，总面积13294万hm^2，占国土面积的13.2%，高出世界平均比例(12%)。保护区类型较齐全，布局较合理，功能较健全，形成了大体合理的网络。例如南京市就在2022年2月出台了一份《南京市生物多样性保护规划》，但与过去甚至与十几年前相比，南京生物多样性已呈现明显下降趋势，主要原因包括自然生态环境不断遭到人为干扰、乡土栖息地日益减少、生境破碎、污染严重。从植物情况看，自然分布的特有珍稀危植物出现萎缩和灭绝态势。针对生物多样性现状，规划提出在10年内耗资2.5亿元实施五大重点保护工程，包括重点丘陵山地森林生态系统恢复工程、湿地生态系统恢复工程、生物生态廊道建设工程、城市绿地系统建设工程及野生动植物保护与繁殖工程。

10.4.4.3 国内欠发达地区的生物多样性保护

在我国中西部欠发达地区，生物多样性保护工作也得到当地政府的高度重视。其中云南省高度重视生物多样性保护工作，初步构建了生物多样性保护的法制体系，制定了40多部配套法规和规章，为生物多样性保护提供了法制基础。截至2004年年底，全省共建立各种类型的自然保护区193个，总面积347.3万hm^2，约占云南省陆地国土面积的8.8%。云南已建多家野生动植物驯养繁殖中心和10多处野生动物收容拯救中心、10多处以保护珍稀濒危植物为主的植物园、树木园。中科院昆明动物所已收集野生动物细胞株200多种。云南省将生物多样性保护与扶贫开发有机结合起来。西双版纳纳板河流域国家级自然保护区与当地的乡村建立社区共管联系制度，对自然资源实行有效保护、合理开发、利益共享、风险共担，既保护了自然保护区内的动植物资源，又解决了当地山民的经济困难。此外，云南省在生物多样性保护的执法力度不断加大。对生物物种资源的依法保护，严格行政执法，加大了行政和刑事处罚力度，查处了西双版纳捕杀亚洲象、野牛等案件近万起，取缔了非法经营单位，组织了清理种子市场联合行动，开展了大规模的生物物种资源执法检查，有力地打击了乱捕滥猎、乱砍滥伐、乱采滥挖、盗卖走私等环境资源违法犯罪活动。为保护青海湖流域生态环境和自然资源，青海省出台了《青海湖流域生态环境保护条例（草案）》。对湖泊整个流域生态环境立法进行保护。世界自然基金会投入200万美元，资助甘肃省“青藏东部沼泽湿地研究”；国际草地、山地中心投入3万美元，资助甘肃“青藏高原生物多样性与草地管理模式——区域草场计划”项目。近年来，处于西部偏远省份的甘肃与美洲、欧洲、大洋洲、非洲、东亚及中亚等20多个国家及国际组织积极开展各项科技合作，建设和改善当地的生态环境，取得了良好的社会效益和经济效益。甘肃发挥资源与技术优势，与新加坡在“草地退化治理”、与白俄罗斯在“河西盐渍化草地综合改良的关键技术、盐渍化土地排水和节水灌溉技术”等方面，开展了卓有成效的合作。兰州理工大学与新西兰墨尔本皇家理工大学联合组建了“中澳食品科学与营养研究所”，张掖华禾高效农业公司与美国宾夕法尼亚大学联合组建西部苗木及草籽研发和生产基地。贵州省生物多样性保护目前主要以建立自然保护区方式就地保护。截至2004年年底，全省共建有自然保护区130个，面积96.10万 hm^2，约占全省面积的5.46%左右，其中国家级7个，省级3个，地市级22个，县级98个。广西的生物多样性保护工作在过去10多年里取得了长足的发展。到2005年年底，广西共建立各类自然保护区72处，其中国家级自然保护区12处，自治区级自然保护区42处，市（县）级18处，并建有34个风景名胜区，26个国家森林公园，6个国家地质公园，现有森林面积1.88亿亩，森林覆盖率达到52.71%，居全国第四位。有31个市（区、县）列为全国生态示范区建设试点，其中3个县已获得国家级生态示范区命名，已初步形成了类型比较齐全的生物多样性保护网络。

10.4.4.4　生物多样性保护的相应对策及措施

生物多样性是衡量生态环境质量和生态文明程度的重要标志。保护生物多样性对于维护生态安全和生物安全，促进人类经济和社会的可持续发展都具有极其重要的意义。我国继续加强生物多样性保护各项举措，具体如下：

（1）加强科研工作，理顺管理体制：加强科技投入，加强生物多样性保护的科学研究工作，对我国生物种群分布、食物链、繁殖地等情况进行研究，查清我国生物多样性的基本情况，编制我国生物名录，对濒危物种的现状、生境、分布、数量及其变化规律和濒危原因进行调查和系统研究，编制我国生物多样性评价标准和保护规范。

（2）加强自然保护区建设：对自然保护区建设与管理的认识要进一步提高，尽快确定保护区边界范围。有计划地建立相当规模和数量的自然保护区、保留区，形成区域性自然保护区网，同时尽快在实施自然保护的地区实行生态效益补偿机制，加强自然保护区外的生态系及物种的保护。

（3）健全生物多样性保护的法律法规：制定我国生物多样性保护管理相关法律法规，完善生物资源保护法规体系。

（4）可持续地开发利用生物资源：改善及完善各种有效的开发利用技术措施，合理利用我国的森林、海洋及淡水鱼类、特色中草药、野生动植物等生物资源。

（5）加大宣传教育力度：宣传保护生物多样性的意义，提高全民生态意识。

（6）实行“移地保护”：如建立遗传资源种质库、植物基因库和水族馆等。

（7）开展科研监测工作和国际合作：切实开展科研监测工作和国际合作与交流，加强国际与区域合作。在生物多样性管理、科学研究、技术开发与转让、人员培训等领域加强交流与合作，包括开展跨国民间组织之间的合作与交流，形成养护、研究和管理的国际合作机制。

（8）建设生物多样性信息系统与监测系统：逐步建立我国生态系监测体系、生物多样性保护国家信息系统并实现与世界相关信息系统的联网。

（9）建设示范工程：落实扶贫、移民计划，重视和扎实开展社区互动共建工作；做好实用技术培训与相关项目合作；积极采用旅游模式、人工养殖模式、综合利用和深加工模式等，寓教于游、主动式增加数量和提高质量的保护行动，达到保护与开发并举以及生态效益、经济效益和社会效益相统一的目的，促进公众自觉保护意识的普及。

思考题

1. 水资源的特点是什么？
2. 水资源开发利用中的环境问题有哪些？
3. 矿产资源的特点是什么？
4. 矿产资源开发利用中的环境问题有哪些？
5. 我国森林资源的特点是什么？存在哪些问题？
6. 影响生物多样性的因素有哪些？

第11章 国际环境管理

本章主要介绍全球性环境问题现状及产生的根源。通过本章的学习，要求了解国际环境管理的趋势，以及推动解决全球环境问题的各种国际合作，包括环境外交、环境贸易、各种国际环境框架和协议等。

11.1 全球性环境问题概况

近300年来，人类经历了由农业社会向工业社会的转变。工业化给人类带来了巨大的物质财富，但是同时也带来了严重的资源短缺、环境污染、生态破坏。尤其是最近50年来，人类对环境的影响已经遍及全球每个角落。

11.1.1 全球性环境问题的表现

2005年，联合国发布的《千年生态环境评估报告》指出，过去50年中，由于人口急剧增长，人类过度开发和使用地球资源，一些生态系统所遭受的破坏已经无法逆转。目前，世界范围内突出的环境问题主要有气候变化、臭氧层破坏、森林破坏、生物多样性减少、酸雨污染、土地沙漠化、有毒化学品污染和有害废物越境转移等。专家们预测，未来50年内，生态系统服务功能的退化将进一步加剧，这将严重威胁联合国千年发展目标的实现。

11.1.1.1 全球气候变化

早在1896年，瑞典科学家阿伦尼乌斯（Svante Arrhenius）就提出，在全球气候不发生较大改变的条件下大气所能吸收的碳排放量存在物理极限。今天，主流科学界一致认为，人们正在加速接近这个极限。政府间气候变化专业委员会（IPCC）在其第四次评估报告中得出结论，即自1750年以来，气候在人类活动的影响下总体上呈增暖趋势。工业革命前大气中CO_2比例为0.028%，2019年5月，大气中CO_2比例为0.0415%。过去100年（1906—2005年）全球气温上升了0.74℃（0.56～0.92℃）；过去50年变暖趋势是每10年升高0.13℃（0.10～0.16℃），几乎是过去100年来的两倍。2001—2005年与1850—1899年相比，总的温度升高了0.76℃（0.57～0.95℃）。同时，变暖导致海水扩张，引起海平面上升。1961—2003年，全球海平面每年平均上升1.8mm（1.3～2.3mm），而1993—2003年每年平均上升3.1mm（2.4～3.8mm），20世纪上升估计值为0.17m（0.12～0.22m）。IPCC报告预测，在未来20年，每10年温度将升高0.2℃。即便所有温室气体和气溶胶的浓度保持在2000年水平，全球温度每10年仍将升高0.1℃。从现在开始到2100年，全球平均气温的“最可能升高幅度”是1.8～4℃，海平面升高幅度是18～59cm。

11.1.1.2 臭氧层耗损与破坏

大气同温层的臭氧消耗主要是由容易发生化学反应的氯气和溴化物浓度的升高造成的。这些氯气和溴化物主要来源于人为产生的臭氧层消耗物质，它们使臭氧层变薄。从1985年签订《维也纳公约》开始，国际社会几乎停止了所有氯氟烃（CFC）的生产，但同时导致了氢氯氟烃（HCFC）使用量的增加和许多其他种类化合物（如氢碳氟化合物、全氟化碳等）产量的上升。与氯氟烃（CFC）相比，氢氯氟烃（HCFC）对臭氧层的消耗量较少，但更容易造成全球变暖的进一步加剧。氯氟烃（CFC）在全球所有地区的使用量在进一步下降，2004年全球的使用量为6.5万t臭氧耗减潜能值。同时，其他各种氢氯氟烃（HCFC）替代物的使用量也从2000年开始下降，2004年的使用量为2.9万t臭氧耗减潜能值。甲基溴（MeBr）的使用量从20世纪90年代中期开始就稳步下降。2004年，甲基溴的使用量为1.5万t臭氧耗减潜能值，其中只有北美地区显示出增长态势。尽管上述成绩可喜可贺，但是2005年南极上空臭氧层空洞的面积基本上还和2000年及2003年差不多——这两年臭氧层空洞的面积都达到了历史最高值。

11.1.1.3 水资源危机

淡水短缺，水资源污染已经成为国际社会当前关注的重大环境问题。水作为一种特殊的资源，对地球的生态平衡以及人类社会经济系统都具有重大意义。虽然2/3的地球表面被水覆盖，但其97%为无法饮用的海水。地球上总水量为13.86亿km^3，但只有2.5%，即0.35亿km^3的淡水，而淡水中大部分为永久性冰雪和深层地下水。人类可利用的地表水和浅层地下水仅有20万km^3，仅占淡水总量的0.57%，或仅为全球水资源总量的0.014%。更为紧要的是，这些可利用的淡水量很多位于远离人类的地方，且分布极不均匀，尽管水资源十分有限，但水资源大量浪费的现象屡见不鲜，再加上陆地水域和海洋污染日益严重，导致世界水资源危机日益加重。联合国环境规划署（UNEP）发布的《全球环境展望3》报告指出，目前全球一半的河流水量大幅减少或被严重污染，世界上80个国家或占全球40%的人口严重缺水。报告预测，如这一趋势得不到遏制，在30年内，全球55%以上的人口将面临水荒。

11.1.1.4 森林锐减与破坏

森林减少的主要原因包括砍伐林木、开垦林地、采集薪材、大规模放牧等。全球的森林砍伐量一直保持着惊人的规模，每年大约为1300万hm^2。2000—2005年全球的森林面积净减少量（森林砍伐面积减去植树造林的面积）估计为每年730万hm^2，大约相当于塞拉利昂或巴拿马的国土面积。2005年，全球森林覆盖面积占土地总面积的30.2%，比2000年的30.5%和1990年的31.2%略有下降。这是因为，主要集中在北半球的植树造林、景观恢复和森林的自然扩展在很大程度上抵消了森林面积的净减少量。森林覆盖率减少的速度似乎略微有所减缓，某些地区呈现出持平甚至净增加的状况。尽管拉丁美洲和加勒比地区的森林覆盖率仍然为全球最高，但这一地区森林覆盖率的减少却十分显著：从1990年的49.2%下降到2005年的45.8%。非洲的森林覆盖率也在持续下降，2005年的森林覆盖率为21.4%，低于1990年的23.6%，欧洲和北美的森林覆盖率在此期间持续适度增加，亚洲和太平洋以及西亚地区的森林覆盖率基本没有什么变化。

11.1.1.5 生物多样性锐减

所有生物多样性指标都表明，地球的生物多样性正在日益减少。自 6500 万年前恐龙灭绝以来，物种灭绝的速度已经达到了最高峰。《国际自然保护联盟红色名录》显示，从 1988 年以来，全球鸟类在所有生态体系和生态地理范围内所受整体威胁的状况持续恶化。20 世纪 90 年代，这种恶化状况在印度马来地区尤为突出，这主要是由于对印度尼西亚苏门答腊岛和加里曼丹岛 Sundaic 低地森林的毁坏而造成的。1980—2004 年对两栖动物所做的红色名录指数初步评估了与鸟类类似的恶化状况，其中最严重的恶化状况出现在新热带地区和澳大拉西亚/海洋地区，丧失了它们在食物、医疗等方面直接和潜在的利用价值，而且会造成生态系统的退化和瓦解，这将直接或间接威胁人类生存的基础。

11.1.1.6 土地荒漠化

荒漠化是当今世界最严重的环境与社会经济问题。联合国环境规划署曾三次系统评估了全球荒漠化状况。根据《对解决荒漠化问题的政策反思》，土壤生产力的流失和大自然为维持人类生活提供服务的质量下降正威胁着全球稳定。土地荒漠化可能导致每年数千万人流离失所，其中大部分是撒哈拉以南非洲和中亚地区的居民。目前荒漠化对全球 1 亿～2 亿人造成影响，使他们在获得食品、水和其他基本服务方面的能力不断降低。如果荒漠化进程不受制止，未来十年内，将有 5000 万人面临被迫迁居的危险，这一人数相当于南非或者韩国的总人口。更为严重的是，如果不采取全球性的应对政策，今后荒漠化将影响 20 亿人，占全球人口的 1/3。荒漠化的主要影响是土地生产力的下降和随之而来的农牧业减产，相应带来巨大的经济损失和一系列社会恶果，在极为严重的情况下，甚至会造成大量生态难民。

11.1.2 全球性环境问题产生的根源

人类未能正确处理好生产活动双重效应的关系，未能正确认识人与自然之间的内在统一性，未能正确认识并合理处置人与人之间的关系，是造成当代生态环境问题的物质根源、认识根源和社会根源。

生产活动是人类的基本活动，这一活动不可避免地具有正负两种效应。生产活动作为人与自然之间的物质、能量与信息变换过程，其实质是改造物质对象，打破自然平衡，从而创造社会物质财富的过程。这一过程的负面效应是对自然界平衡和秩序的打破、干扰，正面效应是创造物质财富。生产活动是正负两种效应同时存在的一个统一过程，伴随着生产活动的发展及其水平的提高，其正负两种效应也必然同时增长。这便是导致当代生态环境问题的物质根源。

环境问题不仅是认识问题，而且是社会问题。从本质上讲，人类未能正确处理好人与人之间的关系，特别是资本主义制度的长期存在和发展是导致生态环境问题的深刻的社会根源。生态环境问题的凸显直接反映的是人与自然之间关系的恶化与对立，既包括同代之间的对立，如不同的国家之间、地区之间、公民之间的对立，变为彼此不同甚至根本对立的民族、国家、地区、阶级、组织群体，彼此都从自己的利益和需要出发进而开发自然、占有资源。更一般的情况是往往为了眼前利益而损害长远利益，为了局部利益而损害全局利益，为了自己的利益而损害他人的利益，为了当代人的利益而牺牲和损害子孙后代的利益，这种情况长期以来普遍存在着，而且短期内还会存在下去。

现代经济学将环境问题产生的根源，归结为以下五个方面：

（1）环境资源的公共性。大气、水等环境资源由于其不可分割性导致产权难以界定或界定成本很高，在性质上属于公共物品，具备公共物品的一个或多个特征。即效用的不可分割性、消费的非竞争性和受益的非排他性。这些特征使得人人都想成为“免费搭车者”——只想享用而不想出资提供，或只利用而不付任何成本，结果必然导致环境质量下降。

（2）环境污染的负外部性。环境污染具有很强的负外部性，即私人边际成本小于社会边际成本。比如一个厂商排放了污水，会导致临近居民饮用水质量下降、鱼类减少、其他厂商安装治污设备等外部成本的发生。但这些成本并未在价格中表现出来，因而追求利润最大化的厂商确定的产量必将大于资源有效配置所要求的产量，同时也加大了环境污染。

（3）环境主体的有限理性。首先，人们对环境的认识需要一个过程，在人们对环境保护尚未产生清醒认识之前，非理性的人类行为也势所难免；其次，即使人们认识到保护环境的必要性，由于经济发展水平的制约，人们还是不得不以牺牲环境为代价来换取经济增长；最后，人的短视性及机会主义倾向也会驱使人类只顾眼前利益，不顾长远利益，只顾局部利益，不顾全局利益，以牺牲环境来求得经济增长。

（4）环境信息的稀缺性和不对称性。环境信息是稀缺的，因为人类对环境的认识至今还是微乎其微的，信息一旦公开即成为公共物品。因此人们倾向于封锁信息，以保证自身优势。环境信息还是不对称的，比如污染者对于他的污染状况、污染物的危害等往往比受污染者了解得多得多，但受个人利益驱使，污染者往往会隐瞒这些信息，以继续其污染行为。

（5）环保投资的规模报酬递增性。在环境保护方面，单个企业投资防治往往是不经济的。比如，对于中小企业，如果地域集中，那么各企业单独建污水处理设备，远不如集中建一个污水处理厂更为经济有效。正因如此，中小企业正在成为重要的环境污染源。

11.2 全球性环境问题的管理

在过去的一个世纪，共同应对全球性环境问题尤其是气候变化问题，已经成为全球共识，全球环境治理制度构架的内容不断拓展和丰度。从构成要素来看，主要包括负责组织协调职能的国际环境组织与机构，反映国际共识的决议、宣言、公约、国际环境法及开展协商的国际论坛，为可持续发展提供融资渠道的资金机制，以及其他制度构架中（如WTO）与环境相关的规则和法律条款等。

11.2.1 环境领域的国际合作行动

当前，全球的环境合作现状可以从三个层面来理解：第一，区域性或双边环境合作在建立国际制度方面有重要创新；第二，多边环境合作持续发展，制定了各种各样的法律协议来管理世界上的生态资源；第三，在全球层面，在当前高度全球化的时代，却没有一个综合的国际制度或组织有能力全面、有效地应对全球生态系统受到的威胁。

11.2.1.1 联合国气候峰会

联合国气候峰会第一届会议于2009年9月21—23日召开，讨论“如何应对全球气候变化问题”，推动全球世界大同行动，促进哥本哈根气候大会的进展。各国领导人分成小组进行小圆桌讨论，每个小组由一个发展中国家领导和发达国家领导共同主持，各方都表示将积极应对气候变化。目前，联合国气候峰会已经召开了 27 届。

11.2.1.2 《北美自由贸易协定》(NAFTA)

虽然欧盟称为区域性环境合作的典范，在很多环境问题上都发挥着领导作用，但是，将贸易-环境较好结合的环境治理创新却来自北美，即《北美自由贸易协定》（NAFTA）的贸易-环境模式。NAFTA 模式既包括发达的北方国家，也包括仍在发展中的南方国家；它承认各国之间存在生态依赖，并认识到有必要在本地区管理这种生态依存；它直接把环境问题同贸易和投资自由化体制联系起来。根据美国、加拿大和墨西哥三国签署的《北美自由贸易协定》，北美自由贸易区于 1994 年启动，计划 15 年内建成，《北美环境合作协定》（NAAEC）作为 NAFTA 的附属协定同时运作。NAFTA 和 NAAEC 都有相关条款对贸易有关环境问题做了规定，形成了独特的贸易-环境模式。

11.2.1.3 多边环境协定（MEAs）

随着国际社会对环境保护的关注日渐高涨，出现了大量的多边环境协定（MEAs）。事实上，国际社会通过制定多边环境协定来管理环境的经历已远远超过一个世纪。政府间的环境制度最早开始于 19 世纪 70 年代，并且一直持续至今。MEAs 的道路并非一帆风顺，它也经历了一个曲折的发展过程。MEAs 在世界大战期间及其后的萧条期出现了显著的停顿和倒退；自 1972 年斯德哥尔摩会议以来，MEAs 开始迅速增长；随后，MEAs 又经历了 10 多年的停顿；自 20 世纪 80 年代中期布伦特兰委员会发布报告后，MEAs 又开始了新一轮的增长。并且越来越多的 MEAs 开始具有直接的国际经济含义，影响面也越来越大。MEAs 主要有两大类：一类是关于防止环境污染、损害和破坏的协定；另一类是关于保护自然资源并保障其合理开发利用的协定。初期，国际环境协定的内容主要是关于生物资源方面的自然保护。20 世纪 30 年代以后出现了跨国环境纠纷，于是，1954 年制定了一个关于防治环境污染的国际协定，即《国际防止海上油污公约》。此后，国际环境协定在防治环境污染和自然保护方面得到了全面发展。

11.2.1.4 联合国环境规划署（UNEP）

全球环境治理的一项主要制度性成果，就是创立了联合国环境规划署。尽管 UNEP 的成就不少，但是其固有的局限性导致它在过去 49 年的表现未尽如人意。首先，UNEP 仅仅是作为一个“项目”而存在，它并不是一个联合国的功能性机构；其次，UNEP 可获得的预算资金极少，目前只有 6000 万美元/a，其中，只有 5%来自联合国，其余 95%依靠缔约国的自愿捐款（主要来自 7 个国家）；第三，UNEP 总部设在内罗毕，那里远离权力中心日内瓦、纽约或华盛顿。上述原因导致作为全球性环境治理机制的 UNEP 在应对全球环境问题时经常无能为力。而且，由于 UNEP 资金依赖“自愿贡献”的特性，从而很难避免捐赠者对其的影响。

11.2.1.5 联合国可持续发展委员会（UNCSD）

联合国可持续发展委员会成立于 1993 年，其宗旨是保障环境与发展大会及可持续发展世界首脑会议后续行动的有效性，加强国际合作，使环境与发展大会的决策合理化，以及审查《21 世纪议程》及《约翰内斯堡实施计划》的落实。联合国可持续发展委员会是联合国系统内讨论、审议国际环境与发展合作最重要论坛之一，在动员各方力量保持合作势头、敦促实施大会各项决定方面发挥了积极的作用。但是，联合国可持续发展委员会在权威性和影响力方面仍然十分有限。

此外，各种全球环境会议和论坛也不断兴起，比如“全球部长级环境论坛”。上述制度建设为加强国际环境治理提供了重要平台，但与发展成熟的全球经济治理相比，全球环境治理尚处在幼稚期，远远滞后于解决环境问题的需求。

11.2.2　环境外交

环境外交是指“以主权国家为主体，通过正式代表国家的机构和人员的官方行为，运用谈判，交涉等外交方式，处理和调整环境领域的国际关系的一切活动”。简单地说，环境外交就是指为解决全球性和区域性环境问题，维护本国环境合法权益而进行的双边与多变环境合作、国际交流和外交斗争，是国际政治、经济、环境和外交等因素相互影响、相互作用而表现出的一种新的国际关系形式。环境外交的基础是国家环境关系，国际环境关系是国家关系的重要组成部分。环境外交的主要内容包括：寻求加强国际环境合作的方式、国际环境立法谈判、国家环境条约的履行、处理国际环境纠纷和冲突等。

环境外交是一个新兴的、独立的外交领域，产生于国际社会防治全球环境问题和资源危机、保护和改善人类环境的背景之下。环境外交区别于其他外交活动的特点为：环境外交有特定的调整对象；环境外交是涉及国家和国际社会和平安定的重要因素；国际环境外交有很强的科学技术性，对经济和科学技术的依赖很大；环境外交有很强的公益性；环境外交具有广泛性、多样性和综合性。除此之外，环境外交还具有区域性、相对性等特点。

作为世界上最大的发展中国家，中国在促进世界经济健康增长和保护地球生态环境方面发挥了积极作用。中国不仅十分重视解决自己在经济和社会发展过程出现的环境问题，同时也十分重视和积极参与环境领域的国际合作，使中国成为世界环境外交领域中的一支重要力量。三十多年来，中国的环境外交工作取得了举世瞩目的成就，主要可归纳为以下几点：首先，在国际环境事务中，中国积极参与环境文件的起草工作，推动了环境会议的顺利召开；其次，通过环境合作，引进了国外先进机制和资金，提高了我国环境保护的能力；最后，通过环境外交，中国更深刻地认识到了环境问题的严重性。

目前我国已经签署50多项国际环境公约，几乎涉及所有环境保护领域，形成了包括双边、区域及全球等多变层次多样、设计内容广泛的外交格局。截至2006年，中国已与美国、日本、加拿大等42个国家签署了双边环境合作保护协议或谅解备忘录，与11个国家签署了核安全合作双边协定或谅解备忘录。同时，中国环境外交机构逐渐健全，外交干部队伍不断成熟壮大，1993年国家环境保护局设立国际合作司，成立专门的外事机构。1998年国家环保局升为国家环境保护总局，2008年组建为中华人民共和国生态环境部。形成了统一领导和集中指挥的机制，经过这一段时间的锻炼培训，一批具有专业知识、懂外语、政策性强、精干的环境外交队伍不断成熟壮大起来。

近年来，中国在推动全球应对气候变化行动中积极承担减排义务，彰显大国担当。2020年9月22日，在第七十五届联合国大会一般性辩论上，国家主席习近平向全世界郑重宣布：中国“二氧化碳排放力争于2030年前达到峰值，努力争取2060年前实现碳中和”。2021年，《中共中央 国务院关于完整准确全面贯彻新发展理念做好碳达峰碳中和工作的意见》和《2030年前碳达峰行动方案》相继发布，我国碳达峰碳中和工作有了时间表、路线图和施工图。

11.2.3 国外环境管理趋势

综合来看，国外环境管理的机制和体制方面主要有以下趋势：

（1）环境监管职能趋向独立。一是将环境保护机构从综合性的大机构中独立出来，抑或是从无到有，设立新的环境保护部门。如1994年希腊承担环境监管职责的相关机构为环境、计划和公共工程部，2014年环境保护部门已从这一部门独立出来，并命名为环境、能源和气候变化部。冰岛在1994年尚未成立专门的环境保护机构，而在2014年已成立环境和自然资源部、渔业和农业部等部门来承担环境监管职责。新西兰亦是如此。二是做大做强环境部门，把自然资源、公园管理等职权纳入广义的环境保护部门。

（2）重要领域需要单列或合并设置。一是将一些特色或者重要领域的监管部门从环境保护部门独立出来。主要表现为：其一，核安全监管独立于环境监管。如1994年美国的环境与资源保护机构包括环境保护署和能源部；而在2014年，除了保全这两个机构之外，还有已设立的联邦核管会。1994年，法国的环境监管机构为环境部和国家公园管理局；而在2014年环境监管机构不仅有前述两个部门合并成立的生态、可持续发展和能源部，还包括独立成立的核安全局。1994年，英国的环境监管机构有英格兰环境部、北爱尔兰环境部、苏格兰环境部，农业、渔业和食品部等部门；而在2014年，核监管办公室已经独立，环境部和其他部门合并成为环境、食品和乡村事务部。日本1994年的机构名称为环境厅（包括气候变化）、农林水产省和厚生劳动省；而在2014年，环境厅早已升格为环境省，农林水产省和厚生劳动省的名称没有改变，核安全监管委员会作为单独监管部门已经成立。韩国也是如此，1994年，其环境监管机构包括环境部、国土海洋部、农水产食品部；而在2014年，国土海洋部已经拆分成国土交通部和海洋水产部，农水产食品部演变成农林畜产部，并独立设立了核安全与保安委员会。其二，将能源监管独立于环境监管，如立陶宛于2014年在环境部之外增设能源部。二是将生态保护、自然资源和狭义的环境保护相区别，分别成立机构，如俄罗斯除了设立自然资源与生态部、能源部之外，还设立俄罗斯联邦环境、技术与核能监督总局。三是把环境和自然资源整合到相关的领域甚至不同的部门之中。如1994年，爱尔兰的环境监管相关机构为环境部，农业、食品和林业部；2014年，上述机构职权已经由以下3个部门分担：环境、社区和地方事务部，农业、海洋和食品部，通信、能源和自然资源部。

（3）成立综合监管机构。当前，环境监管体制机制的主流发展趋势有二。其一，将狭义的环境保护和生态保护相结合，成立综合监管机构；其二，将自然资源、林业、农业、海洋、渔业、食品等相关的领域相结合，成立综合监管机构。也就是说，虽然各国的机构设置各具特色，但生态和环境保护与自然资源分别由一个机构统一监管，是主流的管理机构设置趋势。而且基于环境问题的复杂性和跨区域性，在中央政府内设立由政府首脑牵头的部际委员会。如意大利设有环境问题部际委员会，日本曾设立公害对策审议委员会。各国所设立的部际委员会的职权主要包括制定环境保护政策、协调各部环境资源保护职能和行动等内容。

（4）不断扩大环境监管范围。许多国家的生态环境监管机构对各类环境保护区实行统一管理，对转基因生物和外来物种实行统一监管。如美国已专门成立了由联邦环保局、农业部和国防部等10个部门组成的外来入侵物种管理委员会，制定了全国外来物种入侵防治计划。在丹麦，转基因生物的使用、在环境中释放以及上市销售均由环境与能源部主管，相关申请由其批准；食品、农业和渔业部及卫生部等部门参与动物和人体等方面的风险评估。在挪威环境保护监管部门的职责中，包括本国履行《生物安全议定书》和欧盟生物安全指令等事务的统一监管和协调。为此，挪威还设有专门的办事机构。

11.2.4 绿色贸易壁垒

绿色贸易壁垒是指在国际贸易领域，进口国以保护环境、资源以及维护人类健康的名义，凭借其经济、科技优势，通过立法或制定严格的强制性、高标准的环境技术标准以及利用国际社会已制定的环境与经济、环境与贸易的国际性公约，对来自外国的产品或服务进行限制、制裁的手段和措施。

绿色贸易壁垒的形成，最根本的原因是一些国家以保护本国经济利益为目的，限制国外产品进入本国市场，以确保本国产品对国内市场的占有份额。绿色贸易壁垒具有名义合理、内容广泛、形式合法、方式隐蔽、手段灵活等组合特点，从而为发达国家"借环保之名，行贸易保护之实"提供了方便。实施以来，引发的双边或多边贸易冲突、贸易摩擦日益增多，越来越激化了发达国家与发展中国家在环保-贸易问题利益上的矛盾。自20世纪70年代以来，全球聚焦环境生态保护，并演化为当代全球绿色浪潮，主要表现在：国际性组织高度重视；政府组织大力推动；民众环保意思提高；ISO 14000系列标准的颁布、实施与推广。

绿色贸易壁垒具有以下趋势：

(1) 发达国家的环保技术标准日趋复杂和严格。为保护环境、保障消费者利益，当然有必要制定相应的技术标准，这一方面能够使全球生产者有统一标准可循，另一方面也能够督促生产者提高产品质量，规范生产过程，但标准再向前迈进一步就成了壁垒。

(2) 保护方式更具有隐蔽性。一方面，绿色贸易壁垒具有法律上的隐蔽性；另一方面，绿色贸易壁垒具有实施的隐蔽性。

(3) 实施效果更具有歧视性。有些国家根据在贸易过程中掌握的对方实际情况，不断更换检验标准和检验设备，通过制定更高的标准来达到抑制进口的目的，从而削减竞争对手的竞争实力，严重扭曲了国民待遇原则。

(4) 保护范围更加广泛。绿色贸易壁垒涉及的范围不仅包括初级产品，而且还包括所有有关环节上的中间产品以及制成品等几乎所有产品。不仅对产品本身的品质提出很高的要求，而且产品从生产前的状况一直到消费后的最终处理都要达到一定的标准，因此给发展中国家的对外贸易与经济发展带来了很严重的影响。

我国应采取加强对全球绿色贸易壁垒的深入研究、积极推广应对绿色贸易壁垒的基础性工作、建立可持续发展的对外贸易发展模式、坚持"走出去"战略以及鼓励企业对外直接投资、加强国际交流合作等措施来应对国际绿色贸易壁垒。

思考题

1. 全球性环境问题的表现有哪些?
2. 如何解决全球性环境问题?

参考文献

［1］ 沈洪艳．环境管理学［M］．北京：清华大学出版社，2021.

［2］ 刘章现．环境管理与污染治理实用技术［M］．上海：第二军医大学出版社，2001.

［3］ 岳增德．现代企业管理方法手册［M］．郑州：河南人民出版社，1987.

［4］ 成金华，谢雄标．我国企业环境管理模式探讨［J］．江汉论坛，2004（2）：47－50.

［5］ 李素芹，苍大强，李宏编，等．工业生态学［M］．北京：冶金工业出版社，2007.

［6］ 牛冬杰，魏云梅，赵由才，等．城市固体废物管理［M］．北京：中国城市出版社，2012.

［7］ 唐佳丽，林高平，刘颖昊，等．生命周期评价在企业环境管理中的应用［J］．环境科学与管理，2008（3）：5－7.

［8］ 赵杏雪．工业企业环境治理创新的思路及措施［J］．山西科技，2020，35（1）：76－77.

［9］ 邓长恒．工业企业环境治理创新的思路及对策［J］．化工设计通讯，2019，45（6）：212－214.

［10］ 白彬．ISO 14000 环境管理系列标准及其应用［J］．电气时代，2000（8）：15－16.

［11］ 胡佳，刘中梅．环境管理标准体系 ISO 14000 与环境法制完善［J］．佳木斯大学社会科学学报，2006，24（5）：24－25.

［12］ 杜丽．森林资源保护与生态环境建设的研究［J］．世界热带农业信息，2022（3）：38－39.

［13］ 韦国安．森林资源管理问题及对策［J］．现代农业科技，2022（4）：146－147，154.

［14］ 保涛志．森林资源保护及防火管理措施探讨［J］．农村·农业·农民（B版），2022（2）：37－38.

［15］ 李丽红．基于森林资源保护的林政管理对策研究［J］．安徽农学通报，2022，28（1）：62－64.

［16］ 张晓萍．提高森林资源管护能力　健全森林生态保护体系［J］．农家参谋，2022（1）：163－165.

［17］ 李树巧．基于森林资源保护的森林培育工作［J］．特种经济动植物，2022，25（1）：107－108.

［18］ 李进．森林资源管理与生态林业建设探讨［J］．智慧农业导刊，2021，1（22）：53－55.

［19］ 海晓明．森林资源保护措施及防火对策研究［J］．农家参谋，2021（23）：154－155.

［20］ 姜红．关于森林资源保护的方法及建议［J］．河北农机，2021（12）：151－152.

［21］ 张明，高吉喜．中国生物多样性变化趋势分析［J］．环境保护科学，2016，42（6）：85－91.

［22］ 段伟．保护区生物多样性保护与农户生计协调发展研究［D］．北京：北京林业大学，2016.

［23］ 刘璐．我国生物多样性保护的法律制度研究［J］．法制与经济，2015（12）：38－39，106.

［24］ 柏成寿，崔鹏．我国生物多样性保护现状与发展方向［J］．环境保护，2015，43（5）：17－20.

［25］ 张雅京．我国生物多样性保护现状及宏观对策浅析［J］．环境教育，2013（12）：79－80.

［26］ 赵艳蕊．中国森林资源可持续发展综合评价研究［D］．杨凌：西北农林科技大学，2013.

［27］ 佚名．生物多样性破坏因素［J］．环境教育，2012（10）：79.

［28］ 佚名．生物多样性破坏因素之二：生境丧失和破坏化［J］．环境教育，2012（9）：84.

［29］ 佚名．生物多样性破坏因素之一：全球气候变化［J］．环境教育，2012（8）：80.

［30］ 胡文芳，李雄，董丽．城市生物多样性保护规划相关问题探讨［J］．黑龙江农业科学，2011（5）：111－114.

［31］ 李民胜，唐乾利，林日辉，等．中国生物多样性保护现状及其应对措施［J］．大众科技，2008（9）：123－125.

［32］ 董玉红，欧阳竹，刘世梁．农业生物多样性与生态系统健康及其管理措施［J］．中国生态农业学报，2006（3）：16－20.

[33] 吕一河，陈利顶，傅伯杰. 生物多样性资源：利用、保护与管理［J］. 生物多样性，2001（4）：422-429.
[34] 葛金梅，张永忠. 生物多样性在生物防治中的作用［J］. 聊城师院学报（自然科学版），1999（2）：64-68.
[35] 中华人民共和国环境保护部. 中国履行《生物多样性公约》第四次国家报告［M］. 北京：中国环境科学出版社，2009.
[36] 于宏源. 全球环境治理转型下的中国环境外交：理念、实践与领导力［J］. 当代世界，2021（5）：18-25.
[37] 于宏源. 中国环境外交的历程、成就和展望［J］. 人民论坛，2021（33）：50-55.
[38] 陈泓瑾. 澜湄水资源管理：基于环境外交视角的可持续发展［J］. 水利科学与寒区工程，2021，4（4）：179-183.
[39] 马瑜. 美国与苏联环境合作探析（1972—1976）［D］. 锦州：渤海大学，2019.
[40] 汪万发，于宏源. 环境外交：全球环境治理的中国角色［J］. 环境与可持续发展，2018，43（6）：181-184.
[41] 荀月红. 21世纪中国环境外交研究［D］. 广州：暨南大学，2008.
[42] 庄贵阳，朱仙丽，赵行姝. 全球环境与气候治理［M］. 杭州：浙江人民出版社，2009.
[43] 温国兴. 绿色贸易壁垒发展趋势及我国的应对［J］. 商业时代，2010（36）：33-34.
[44] 张家旗. 环境问题产生根源探析［J］. 河南科技，2013（12）：179-180.
[45] 陈志和，陈晓宏，杜建，等. 河网地区水环境引水调控及其效果预测［J］. 水资源保护，2012，28（3）：16-21.
[46] 王凯军. 地下水环境健康预测研究与应用［D］. 长春：吉林大学，2009.
[47] 党志良，吴波，冯民权，等. 南水北调中线陕西水源区水环境容量预测研究［J］. 西北大学学报（自然科学版），2009，39（4）：660-666.
[48] 孟宪林，于长江，孙丽欣. 突发水环境污染事故的风险预测研究［J］. 哈尔滨工业大学学报，2008（2）：223-225.
[49] 张道军. 复杂水环境资源系统智能管理、预测和决策的研究［D］. 大连：大连理工大学，2002.
[50] 洪继华，宋依兰. 层次分析法在水环境规划中的应用［J］. 环境科学与技术，2000（1）：32-35，39.
[51] 郭怀成，徐云麟，洪志明，等. 我国新经济开发区水环境规划研究［J］. 环境科学进展，1994（6）：14-22.
[52] 夏连强，张司明，许新宜. 区域水环境规划方法综述［J］. 水资源保护，1993（1）：47-52.
[53] 郝俊果. 城市水环境规划治理理论与技术［M］. 哈尔滨：哈尔滨工业大学出版社，2014.
[54]《汪晋三教授论文集》编委会. 水环境、环境评价与环境规划：汪晋三教授论文集［M］. 广州：中山大学出版社，2013.
[55] 张承中. 环境规划与管理［M］. 北京：高等教育出版社，2009.
[56] 刘利，潘伟斌. 环境规划与管理［M］. 2版. 北京：化学工业出版社，2013.
[57] 郭怀成，尚金城，张天柱. 环境规划学［M］. 北京：高等教育出版社，2001.
[58] 马晓明. 环境规划理论与方法［M］. 北京：化学工业出版社，2004.
[59] 刘青松. 清洁生产与ISO 14000［M］. 北京：中国环境科学出版社，2003.
[60] 尚金城. 环境规划与管理［M］. 2版. 北京：科学出版社，2009.
[61] 曲向荣. 环境规划与管理［M］. 2版. 北京：清华大学出版社，2013.